LEÇONS ÉLÉMENTAIRES

DE

ZOOLOGIE.

LEÇONS ÉLÉMENTAIRES

DE

ZOOLOGIE

PAR

B. V. GOUBAUX,

Membre de la Société Impériale des Naturalistes de Moscou, membre correspondant de la Société Linnéenne de Caen, maitre d'Histoire naturelle a l'Institut Nicolas des Orphélines de la Maison Impériale d'éducation, a l'Institut de l'ordre de S-te Catherine et a l'Institut Alexandre de Moscou.

MOSCOU.

Imprimerie d'Alexandre Semen,

Rue S-te Sophie.

1856.

LEÇONS ÉLÉMENTAIRES

DE ZOOLOGIE.

PREMIÈRE LEÇON.

Généralités, Définition, But et Utilité de l'Histoire naturelle. Division des corps naturels en trois branches. Différences entre les animaux et les végétaux et les minéraux. Caractères généraux des animaux. Tissus organiques des animaux.

§ 1-er. Définition. But et Utilité de l'Histoire naturelle. L'Histoire naturelle, est la science qui a pour objet l'étude des corps naturels qui constituent la masse de notre globe, ou qui sont répandus à sa surface. Elle nous enseigne à connaître leurs qualités et leurs propriétés, et à les classer dans un ordre méthodique. Il est facile d'apprécier l'importance d'une science dont le domaine est si vaste : le spectacle harmonieux de la nature, l'étude des beautés infinies que Dieu a prodiguées dans la création, élèvent dans l'âme les plus pures et les plus hautes pensées. L'Histoire naturelle nous sert de guide dans la recherche des richesses minérales cachées dans le sein de la terre, et qui en sortent pour donner à l'industrie de si précieuses ressources. Elle nous fait connaître ces plantes si variées qui nous fournissent, ou des ornements pour nos habitations, ou des aliments indispensables, ou des remèdes contre les maladies qui nous affligent. Elle nous apprend à distinguer les végétaux que Dieu, dans les mystères de sa sagesse, a remplis de ces terribles poisons, qui portent dans notre organisation les ravages et la mort. Elle nous montre les animaux qni prêtent à notre faiblesse l'appui de leur force; elle nous indique ceux qui, encore sauvages et indépendants, peuvent un jour devenir pour l'homme d'utiles serviteurs; elle nous apprend à combattre ceux qui détruisent les récoltes arrosées par les sueurs du laboureur. Le spectacle de la nature est pour l'homme intelligent le plus curieux, le plus intéressant des spectacles; l'étude en est toujours pleine de charmes, toujours utile, souvent indispensable.

§ 2. DIVISION DES CORPS NATURELS EN TROIS RÈGNES. Tous les corps répandus à la surface du globe ou cachés dans le sein de la terre, peuvent se partager en deux grandes divisions: les corps *bruts ou inorganiques* et les corps *vivants ou organisés*. Les premiers sont dans un état permanent de repos intérieur; et, s'ils augmentent de volume, ce n'est que pour *juxta-position*, c'est-à-dire, au moyen de matériaux qui se déposent sur leur surface extérieur. Les seconds, au contraire, sont le siège d'un mouvement intérieur, par suite duquel, une partie des éléments dont ils se composent se renouvelle sans cesse ; leur accroissement a lieu par *intus-susception*, c'est-à-dire que les matériaux nouveaux pénètrent dans l'intérieur des corps vivants, pour s'unir aux parties déjà existantes. Les corps bruts, une fois formés, existent tant qu'aucune cause étrangère ne vient point les détruire ; pour les corps organisés la mort est une suite nécessaire de la vie, et la durée de leur existence a toujours une limite fatale. Les corps vivants se divisent en deux groupes: les végétaux et les animaux. La nature nous présente donc trois grandes divisions désignées dans la science sous les noms de: *Règne minéral, Règne végétal* et *Règne animal.*

§ 3. DIVISION DE L'HISTOIRE NATURELLE EN TROIS BRANCHES. L'Histoire naturelle dans son ensemble embrasse un domaine si étendu, qu'on a senti la nécessité de la partager en plusieurs branches, dont les plus importantes correspondent aux trois règnes de la nature. L'étude des minéraux s'appelle *Minéralogie*. L'étude des végétaux porte le nom de *Botanique*. L'étude des animaux se nomme *Zoologie*. C'est de cette dernière science que nous allons nous occuper.

ZOOLOGIE.

La Zoologie (du Grec *zoon* animal, *logos* discours) est donc la partie de l'histoire naturelle qui a pour but l'étude des animaux.

§ 4. DIFFÉRENCES ENTRE LES ANIMAUX ET LES VÉGÉTAUX ET LES MINÉRAUX. Les animaux sont des êtres vivants doués de sensibilité et de mouvement volontaire. Ces caractères les distinguent d'abord des végétaux, qui vivent également, mais sont privés de la faculté de sentir et de se mouvoir, puis des minéraux qui n'ont jamais vécu et ne peuvent pas vivre. Cependant ces grands caractères, si saillants dans les types principaux de chacun des trois règnes, se dégradent, s'effacent et semblent se confondre quelquefois; la limite entre le règne animal et le règne végétal est surtout difficile à reconnaître; nous voyons, parmi les animaux, quelques zoophytes prendre l'aspect d'une plante, perdre la sensibilité et se reproduire par des bourgeons ; tandis que des végétaux , la sensitive par exemple, sont doués d'une irritabilité qu'on pourrait prendre pour de la sensibilité animale. Mais il est probable que ces incertitudes tiennent à l'imperfection de nos connaissances, plutôt qu'à la nature des corps vivants eux-mêmes; et nous pouvons dire que, chez les animaux , la vie est plus compliquée ; qu'ils ont plus de facultés que les plantes, et par conséquent plus d'organes ; que la nature chimique n'est point la même. En général , le carbone , l'hydrogène et l'oxigène forment seuls le tissu des plantes; tandis que, chez les animaux, l'azote vient se joindre à ces substances en proportion considérable.

§ 5. TISSUS ORGANIQUES DES ANIMAUX. Les tissus organiques des animaux sont composés de filaments ou de petites lames qui se croisent de manière à former des cellules; mais ces cellules n'ont point la régularité de celles qu'on remarque dans les végétaux; et on ne peut les observer que dans les premiers jours de la vie de l'animal. Les parties vivantes des animaux paraissent être composées principalement de deux substances: l'*Albumine* et la *Fibrine*.

L'*Albumine est* une substance liquide et solide qui se trouve abondamment répandue dans le blanc d'œuf. Elle est incolore, transparente, visqueuse et plus pesante que l'eau. La *Fibrine* est très abondante dans les animaux dont elle forme une grande partie de la chair. C'est une matière blanche, solide, molle et élastique. On l'obtient facilement en battant le sang avec des verges; elle s'attache alors au bois sous la forme de fils. Toutes les parties solides du corps d'un animal contiennent dans leurs vides une quantité considérable d'eau, qui en facilite beaucoup la flexibilité et la mollesse. La manière, dont ces éléments se réunissent, se combinent, varie beaucoup, on donne le nom de *tissus* organiques aux parties qui forment les matériaux constitutifs des organes. Les tissus organiques des animaux sont au nombre de trois principaux: le tissu cellulaire, le tissu musculaire et le tissu nerveux.

§ 6. Le tissu cellulaire est le plus abondant , le plus universellement répandu et constitue presque en entier le corps des animaux les plus simples. Il produit les vaisseaux de toute espèce, les membranes et les parties osseuses et cartilagineuses ; il doit son nom à sa texture, qui rappelle celle d'une éponge et se compose d'une substance blanche, formant des cellules très imparfaites.

Le tissu musculaire se présente sous la forme de fils ou fibres susceptibles de se racourcir. Ces fibres se réunissent ordinairement en masse et forment les muscles , organes indispensables , sans lesquels les animaux ne pourraient exécuter des mouvements. Ce tissu forme ce qu'on nomme la chair des animaux.

Le tissu nerveux est une matière blanchâtre et molle qui constitue le cerveau, se montre dans le reste du corps sous la forme de cordons, et qui est le siège de la sensibilité.

Ces tissus combinés de manières différentes et sous des formes particulières constituent les organes, ou instruments, à l'aide desquels les animaux exercent leurs facultés. La réunion de plusieurs organes concourant à la production d'un même phénomène porte le nom *d'appareil*; c'est ainsi que l'ensemble des organes nécessaires à la production de la voix s'appelle appareil vocal. Tous ces tissus sont entretenus par le sang.

DEUXIÈME LEÇON.

Sang, composition et usages du sang, formation du sang et son action sur les corps. Digestion, Aliments. Appareil digestif. Œsophage. Estomac et intestins. Foie.

§ 7. SANG, COMPOSITION DU SANG. Le sang est un liquide produit par la nourriture, dont la nature et la composition varie suivant les différentes classes d'animaux. Chez l'homme, et chez ceux des animaux qui se rapprochent le plus de lui par leur organisation, le sang est rouge, formé d'eau, d'albumine et de fibrine, d'un principe colorant contenant du fer, de plusieurs matières grasses et de différents sels. Chez un grand nombre d'autres animaux, le sang est à peine jaune ou lilas, tantôt légèrement rose, tantôt légèrement vert, tantôt enfin, tout à fait sans couleur. Dans ce dernier cas, le sang est difficile à voir; et, pendant longtemps, on a pensé que ces animaux en étaient tout-à-fait privés.

Le sang des animaux des premières classes, celui de l'homme par exemple, se coagule, lorsqu'il est retiré des veines et se sépare en deux parties: l'une rouge, plus ou moins solide, gélatineuse a reçu le nom de *caillot;* l'autre liquide, de couleur jaune verdâtre a reçu celui de *serum.* Le sang, examiné au microscope, parait composé d'un nombre incalculable de corpuscules solides d'une extrême petitesse, appelés *globules* du sang. Ceux-ci sont, chez les mammifères des disques ronds et aplatis; ils sont ovoïdes chez les reptiles et chez les animaux des classes inférieures. Leur grosseur varie beaucoup plus que leur forme: ceux des tortues paraissent les plus gros; ceux des ruminants, les plus petits du sang des vertébrés.

§ 8. La quantité de sang varie également beaucoup suivant les différentes classes d'animaux, suivant l'état de maigreur ou d'embonpoint. Ainsi, il est généralement plus abondant chez les animaux maigres que chez les animaux gras, chez les mammifères que chez les oiseaux et les poissons ; mais c'est surtout dans la classe des reptiles que la proportion du sang parait la plus con—

sidérable. L'homme parvenu à tout son développement possède de 28 à 30 livres de sang ; la femme en a deux ou trois livres de plus. Le sang transporte dans les différentes parties du corps les matériaux nécessaires à l'accroissement et à la réparation des organes; il sert également à transporter au dehors les parties devenues vieilles, et qui s'en détachent. C'est ainsi que les corps se renouvellent peu à peu. Le sang est de plus la principale source de la chaleur animale.

Les principaux phénomènes qui se rapportent à la formation du sang et à son action sur les corps sont: la *digestion*, la *respiration* et la *circulation du sang.*

§ 9. Digestion, aliments. La digestion est l'élaboration des substances alimentaires introduites dans le corps des animaux. Par le fait de ce travail, les substances se divisent en deux parties : l'une qui se métamorphose en sang et sert à l'entretien des organes; l'autre qui, épuisée et devenue en quelque sorte inutile, est rejetée en dehors. On entend par *aliments* toutes les matières qui servent à la nourriture de l'animal. Le besoin des aliments se fait d'abord sentir par un desir de nourriture, qui porte le nom *d'appétit;* puis par une sensation douloureuse, la *faim,* qui a son siège dans l'estomac. Le besoin d'aliments devient plus vif sous l'influence de l'exercice, d'un froid modéré et par l'action de quelques substances amères ; l'immobilité, l'engourdissement, la chaleur rendent ce besoin moins impérieux.

Toutes les substances alimentaires peuvent être partagées en trois classes: les aliments azotés, les aliments sucrés, et les corps gras. L'expérience a prouvé qu'une seule espèce de ces aliments ne peut suffir à entretenir la vie, et que leur diversité est indispensable pour que les corps se conservent en parfaite santé.

§ 10. Appareil digestif, oesophage, estomac. La digestion s'opère au moyen de certains sucs, tels que la *salive, le suc gastrique* qui décomposent les aliments ; elle a lieu dans une cavité intérieure appelée *estomac.* L'estomac, ou cavité digestive, est donc le véritable caractère distinctif des animaux.

. Un tube nommé *œsophage* conduit la nourriture dans l'estomac. L'estomac est un viscère (*) qui varie de forme selon la nour

---

(*) Viscère. On comprend sous ce nom les divers organes, d'une texture plus ou moins compliquée, qui sont renfermés dans les grandes cavités du riture des animaux, et qui est d'autant plus compliqué et plus vaste que l'animal est plus herbivore. Il présente plusieurs cavités et des dimensions énormes chez les ruminants ; chez les carnassiers, au contraire, il est peu considérable, charnu, mou, et peu musculeux; chez les granivores, il est très musculeux, tapissé d'une peau coriace , afin de pouvoir broyer les graines quelque fois assez dures. Ces animaux hâtent encore la trituration en avalant de petites pierres , ainsi que le font un grand nombre d'oiseaux.

§ 11. INTESTINS, FOIE. L'estomac se termine par les intestins. Ces intestins sont formés par un tube membraneux, contourné sur lui-même , dont le diamètre est peu considérable, mais dont la longueur est très grande ; ce tube prend différents noms , selon ses différentes parties. Les intestins sont soumis aux mêmes lois que l'estomac: courts et grêles chez les carnivores, ils sont longs et amples chez les animaux qui vivent d'herbes ; ainsi dans le lion , qui se nourrit exclusivement de chair , l'intestin n'a que trois fois environ, la longueur du corps; dans l'homme, qui est omnivore, la longueur de ce viscère est de sept; il est de vingt-huit dans le mouton, dont la nourriture est absolument herbacée.

§ 12. On conçoit facilement que les animaux qui se nourrissent de chair , trouvent dans cet aliment plus de substances nutritives et n'aient pas besoin des vastes cavités digestives, nécessaires aux herbivores, dont la nourriture ne présente sous une grande masse que peu d'aliments réparateurs. Cependant cette régle souffre des exceptions: l'Aï , qui est herbivore , a le canal digestif très court; tandis que les Phoques, les Dauphins, animaux exclusivement carnassiers , ne l'ont pas moins long que celui des Ruminants.

Les matières alimentaires, qui pénètrent dans les intestins, s'y trouvent mêlées à différentes humeurs dont l'une des plus importantes est la *bile*. La bile est un liquide fileux verdâtre, très amer et indispensable pour que la digestion s'accomplisse. Elle est produite par le *Foie*, le viscère le plus volumineux du corps.

---

corps et qui concourent essentiellement à l'entretien de la vie : l'estomac, le cœur, les poumons, le foie, les intestins sont des viscères.

La couleur de cet organe est rouge brun et la substance en est molle et compacte. Le Foie est particulièrement considérable chez les animaux qui vivent dans l'eau, comme la Loutre, ou sous la terre comme la Marmotte; dans les animaux inférieurs, cet organe éprouve des modifications très considérables.

TROISIÈME LEÇON.

Suite de l'appareil digestif. Dents, Dentition, Insalivation, Respiration, Poumons, Trachées, Branchies, Mouvements respiratoires.

§ 13. DENTS. A l'entrée des voies digestives se trouvent les dents, organes en général d'une dureté extrême, qui ressemblent beaucoup à des os. La forme et la disposition de ces dents varient comme la nature des aliments dont ces animaux font usage. Il y a trois espèces de dents:

1° *Les dents incisives*, minces, tranchantes, situées dans le devant de la bouche, disposées de manière à couper les aliments et fort développées chez les animaux rongeurs. Elles le sont encore bien plus chez quelques autres mammifères, chez les éléphants par exemple, ou elles forment des armes redoutables contre les autres animaux, ce qui leur a fait donner le nom de défenses.

2° *Les dents canines ou laniaires*, situées de chaque côté de la bouche, dont les carnassiers se servent pour saisir et déchirer leur proie. Elles sont de forme conique et plus ou moins aigues.

§ 14. 3° Les *dents molaires*, qui sont les plus grosses et qui se trouvent vers le fond de la bouche. Elles servent à mâcher et à broyer les aliments. La surface des dents molaires présente des différences qu'il est important de signaler. Chez les animaux herbivores, elles sont larges, plates, et paraissent uniquement destinées à broyer la nourriture. Chez les insectivores, elles sont hérissées de petites pointes propres à briser l'enveloppe assez dure du corps des insectes. Quelquefois elles sont tranchantes et anguleuses, se croisent comme des ciseaux, et sont spécialement destinées à déchirer une proie; c'est ce qu'on remarque chez les carnivores. Enfin, les dents molaires peuvent être tout simplement coniques sans se correspondre; ne pouvant plus alors servir ni à déchirer , ni à broyer , elles paraissent avoir pour fonction de retenir les aliments , comme chez quelques cétacés , chez les Dauphins par exemple.

Les dents éprouvent encore d'autres modifications importantes : quelquefois ces organes au lieu de ressembler à des os, n'offrent que la consistance de la corne ; chez la Baleine , les dents sont remplacées par de grandes lames flexibles , connues sous le nom de *Fanons*. Enfin chez d'autres animaux , même parmi les mammifères , qui se nourrissent d'aliments très petits , ou très mous, les dents, qui seraient en quelque sorte inutiles, manquent quelquefois tout-à-fait.

§ 15. DENTITION. L'ensemble des phénomènes, qui ont lieu pendant les diverses périodes de la formation des dents, porte le nom de *dentition*. Les dents se développent dans des sacs très petits , arrondis, fermés de toutes parts, nommés *Follicules*. Il s'élève du fond de ces follicules un petit corps rougeâtre et mou, appelé *Germe ou Pulpe dentaire*. Ce germe se développe, distend son follicule , perce la gencive et se montre à nu dans la bouche. La dent se compose alors: d'une partie visible nommée *couronne* qui est recouverte d'une matière vitreuse, à laquelle on donne le nom *d'émail* ; de la *racine* qui reste cachée dans les os maxillaires, et qui est tantôt simple et tantôt ramifiée ; du *collet* qui sépare la couronne de la racine et qui est caractérisé par un léger rétrécissement. La sortie des *dents de lait* ou premières dents commence, chez l'homme, vers le sixième mois , et quelquefois plus tôt, et se termine vers trois ans et demi. Les *dents permanentes* ou de la seconde dentition sortent: les premières grosses molaires de sept à huit ans; les incisives moyennes, de huit à dix ans; de dix à douze , les canines ; de dix à treize , les premières petites molaires ; de douze à quatorze , les deuxièmes petites molaires. Enfin, la dentition se complète de vingt à vingt-quatre ans par la sortie des grosses molaires , dites *dents de sagesse*; mais ces dents manquent à beaucoup de personnes. Dans la vieillesse , ces dents tombent comme les dents de lait , ou s'en vont par morceaux, mais elles ne sont point remplacées. Cependant il existe d'assez nombreux exemples de personnes chez lesquelles , dans un âge avancé, il s'est opéré une troisième dentition.

§ **16.** Insalivation. Pendant que les aliments sont divisés et broyés par les dents, ils s'imbibent de *salive*, et, s'ils sont fondants, se dissolvent dans ce liquide. La salive se forme dans des glandes situées autour de la bouche ; son action sur les aliments est beaucoup plus importante qu'on ne le croit ordinairement. Elle facilite la mastication, la déglutition, et paraît indispensable dans beaucoup de cas à la digestion elle-même.

§ **17.** Respiration. Le sang, produit par la nourriture, se vicie bientôt par son action sur les tissus vivants; il a besoin de se purifier en se mettant en contact, en se combinant avec l'air atmosphérique. Cette combinaison constitue la *Respiration*. Il y a deux modes de respiration: l'un *aérien*, l'autre *aquatique*.

§ **18.** La respiration aérienne a lieu au moyen de poumons ou de trachées. Les *poumons* sont un organe composé de deux lobes volumineux, situés dans la poitrine, et dont la consistance a quelque ressemblance avec celle d'une éponge. L'air est apporté dans les poumons par un gros canal, appelé *Trachée-artère* qui se termine, en se ramifiant à l'infini, dans les poumons, par des tubes nommés *Bronches*. Les bronches, dans l'homme et dans les autres mammifères, s'arrêtent dans les cellules des poumons, il en résulte que l'air ne peut se répandre en dehors de ces organes. Mais dans les oiseaux, dont la respiration est encore plus active, quelques unes des bronches traversent les poumons; et conduisent l'air jusque dans les os. Les poumons reçoivent l'air au moment de l'inspiration, et, après en avoir absorbé l'oxygène (*) qui leur est indispensable, rejettent l'azote et l'acide carbonique ; de sorte qu'il s'est opéré une sorte de combustion analogue à celle qui a lieu dans un vase fermé. L'oxygène, en se combinant avec le carbone du sang, produit de l'acide carbonique, et dégage de la vapeur d'eau et de la chaleur. L'air ainsi modifié reflue au dehors durant le mouvement d'expiration; tel est chez les mammifères, les oiseaux et les reptiles le système respiratoire. Chez les insectes, la respiration s'opère au moyen de trachées.

(*) La composition de l'air a été découverte, en 1782, par le chimiste français *Lavoisier*. Il est formé, sur cent parties, de vingt-et-une de gaz oxigène, d'environ soixante-dix-neuf de gaz azote, et d'une très petite quantité (un millième,) de gaz acide carbonique.

§ 19. TRACHÉES. Les *trachées* sont des conduits qui communiquent avec l'extérieur du corps des insectes, par des ouvertures nommées *stigmates*, et se ramifient dans les profondeurs du corps. L'air ainsi apporté se décompose en se combinant avec le sang ; par conséquent, la respiration a lieu dans toutes les parties du corps de l'animal. La respiration trachéenne est particulière , comme nous l'avons dit, aux insectes et en outre à quelques arachnides.

§ 20. BRANCHIES. La respiration aquatique a lieu au moyen de *branchies*. Ces organes consistent , le plus ordinairement , en de petits fils très rapprochés les uns des autres, et disposés en forme de franges; chez les poissons, les branchies sont situées de chaque côté du cou, dans des ouvertures vulgairement appelées *ouïes*. L'eau, une fois entrée par la bouche, passe à travers les branchies, en abandonnant une partie de l'oxygène qu'elle contient , et ressort par les ouïes. Beaucoup d'autres animaux ont des branchies, mais elles n'ont pas toujours la forme de franges : quelquefois elles sont composées d'une foule de petits filaments rameux, qui ressemblent à de petits panaches ou à de petites houppes. La position des branchies n'est pas non plus la même dans tous les animaux: elles sont situées souvent le long du corps et disposées de façon à flotter librement dans l'eau ; d'autres fois , elles sont renfermées dans une cavité, où le liquide peut s'introduire facilement.

Enfin, beaucoup d'espèces des derniers dégrés de l'échelle animale n'ont ni poumons, ni trachées, ni branchies; elles respirent uniquement par la peau et n'ont aucune partie du corps spécialement affectée à l'exercice de cette fonction. Dans ce cas , on peut dire que la respiration est *cutanée*.

§ 21. MOUVEMENTS RESPIRATOIRES. Les mouvements respiratoires ne sont pas également fréquents chez tous les animaux: ils se répètent, en général , d'autant plus souvent que la chaleur animale est plus forte. Ils sont faibles et lents, chez les animaux à sang froid, c'est-à-dire , chez les animaux qui n'ont point une chaleur propre supérieure à celle de l'air ou de l'eau qu'ils habitent. On compte chez l'homme, dont la température du sang est à peu près de trente degrés Réaumur , vingt mouvements de respiration par minute. Chez les enfants, ils sont plus fréquents et la chaleur du sang plus considérable; mais c'est chez les oiseaux que la respiration est la plus active et le sang le plus chaud. La respiration est indispensable à la vie; les plantes aussi bien que les animaux en éprouvent le besoin ; les uns et les autres ne tardent pas à périr, s'ils sont complétement privés d'air.

QUATRIÈME LEÇON.

Circulation du sang, Appareil de la circulation du sang chez les Mammifères. Cœur, Vaisseaux Sanguins , Artères, Veines , Marche du sang dans le corps. Modifications dans l'appareil de la circulation.

§ 22. CIRCULATION DU SANG. Le sang est loin de rester en repos dans le corps ; il est au contraire continuellement en mouvement pour aller dans toutes les parties du corps, et pour venir, de toutes les parties du corps, se mettre en rapport avec l'appareil respiratoire. On donne le nom *de circulation du sang* au mouvement de ce liquide dans les vaisseaux sanguins. La circulation du sang est un des faits les plus importants de la vie animale. Ce fut l'Anglais Guillaume Harvey, médecin du Roi d'Angleterre, Charles 1-er, qui fit cette découverte, en 1619; il eut la gloire de l'enseigner le premier, ce qui lui attira de nombreuses persécutions.

§ 23. APPAREIL DE LA CIRCULATION. Chez l'homme et chez tous les autres mammifères , l'appareil de la circulation se compose: 1° des canaux dans lesquels le sang coule ; 2° de l'organe qui sert à le mettre en mouvement. Ces canaux portent le nom de vaisseaux sanguins, et l'organe moteur est le cœur.

§ 24. CŒUR. Le *cœur* est un organe musculeux , très contractile, creux, en communication avec les vaisseaux sanguins; il est de forme variable, selon les différentes classes d'animaux ; celle du cœur de l'homme est bien connue. Il renferme quatre cavités, dont les inférieures sont nommées *Ventricules*, et les deux supérieures *Oreillettes*. Les deux ventricules du cœur ne communiquent pas entre eux, mais s'ouvre chacun dans l'oreillette située au dessus. L'oreillette et le ventricule du côté gauche contiennent le sang artériel, c'est-à-dire celui qui coule dans les artères. L'oreillette et le ventricule du côté droit contiennent le sang veineux ou des veines. Nous devons remarquer que les cavités du côté gauche sont plus fortes que celles du côté droit ; et cette différence est facile à expliquer : le ventricule droit n'envoie le sang que dans les poumons situés à peu de distance du cœur ; tandis que le ventricule gauche le lance jusque dans les parties les plus éloignées du corps.

§ 25. En considérant le cœur chez les mammifères, on voit que son volume est, proportionnellement à celui du corps, d'autant plus considérable, que les animaux sont plus carnassiers ou plus courageux; et qu'il est d'autant plus petit, qu'ils sont plus herbivores ou plus timides. Le cœur reçoit le sang dans son intérieur, puis se resserant de temps en temps, il lance ce liquide avec force dans les vaisseaux sanguins, et y détermine un courant continuel.

Presque tous les animaux ont un cœur; beaucoup en ont même plusieurs. Ce viscère existe, non seulement chez les mammifères, les oiseaux, les reptiles, les batraciens et les poissons; mais encore chez les colimaçons, les huitres, les moules, les écrevisses, les araignées etc. mais nous devons ajouter que sa structure est bien loin d'être la même dans toutes les classes.

§ 26. VAISSEAUX SANGUINS. ARTÈRES, VEINES. Les vaisseaux sanguins sont de deux sortes : Les *Artères*, qui servent à porter le sang du cœur dans toutes les parties du corps; les *Veines*, qui ramènent le sang de toutes ces parties du corps vers le cœur. Les artères sont des canaux cylindriques, élastiques, qui se dilatent sous l'influence des mouvements du cœur. Le mouvement des artères constituent le *Pouls*. Les blessures éprouvées par ces organes sont toujours très dangereuses, parce que l'élasticité des parois empêche le rapprochement des bords de la plaie ; et la cicatrisation n'a jamais lieu d'une manière complète. Les artères partent du cœur et se divisent en rameaux de plus en plus petits qui se partagent à l'infini. Les artères sont pour la plupart réunies entre elles, par des communications fréquentes, qui portent le nom d'*Anastomoses*, au moyen desquelles une artère peut recevoir le sang d'une artère voisine. On conçoit facilement la nécessité de ces communications : il pourrait arriver souvent que, par quelque accident, une artère se trouvât fermée, le sang ne pouvant plus arriver à l'organe où ce vaisseau le porte, la mort de cette partie du corps deviendrait inévitable.

§ 27. Les veines ont des parois minces et flasques qui s'affaissent, lorsqu'elles ne sont pas distendues par le sang, et se cicatrisent facilement lorsqu'elles ont été coupées; aussi les blessures faites aux veines n'ont-elles presque jamais de suites dangereuses. Les veines ont une disposition semblable à celle des artères ; elles deviennent moins nombreuses, mais plus grosses à mesure qu'elles se rapprochent du cœur. Les dernières ramifications des artères se joignent aux racines des veines par des canaux si petits, qu'ils portent le nom de *vaisseaux capillaires*, c'est-à-dire semblables à des cheveux. Il en résulte que ces différents vaisseaux, en s'unissant entre eux, forment un cercle complet, dans lequel le sang coule pour revenir à son point de départ.

§ 28. MARCHE DU SANG DANS LE CORPS. Le sang sort du cœur, pénètre dans les artères, et porte la vie dans toutes les parties du corps. Ce mouvement est produit par la contraction du ventricule gauche, et favorisé par l'élasticité des artères et par des *valvules*, c'est-à-dire par des replis membraneux, disposés de manière à s'opposer au retour du sang dans le cœur. A son entrée dans les artères, le sang est rouge et doué de toutes ses qualités ; mais à mesure qu'il avance dans sa route, il perd ses propriétés vivifiantes; et, arrivé à l'extrémité des vaisseaux artériels capillaires, il les a toutes perdues. Il passe alors dans les vaisseaux capillaires veineux, traverse les veines, se charge de débris inutiles de notre corps, se noircit, et se trouve rapporté vers les poumons, où, sous l'influence de la respiration, il reprend sa couleur rouge et ses qualités bienfaisantes. Il est alors de nouveau lancé par le cœur dans les artères, pour suivre la route qu'il a déjà parcourue.

§ 29. MOUVEMENTS PULSATOIRES. Les mouvements du cœur se nomment *Pulsations*. Le nombre de pulsations varie avec l'âge: il est de 75, par minute, chez l'homme dans la force de l'âge; plus considérable encore dans les enfants; et diminue progressivement, au point qu'un vieillard de quatre-vingts ans n'en compte plus que cinquante environ.

§ 30. MODIFICATIONS DANS L'APPAREIL DE LA CIRCULATION. L'appareil circulatoire que nous venons de décrire, est celui des mammifères et des oiseaux. Il présente dans les autres classes des modifications, dont voici les plus importantes: chez les reptiles, il n'y a qu'un seul ventricule et deux oreillettes. Le ventricule reçoit tout à la fois le sang veineux, versé par l'oreillette droite, et le sang artériel, versé par l'oreillette gauche. Ce sang ainsi mélangé ne jouit point de toutes les qualités du sang artériel; et dans la classe des reptiles la circulation n'est point complète, comme dans celles des mammifères et des oiseaux. Chez les poissons, l'appareil respiratoire et plus simple encore; le cœur ne présente que deux cavités, une oreillette et un ventricule. Il correspond à la moitié droite du cœur des mammifères, car il ne reçoit que du sang veineux. Le sang, qui sort de ce cœur incomplet, se rend aux branchies, où il se purifie par son contact avec l'air, et passe directement dans les vaisseaux artériels. Dans les insectes, il n'y a plus de canaux sanguins particuliers; il n'existe ni artères, ni veines, et le sang est répandu dans les vides qui se trouvent entre les différents organes. Cependant on observe encore un organe moteur, une sorte de cœur; c'est un gros vaisseau situé le long du dos. Les vers au contraire n'ont plus de trace de cœur; mais ils ont des vaisseaux, qui mettent par leurs contractions le liquide nourricier en mouvement. Enfin chez les Zoophytes, au moins chez un grand nombre, on ne rencontre ni cœur, ni vaisseaux sanguins; le sang se trouve dans la cavité digestive, où il se meut assez vite, sans qu'on ait pu jusqu'ici découvrir la cause de ce mouvement.

§. 31. GRANDE ET PETITE CIRCULATION. Il résulte de ce que nous venons de dire que l'appareil de la circulation présente de grandes modifications, selon les diverses classes d'animaux, chez l'homme on trouve l'exemple de la circulation très complète. On dit, dans ce cas, qu'elle est double. On entend par là: 1° celle qui se fait du cœur aux vaisseaux capillaires de tout le corps; 2° celle qui a lieu du cœur aux poumons. La première, dont l'action est beaucoup plus étendue, est connue sous le nom de grande circulation; la seconde, dont l'action est plus restreinte, est la petite circulation, ou circulation pulmonaire. En fait, il n'y a réellement qu'un seul cercle, ou une seule circulation, puisque le sang ne peut revenir aux poumons, sans avoir parcouru tout le système circulatoire.

Les différents Phénomènes, dont nous venons de parler, sont représentés, chez les plantes, par la nutrition, la respiration et le mouvement de la sève; mais il est deux phénomènes qui appartiennent exclusivement à la vie animale, et dont nous allons nous occuper maintenant; ce sont la sensibilité et le mouvement volontaire.

CINQUIÈME LEÇON.

Sensibilité, Système nerveux, Cerveau, Moëlle, Nerfs, Sens, Odorat.

§ 32. SENSIBILITÉ, SYSTÈME NERVEUX. La sensibilité est la faculté dont jouissent les animaux de recevoir des impressions des corps extérieurs, et de connaître qu'ils reçoivent ces impressions. Elle réside dans l'appareil nerveux et s'exerce au moyen des sens. L'appareil nerveux est la réunion de tous les nerfs. Il est formé d'une substance particulière, qui est presque liquide dans les premiers temps de la vie; elle devient plus solide avec l'âge, mais cependant reste toujours molle et pulpeuse. L'aspect de cette substance varie beaucoup : quelquefois elle est blanche , souvent grisâtre ; tantôt elle se présente en masses , qui porte le nom de *centres nerveux* ou *ganglions* ; tantôt sous la forme de cordons , qui prennent particulièrement le nom de *nerfs*.

L'appareil nerveux des vertèbrés, et, en particulier celui des mammifères, se compose de deux systèmes, dont l'un, appelé système *cérébro-spinal* préside plus particulièrement aux fonctions de la vie et du mouvement; et dont l'autre, qui porte le nom de système *ganglionaire* ou grand *symphatique*, est presque exclusivement destiné à celles de la nutrition. Ils ont pour centre commun *le cerveau et la moëlle épinière.*

§ 33. CERVEAU. Le cerveau est cette substance molle , qui se trouve renfermée dans la boîte osseuse du crâne. Il est remarquable dans les mammifères , et surtout chez l'homme , par son volume extrême proportionnellement à celui des autres animaux. L'importance du cerveau, dans l'organisation, a depuis longtemps fixé l'attention. On s'accorde à regarder cet organe comme le siège de l'intelligence; et l'on pense, que la perfection plus ou moins grande de sa composition, fixe la place que chaque animal doit occuper dans l'échelle intellectuelle. On a pensé d'abord, que l'intelligence est d'autant plus grande, que le cerveau est plus volumineux; mais on a reconnu que certains animaux (les sapajous, le saïmiri) ont cet organe plus développé que l'homme; que le rat qui n'a qu'un instinct très borné, l'a proportionnellement neuf fois plus grand que l'éléphant, dont l'intelligence semble s'élever quelquefois à la hauteur de la raison. L'opinion, généralement admise maintenant, est que l'intelligence dépend de la surface que présente le cerveau. Le cerveau ne forme point, en effet, une masse à surface unie, mais offre un grand nombre de plis. Il est donc facile de comprendre que le cerveau de l'homme, quoique plus petit, puisse offrir une plus grande surface que celui des singes; et que, par conséquent, l'intelligence de l'homme l'emporte sur celle de ces animaux.

§ 34. Le cerveau étant reconnu comme le siège de la pensée, on a cherché à connaître l'intelligence des individus, en mesurant le crâne, qui contient le cerveau. Le moyen le plus employé, et qui donne des résultats assez satisfaisants, a été enseigné par Camper, illustre savant Hollandais, qui vivait dans le 18-me siècle. Il consiste à tirer une ligne depuis le trou de l'oreille et passant par le bas des narines; puis une seconde ligne, qui part du front et vient couper la première en formant un angle, qui s'appelle *angle facial*. Il est évident que plus le crâne offrira de volume, et plus l'angle facial sera ouvert. Cette règle, appliquée à l'espèce humaine, montre en effet, que l'angle facial est en proportion de développement avec l'intelligence de chacune des races. C'est dans la race caucasique qu'il est le plus grand, et dans la race éthiopienne qu'il est le plus petit.

§ 35. MOËLLE. La moëlle est la continuation du cerveau; elle se prolonge dans le canal formé par la ligne osseuse du cou et du dos, ligne appelée ordinairement *épine dorsale*; cette circonstance lui a fait donner particulièrement le nom de *moëlle épinière*. Elle a la forme d'une grosse corde, et se termine par un grand nombre de filaments.

§ 36. NERFS. Les nerfs sont des cordons mous et blanchâtres qui partent de la base du cerveau et des deux côtés de la moëlle épinière, et se ramifient à l'infini. Il y a en tout, dans le corps humain, quarante-trois paires de nerfs, qui se subdivisent en de milliers de filets nerveux. Les nerfs, avons nous dit, sont le siège de la sensibilité; il résulte de là, que les parties les plus sensibles du corps sont toujours celles qui reçoivent le plus de nerfs. Si l'on coupe le nerf de la patte d'un animal vivant, cet animal montre les signes de la plus vive douleur pendant l'opération; et le membre devient aussitôt insensible, et ne peut plus faire aucun mouvement. Du reste, tous les nerfs ne jouissent pas de la faculté de transmettre au cerveau les mêmes impressions; ainsi la lumière produit une vive sensation lorsqu'elle frappe les nerfs qui président à la vue, et n'agit point sur ceux du toucher ou de l'odorat; de là vient que les nerfs portent différents noms, qui indiquent l'emploi auquel ils sont particulièrement affectés. On appelle nerfs *olfactifs* ceux qui se rendent au nez; nerfs *optiques* ceux qui vont à l'œil; nerfs *auditifs* ceux qui donnent la sensibilité à l'oreille; nerf *lingual* celui qui vient animer l'organe du goût, etc.

§ 37. SENS. La plupart des animaux sont pourvus d'organes destinés à percevoir des sensations particulières; en effet, les nerfs, qui doivent transmettre au cerveau ces impressions particulières, ne viennent point se terminer librement à l'extérieur du corps, mais dans des instruments qui recueillent et excitent ces sensations. Ces instruments sont les organes des *sens*; ils sont au nombre de cinq, savoir: l'*odorat*, la *vue*, le *goût*, l'*ouïe* et le *toucher*.

§ 38. ODORAT. L'odorat est le sens avec lequel nous apprécions les odeurs. Chez l'homme et chez les animaux des classes supérieures, l'odorat a pour siège les cavités du nez appelées *fosses nazales*. Les odeurs sont produites par des particules d'une finesse extrême, qui s'échappent des corps comme une sorte de vapeur, pénètrent dans le nez, en même temps que l'air qui se rend aux poumons, et viennent toucher les nerfs olfactifs; ceux-ci transmettent au cerveau l'impression qu'ils ont reçue. L'odorat est favorisé par l'action d'un liquide nommé *mucus nazal*, qui s'imbibe des particules odorantes. Il est aisé de comprendre que le rhume de cerveau, en changeant la nature de ce mucus, peut faire perdre l'odorat pendant quelque temps.

Le nez acquiert chez plusieurs animaux une grande perfection de sens; chez d'autres au contraire, par exemple, chez les mammifères aquatiques, ou ces cavités sont continuellement traversées par l'eau, cet organe paraît peu sensible. Dans les classes inférieures, il existe beaucoup d'animaux qui possèdent un odorat plein de délicatesse, et chez lesquels on n'a pu cependant découvrir un organe spécial à cet usage; tels sont les crustacés, les insectes. Enfin, un assez grand nombre d'autres semblent tout-à-fait privés d'odorat.

SIXIÉME LEÇON.

Suite des sens. Vue, OEil, Affections de l'œil, Modifications de l'œil. Goût. Ouie, Oreille, Modifications de l'appareil auditif. Toucher. Variations de la sensibilité.

§ 39. Vue, Oeil. La vue est le sens au moyen duquel nous connaissons la couleur, la forme et souvent la distance et le mouvement des objets qui nous environnent. Ce sens réside dans l'œil, et s'exerce à distance, au moyen de la lumière.

L'œil est un véritable instrument de physique admirablement approprié à sa destination. Les yeux sont protégés par les cavités osseuses dans lesquelles ils sont enfoncés, et par les paupières, espèces de voiles qui en nettoient la surface et l'humidifient en y étendant les larmes. Ils sont mis en mouvement au moins par six muscles, qui donnent à l'œil une mobilité particulière, d'où résulte en partie l'expression de la physionomie.

§ 40. Affections de l'oeil. L'œil, par suite même de son extrême perfection, est soumis à plusieurs affections, dont quatre surtout sont remarquables: il arrive quelquefois, que quelques-uns des muscles moteurs de l'œil, plus courts ou plus forts que les autres, l'entraînent dans une direction qui n'est point régulière; c'est à cette circonstance qu'il faut attribuer la difformité appelée *Strabisme*, vulgairement *louchement des yeux*. On remédie quelquefois à cette affection, en coupant le muscle tenseur, ce qui permet à l'œil de se redresser.

§ 41. Les affections suivantes tiennent surtout à la structure de l'œil, à sa disposition comme instrument, et s'expliquent par les lois de la Physique. Nous nous contenterons donc ici de les signaler. Quelquefois l'œil ne peut voir les objets qu'à une distance assez grande ; plus près, toutes les images sont confuses. Cette affection se montre surtout chez les vieillards; de là lui vient le nom de *Presbytisme*, du mot grec *Presbités* vieillard.

Elle tient à ce que les faisceaux lumineux, qui traversent les humeurs contenues dans l'œil, n'ont point assez de convergence, quand ils viennent d'une distance rapprochée, et ne peuvent être rassemblés au point où se trouve la *Rétine*, partie de l'œil qu'on peut considérer spécialement comme le siège de la vision. Quelquefois, au contraire, les rayons qui traversent l'œil convergent avec tant de force, qu'à moins de venir d'un point très rapproché, ils s'unissent avant d'arriver sur la rétine. Cette affection porte le nom de *Myopie*. Elle dépend d'une trop grande convexité de l'œil, tandis que le presbytisme est dû à l'applatissement de cet organe. Il résulte de là, que la myopie disparait dans la vieillesse ; car par suite du desséchement des humeurs, la convexité de l'œil diminue avec l'âge. Pour corriger ces défauts naturels de l'œil, on emploie, contre le presbytisme, des lunettes à verres convexes, qui tendent à rapprocher les rayons lumineux; et, contre la myopie, des lunettes à verres concaves, qui tendent au contraire à les disperser.

§ 42. Mais il est une autre affection de l'œil absolument sans remède, c'est la *Daltonisme*, qui fait que l'œil devient impuissant à percevoir certaines couleurs, ou à pouvoir les distinguer les unes des autres, de sorte qu'un Daltonien confondra, par exemple le rouge et le vert. Le nom de Daltonisme vient de Dalton, physicien anglais, qui était lui même atteint de cette maladie, dont il fit le sujet de longues observations. Cette affection est beaucoup plus commune qu'on ne serait tenté de le croire.

§ 43. Modifications de l'œil. Le développement des yeux est en rapport avec les mœurs des animaux. Chez les carnassiers, dont l'existence repose sur la perfection des sens, ces organes sont ordinairement très développés, pour leur donner le moyen d'apercevoir et de poursuivre leur proie. Certains animaux timides ont aussi de gros yeux qui leur font reconnaître de loin leurs ennemis. Les espèces nocturnes ont surtout cet organe très grand et très sensible ; mais quand les animaux sont destinés à vivre dans des galeries souterraines tout-à-fait obscures, l'œil devient de plus en plus petit et se cache même complétement sous la peau, de manière que l'animal est totalement aveugle. Les yeux des animaux subissent aussi quelques changements, qui sont en rapport avec le milieu dans lequel ils vivent. Ainsi, chez les mammifères dont les habitudes se rapprochent de celles des oiseaux, tels que les écureuils qui vivent dans les arbres, ces organes ont du rapport avec les yeux de ces animaux. Chez les cétacés et les phoques, dont la vie est aquatique, les yeux sont analogues à ceux des poissons. Cependant, malgré ces modifications, l'organisation de l'œil est à peu près la même chez tous les animaux des classes supérieures. L'œil de quelques mollusques, tels que les poulpes, présente également beaucoup de ressemblance avec le nôtre; mais, chez la plupart des animaux de cette classe, chez les arachnides, les crustacés et les insectes, la structure de cet organe est, comme nous le verrons, bien différente et offre à peine quelques points de ressemblance.

§ 44. Goût. Le goût est le sens à l'aide duquel les animaux perçoivent les saveurs des corps. Le goût réside dans la bouche, surtout à l'extrémité de la langue et au voile du palais (*). La langue est une masse charnue, très mobile, ordinairement très pointue à son extrémité antérieure, qui s'attache en arrière à un os nommé *Hyoïde*. On y trouve ordinairement des saillies et des enfoncements, auxquels on donne le nom de *Papilles*, qui paraissent être formés par l'épanouissement des filets nerveux. La langue concourt aux actes de la succion, de la mastication, de la déglutition, de la prononciation, etc.

La forme de la langue varie selon les diverses espèces d'animaux. On en trouve quelques uns dont les papilles sont revêtues d'une sorte d'étui corné, analogue à un petit ongle, dont le développement est d'autant plus considérable que l'animal est plus carnassier, et qui semblent destinés à déchirer une proie, et à en faire sortir le sang en la léchant. Chez les oiseaux, elle est, en général, cartilagineuse, et dépourvue de papilles nerveuses, ce qui doit rendre le goût plus ou moins obtus chez ces animaux; chez les poissons, la langue, qui n'est jamais pourvue de papilles, est souvent garnie de dents, et manque quelquefois tout-à-fait. Le sens du goût doit donc être, chez la plupart d'entre eux, complètement nul. Enfin, chez les animaux des classes inférieures, il ne paraît pas avoir son siège dans un organe particulier, mais s'exercer par toutes les parties de la bouche.

(*) Des expériences récentes ont prouvé que la voûte du palais, les lèvres, les joues, et les gencives sont tout-à-fait impropres à percevoir les saveurs.

§ 45. OUIE. OREILLE. L'ouie est le sens par lequel les animaux perçoivent les sons; elle réside dans l'*oreille*. L'oreille est ordinairement composée, chez les animaux mammifères, d'une partie extérieure appelée *conque*, placée sur les côtés de la tête, disposée de manière à recevoir les ondes sonores des corps en vibration, et formée de replis cartilagineux revêtus de la peau. Cette conque, chez beaucoup d'animaux, est très mobile et faite de manière à recevoir particulièrement le son, comme nous le remarquons chez les solipèdes et les ruminants. On trouve ensuite une partie interne d'une composition très compliquée, mais admirablement appropriée à la perception des ondes sonores qui viennent frapper les sens de l'ouie.

§ 46. MODIFICATIONS DE L'APPAREIL AUDITIF. L'oreille présente des différences qui sont liées aux mœurs des animaux. On remarque qu'elle est, en général, plus perfectionnés chez ceux, qui, cherchant leur nourriture pendant la nuit, doivent suppléer par la perfection de cet organe à la faiblesse de celui de la vue. Il en est de même de ceux que la nature a privés d'armes, et qui habitent dans des plaines découvertes. La conque, au contraire, diminue à mesure que les espèces deviennent plus aquatiques et plus souterraines, et finit même, chez la taupe, par disparaître tout-à-fait. Chez les mammifères où cette partie manque, le conduit auditif est protégé par des poils, ou constitué de manière à empêcher l'eau ou les parcelles de terre de pénétrer dans l'oreille.

§ 47. TOUCHER. Le toucher est le sens qui nous permet de connaître le corps au moyen du contact. La peau est l'organe du toucher et, par conséquent, il réside dans toutes les parties du corps. Cependant il en est quelques unes qui lui sont particulièrement destinées, et qui varient selon les animaux. Chez l'homme, c'est la main et surtout les doigts qui sont l'organe du toucher ; chez l'éléphant, c'est la trompe ; chez les insectes, ce sont les antennes. Le toucher est l'organe le plus constant : il existe toujours, tandis que nous voyons les autres sens disparaître à mesure que les dégrés de l'échelle animale s'abaissent ; dans certaines classes d'animaux, il est le seul qui persiste.

§ 48. VARIATIONS DE LA SENSIBILITÉ. L'action de tous les sens est due à la sensibilité; mais la sensibilité n'est pas, comme nous le savons, également développée dans tous les animaux; elle ne l'est même pas toujours au même degré dans le même animal; certaines maladies l'augmentent, d'autres la diminuent. Nous avons chaque jour de nombreux exemples de ces faits: l'emploi répété d'un de nos sens en développe ordinairement la sensibilité ; quelquefois au contraire, il l'émousse. L'ivresse produite par les liqueurs alcooliques rend l'homme presque insensible dans certaines circonstances. Dans ces derniers temps, la découverte de l'éthérisation et de la chloroformisation a permis de suspendre si complètement la sensibilité, pendant un certain temps , que les opérations les plus terribles de la chirurgie peuvent être faites , sans que le malade éprouve la plus légère douleur.

SEPTIÈME LEÇON.

Organes du mouvement, Os, Squelette, Tête, Tronc, Colonne vertébrale, Côtes, Sternum, Membres. Muscles, Action des nerfs sur les muscles, Action des muscles sur les os.

§ 49. ORGANES DU MOUVEMENT. Les organes du mouvement sont de deux espèces: les uns sur lequels le mouvement est opéré; les autres qui opèrent eux mêmes les mouvements. Les premiers sont les *os* chez les animaux vertébrés , ou les parties plus ou moins solides qui en tiennent lieu chez les animaux des autres classes; les seconds sont les *muscles.*

§ 50. Os. SQUELETTE. Les os sont les parties dures et solides des animaux supérieurs. Ils sont composés de *phosphore* et de *chaux* en quantité considérable, d'un peu de *magnésie, d'amoniaque* et de *gélatine*; ils sont recouverts d'une membrane appelée *périoste*, et mouillés d'un suc huileux nommé *synovie*; enfin, ils reçoivent leur nourriture du sang, aussi bien que les chairs. La réunion de tous les os constitue le *squelette.* Le squelette se trouve chez un grand nombre d'animaux; il sert de soutien aux autres organes, et c'est de lui que dépendent en partie la force, la grandeur, les formes générales du corps et celles de ses autres parties. Chez l'homme , le squelette se divise, comme le corps, en trois parties principales: la *Tête*, le *Tronc* et les *Membres.*

§ 51. Tête. La Tête se compose d'un grand nombre d'os intimement unis les uns aux autres, au moins à certaines époques de la vie. Les plus importants sont: le *Frontal* ou *Coronal* en avant, les deux *Pariétaux* en haut sur les côtés, les *Temporaux* également sur les côtés, mais plus bas, l'*Occipital* en arrière, le *Sphénoïde* et l'*Ethmoïde* en bas. La réunion de ces différents os forme le crâne, et contribue aussi à former une partie de la face. On remarque dans cette partie de la tête les *os nazaux*, les *os maxillaires supérieurs* et l'*os maxillaire inférieur*. La tête est percée de plusieurs ouvertures pour donner passage aux organes de la vue, de l'odorat, du goût et de l'ouie, et pour recevoir la colonne vertébrale.

§ 52. Tronc, Colonne Vertébrale. Le tronc est formé de la *colonne vertébrale*, espèce de tige osseuse qui forme la ligne du milieu du dos, et des *côtes*, qui s'attachent en arrière à la colonne vertébrale, se replient en avant en forme de demi-cercle, et constituent, en se réunissant au *Sternum*, une sorte de boite osseuse, qui renferme les principaux organes de la vie.

La colonne vertébrale ou *Epine dorsale*, est la partie la plus importante de tout le squelette, celle qui varie le moins. Elle supporte, à son extrémité antérieure, la tête qu'on peut considérer comme en étant la continuation. Elle est formée d'un grand nombre de petits os appelés *vertèbres*, placés à la suite les uns des autres, et solidement unis entre eux. On compte dans l'homme trente-trois vertèbres, qui prennent différents noms, selon la place qu'elles occupent. Ainsi, on appelle vertèbres *cervicales*, celles qui composent le cou; vertèbres *dorsales*, celles qui constituent la ligne du dos, et portent les côtes, etc. Dans les mammifères qui ont une queue, la colonne vertébrale se prolonge, et les os, qui la composent, prennent le nom de vertèbres *caudales*. La région caudale est la partie du squelette la plus variable. Elle manque chez quelques mammifères; chez d'autres, elle est à peine apparente; tandis que, chez certains animaux, au contraire, cet organe est extrêmement long, au point que, chez le Pangolin à longue queue, on y compte quarante-cinq vertèbres.

§ 53. Cotes. Sternum. Les côtes sont, ainsi que nous l'avons vu, les arcs osseux, qui forment les côtés de la poitrine; elles sont très élastiques, assez minces, applaties et courbées en demi

cercle. Elles sont toutes attachées en arrière à la colonne vertébrale ; mais chez l'homme, où elles sont au nombre de douze de
chaque côté, il n'y a que les sept premières, appelées *vraies côtes*,
qui se réunissent au sternum au moyen d'un cartilage ; les cinq
inférieures ne s'y joignent point, et portent le nom de *fausses
côtes.*

Le *Sternum* est un os impair, aplati, de forme variable qui
occupe le devant de la poitrine, et sert à compléter les parois de
la cavité thoracique. La longueur, la largeur, la direction, la
courbure des côtes, varient suivant les différentes parties de la
poitrine.

§ 54. MEMBRES. Les membres sont ordinairement au nombre
de quatre, et, c'est chez les mammifères, qu'ils présentent le plus
de développement. L'homme possède deux paires de membres: deux
supérieurs ou *thoraciques*, les bras; *deux inférieurs* ou *abdominaux*,
les jambes. Les membres supérieurs se composent: de l'*Epaule*, du
Bras, de l'*Avant-bras* et de la *Main*. L'épaule est formée de deux
os : l'*Omoplate* en arrière, et la *Clavicule* en avant. La clavicule
n'est vraiment développée, que chez ceux des animaux qui ont
l'habitude de porter fréquemment leurs membres antérieurs au
devant d'eux, soit pour voler, soit pour prendre leurs aliments.

§ 55. Le bras n'a qu'un seul os: l'*Humérus* ; l'avant-bras en
présente deux: le *Cubitus* et le *Radius*. Ces os sont très distincts
et mobiles chez les animaux qui ont des mains ; ils se soudent
complètement chez ceux où les membres servent seulement à
marcher.

La main se compose de trois parties de forme variable ; chez
l'homme, nous trouvons: le *Carpe* formé de huit petits os; le *Métacarpe* constitué d'os alongés; les *Doigts* qui présentent trois os,
auxquels on donne le nom de *Phalanges*, *Phalangines* et *Phalan-
gettes*. Ces dernières supportent un ongle corné, dont la forme
varie selon les usages auxquels il est destiné, et qui manque rarement. Les membres postérieurs présentent une disposition analogue à celle des membres antérieurs; ils sont composés à peu
près des mêmes parties et des mêmes os ; mais ils portent des
noms différents; ainsi on appelle, dans le pied, *Tarse* et *Métatarse*, les parties qui, dans la main, sont nommées carpe et métacarpe.

§ 56. MUSCLES. Nous avons dit que les muscles sont les organes qui opèrent le mouvement. Les muscles sont des cordons de substance blanchâtre qui forment la plus grande partie de la masse du corps; ils constituent ce qu'on nomme vulgairement la viande des animaux. Cette chair est d'un rouge plus ou moins foncé ; mais cette couleur n'appartient pas en propre aux muscles, elle dépend seulement du sang qu'ils contiennent. Les muscles sont composés d'un grand nombre de fibres, d'une finesse extrême, rangées les unes à côté des autres. Les fibres, sous l'influence de certaines causes, de la volonté par exemple, se raccourcissent brusquement, et les muscles qu'elles forment deviennent plus gros et plus durs. Les muscles, en se gonflant et en se raccourcissant, rapprochent les extrémités ; et, comme ces extrémités sont fixées sur des parties mobiles, ces dernières doivent être mises en mouvement.

§ 57. ACTION DES MUSCLES SUR LES OS. Les muscles destinés à opérer de grands mouvements sont tous fixés par leurs extrémités sur deux os différents; il en résulte que, dans leur contraction, ils doivent entrainer l'os le plus mobile vers celui qui l'est le moins. Un exemple nous fera mieux comprendre: un muscle est attaché par son extrémité supérieure sur le bras, par son extrémité inférieure sur l'avant-bras; lorsque ce muscle vient à se raccourcir, il entraine l'avant-bras, le fait tourner sur la charnière appelée *coude*, l'oblige à se rapprocher du bras, et par conséquent à faire un mouvement.

§ 58. La durée et la force des contractions musculaires dépendent de la texture du muscle et de l'énergie nerveuse de l'animal. Les muscles les plus gros, les plus durs et les plus rouges sont ceux qui se contractent avec le plus de force ; mais c'est surtout sous l'influence des nerfs, que leur action est la plus puissante : on connait la force des fous furieux, des hommes en colère, et celle qui se développe dans certaines affections nerveuses. Du reste, les muscles ne peuvent rester dans un état de contraction permanente ; ils se relâchent au bout d'un temps plus ou moins long, et la lassitude, qui résulte de leur action prolongée, ne se dissipe que par l'inaction.

§ 59. ACTION DES NERFS SUR LES MUSCLES. Chaque muscle reçoit plusieurs nerfs, et l'influence de ces nerfs sur lui est immense. Lorsqu'on coupe le nerf qui se rend à ce muscle, qu'on le sépare ainsi du centre nerveux, on empêche ce muscle de se contracter, on le paralyse. Il y a plus, il suffit de comprimer fortement le cerveau d'un animal , pour le priver de la faculté d'exercer des mouvements. Nous voyons donc que la volonté les détermine; l'impulsion part du cerveau, les nerfs la communiquent aux muscles, et ceux-ci exécutent, en quelque sorte, les ordres qu'ils ont reçus. Mais il est des mouvements qui ne dépendent point de notre volonté; tels sont ceux du cœur, de l'estomac , de l'appareil respiratoire; quoique nous puissions suspendre ces derniers pendant quelque temps. Il faut remarquer que les muscles , qui exécutent ces mouvements involontaires, ne sont point en relation directe avec le cerveau, mais avec d'autres organes, par exemple avec la moëlle épinière.

§ 60. Le nombre des muscles varie considérablement selon les différentes espèces d'animaux; mais comme ceux-ci exécutent beaucoup de mouvements, surtout les animaux des classes supérieures, le nombre des muscles est toujours très grand. On en compte, chez l'homme, près de cinq cents. On partage les muscles en deux grandes divisions: les muscles *fléchisseurs* qui déplacent les os, et les muscles *extenseurs* qui les remettent à leur place.

HUITIÈME LEÇON.

Phanères, Poils, Coloration, Mélanisme, Albinisme, Action du climat, Ongles et Cornes, Plumes, Ecailles.

§ 61. Pour compléter ce qui nous reste à dire sur le corps des animaux en général, nous devons parler de certaines productions cutanées, que les naturalistes ont désignées sous le nom de *Phanères* ou parties visibles.

Phanères. Les Phanères sont formés d'une *Bulbe* qui en est la partie intérieure, et d'un *Poil* qui en est la partie extérieure, et qui , de plus, est insensible. Le bulbe lui-même présente deux ouvertures: l'une qui reçoit les vaisseaux et les nerfs; l'autre qui donne issue au poil qui est produit. Celui-ci s'accroit par la formation de nouvelles couches à sa base, et se trouve ainsi forcé de s'alonger au dehors.

§ 62. Poils. Tous les mammifères, selon de Blainville , offrent constamment des poils à la surface de la peau. Cette circonstance leur a fait donner, par ce célèbre naturaliste, le nom de *pilifères* c'est-à-dire porte-poils. Quelques-uns, à la vérité, paraissent au premier aspect avoir une peau uniquement protégée par des écailles, comme le Pangolin, par exemple; mais un examen attentif fait découvrir, que ces prétendues écailles, ne sont que des poils intimement soudés ensemble. D'autres, comme les Baleines, semblent complètement nus; mais on reconnait que, chez ces animaux, les poils existent sous la forme d'une croûte qui protège la peau. Outre ces grandes modifications du système pileux , il en est de moins importantes, et qui doivent cependant être signalées, parce qu'elles sont assez souvent en rapport avec le climat habité par les animaux. On peut distinguer deux sortes de poils : ceux qui sont droits , lisses et soyeux, lesquels sont généralement propres aux animaux des contrées chaudes ; et ceux qui sont laineux et frisés, qu'on remarque ordinairement sur les animaux des pays froids.

§ 63. Les poils des mammifères présentent de grandes variations: quelques-uns sont très fins et très flexibles; d'autres, quoiqu'offrant une grande finesse, sont cependant très cassants; quelquefois, comme chez le Porc–épic , ils constituent des piquants. Ces piquants , quoique présentant l'aspect de la partie centrale des plumes des oiseaux, ne sont, en réalité, que des poils parvenus à un extrême développement. En effet, en étudiant les piquants du Hérisson , on les voit diminuer graduellement , de manière à ne former que des poils semblables à ceux des autres mammifères; d'autre part, si on examine au microscope les poils les plus fins des animaux, on reconnait qu'ils forment de petits tubes cornés, par conséquent, qu'ils sont de véritables piquants dont l'intérieur est rempli d'une matière colorante.

§ 64. Coloration. La Coloration du pelage montre peu de diversité chez les mammifères; on n'y trouve point cette richesse de teintes que les oiseaux offrent avec tant de profusion dans leur plumage. Les poils sont ordinairement noirs, bruns, fauves , gris ou blancs, d'une teinte généralement plus foncée sur le dos que sur le ventre, et pendant l'été que pendant l'hiver ; il n'y a que très peu d'exceptions à cette règle. A l'état sauvage , les espèces sont constamment vêtues de la même manière; mais la domesticité agit sur la coloration avec tant d'énergie, qu'il est quelquefois difficile de reconnaître la couleur primitive d'un animal. Cependant ces variations disparaissent si l'animal est rendu à la liberté pendant une époque assez longue.

§ 65. ALBINISME. MELANISME. Les deux modifications principales qui se présentent dans toutes les espèces sont : l'*Albinisme* et le *Mélanisme*. La première consiste dans une teinte blanche qui envahit toute la peau et les phanères qu'elle produit. Cette maladie attaque l'homme, dont la peau devient d'un blanc fade, ainsi que les cheveux et les poils ; les yeux sont alors rouges et pâles, et ne peuvent supporter la lumière. C'est à l'*Albinisme* qu'est due la blancheur du poil que l'on remarque quelquefois dans la souris, dans l'éléphant, etc. , et celle des plumes dans certains oiseaux. Le *Mélanisme* est une transformation en noir des parties colorées naturellement d'une manière différente. Quoique ces deux affections puissent se rencontrer dans toutes les contrées, l'Albinisme est cependant plus fréquent dans les pays froids, et le Mélanisme dans les pays chauds ; excepté toute fois pour l'espèce humaine, chez laquelle l'Albinisme s'observe le plus souvent en Afrique.

§ 66. ACTION DU CLIMAT. Le climat a une action assez puissante sur l'épaisseur du pélage des mammifères. Ceux qui habitent une contrée froide ont une fourrure très épaisse ; c'est ce qui nous explique la beauté des fourrures produites par la Sibérie et le nord de l'Amérique. Cette fourrure devient moins fournie à mesure que la chaleur du pays augmente ; dans les contrées équatoriales, les poils sont courts généralement, toujours peu abondants et peu serrés ; et, chez quelques animaux, ils finissent même par disparaître presque complètement.

§ 67. ONGLES ET CORNES. Les *Ongles* et les *Cornes* des animaux sont des phanères qui doivent être considérés comme des productions de la peau ; ce sont, en réalité, des poils agglutinés ensemble. Cette structure se reconnait facilement dans la corne du Rhinocéros, dont on peut séparer les poils sans aucune difficulté, et même dans les ongles de l'homme, dont les poils peuvent aussi se séparer, pourvu que ces ongles aient séjourné quelque temps dans l'eau.

§ 68. PLUMES. Les phanères qui sont produits par la peau des oiseaux prennent le nom de *Plumes* et sont particuliers aux animaux de cette classe. Ils se trouvent chez tous les êtres qu'elle renferme, et leur constituent un mode particulier de locomotion plus ou moins perfectionné.

Les plumes se composent, comme les poils, avec lesquels elles ont beaucoup d'analogie : d'un *bulbe producteur* ; d'un *tube* ou tuyau creux implanté dans la peau, et percé à sa base d'une ouverture, par laquelle pénètrent les sucs nourriciers nécessaires au développement de ces phanères ; d'une *tige* qui est remplie d'une matière spongieuse; et des *barbes*, petites lames élastiques, situées de chaque côté de la tige, et garnies presque toujours de petits crochets qui servent à les fixer les uns aux autres. Ces barbes ne sont point toujours également développées : dans les grandes plumes de l'aile ou de la queue qui sont imbriquées, les barbes, qui sont recouvertes par la plume supérieure, sont beaucoup plus grandes que celles qui sont à découvert. Cette disposition a pour résultat de donner aux organes du vol une bien plus grande force de résistance à l'air. Chez les oiseaux dont les ailes sont impropres au vol, par exemple chez l'autruche, les barbes sont lâches, molles, manquent de crochets, et ne sont point fixées les unes aux autres.

Les plumes recouvrent une grande partie du corps des oiseaux, et sont produites, comme nous l'avons dit, par une sécrétion analogue à celle des poils des mammifères. Quelques oiseaux portent même de véritables poils sur certaines parties de leur corps ; les dindons en ont une touffe bien caractérisée au bas du cou. Le duvet des jeunes oiseaux n'est par fois formé que de poils très fins. Enfin, chez les casoars, les ailes portent cinq tuyaux de plumes sans barbes, qui forment des piquants, ressemblant beaucoup à ceux du Porc-épic.

§ 69. Ecailles. Les *Ecailles*, qui recouvrent le corps des poissons et celui des reptiles, sont aussi des productions de la peau. Ce sont presque toujours des lames de substance cornée, ordinairement très apparentes, et se recouvrant les unes les autres; dans quelques poissons cependant, elles sont composées de matière calcaire. Quelquefois elles sont si petites, qu'elles n'apparaissent bien que lorsque la peau est desséchée ; c'est-ce qu'on peut observer dans les anguilles. Dans plusieurs reptiles, elles sont disposées en anneaux, ou bien elles forment de petits grains disposés symétriquement sur le corps de l'animal ; ou bien, au contraire, elles constituent de larges plaques auxquelles on donne le nom de

Scutelles ; enfin , mais beaucoup plus rarement , les écailles s'a-
longent et deviennent des épines, et quelquefois une crête lamel-
leuse, comme celle qui s'étend le long du dos des *Iguanes.*

Ici s'arrêtent nos considérations générales sur l'organisation des
animaux. Nous allons nous occuper maintenant de leur classification;
puis nous étudierons d'une manière particulière les plus intéressants d'entr'eux.

NEUVIÈME LEÇON.

Classification, Division du règne animal en embranchements. Premier
    embranchement. Caractères généraux des vertébrés, Classe des
    Mammifères. Conformation des membres. Division des Mammifères.

§ 70. Classification. La classification a pour but, en zoologie,
de distribuer le nombre prodigieux des animaux qui peuplent la
surface du globe , de la manière la plus propre à faire parvenir
facilement à la connaissance de chacun d'eux, et de les ranger
suivant leurs rapports organiques.

Parmi les nombreux savants qui se sont occupés de la classification des animaux, deux surtout font autorité dans la science.
Ce sont: le Suédois *Linné* ou *Linnæus*, né à Rœshult, en 1707, et
mort à Upsal, en 1778; le français *George Cuvier* , né à Mont-
beliard, en 1769, et mort à Paris, en 1832.

§ 71. La classification de Linné et celle de Cuvier présentent
de grands rapports ; elles s'appuient sur les mêmes principes , et
on pourrait dire que la seconde n'est que la première beaucoup
plus développée, et mise à la hauteur des immenses progrés de la
science et des nombreuses découvertes des temps modernes. Nous
suivrons donc la classification de Cuvier, qui est généralement
adoptée; car celle de Linné , devenue trop incomplète, est aban-
donnée depuis longtemps,

§ 72. Cuvier partage d'abord le règne animal tout entier , en
quatre grandes divisions , auxquelles il donne le nom d'*Embranchements.* Ces divisions se partagent à leur tour, et se subdivisent

en coupes de plus en plus petites, telles que les familles, les genres et les espèces. Ces coupes portent toutes un nom particulier, et sont caractérisées de manière à permettre de reconnaître facilement chacun des individus qui leur appartiennent.

§ 73. En parlant des animaux, on donne le nom d'*Espèce* à tout animal qui a des traits propres, fixes, indépendants, qui le distinguent essentiellement de tout autre individu; ainsi, le cheval, le chien, le chat, sont des animaux d'espèces différentes. Lorsque dans la même espèce, on remarque des différences qui ne sont ni constantes ni essentielles, ces différences constituent seulement des *Variétés*. Nous ne devons donc pas dire qu'il existe beaucoup d'*espèces* de chiens; mais que l'espèce canine présente un grand nombre de variétés. Il arrive souvent que des animaux d'espèces diverses ont entr'eux de grands points de ressemblance; ainsi, le cheval ressemble à l'âne, le chien ressemble au loup, le lièvre au lapin; ces espèces analogues, qui ont des caractères communs, constituent un *Genre*. De même que la réunion de plusieurs espèces analogues constitue un genre, de même aussi la réunion de plusieurs genres qui se ressemblent, constitue une *Tribu* ou une *Famille*. Une famille est donc, en histoire naturelle, une réunion d'êtres organisés offrant dans leurs formes, leurs mœurs, leurs habitudes, comme une sorte de parenté. Les familles, à leur tour, se réunissent en *Ordres*, les ordres en *Classes*, et les classes elles mêmes en *Embranchements*, grandes divisions dans lesquelles se distribue le règne animal tout entier. Ainsi, en suivant l'ordre inverse, on divise le règne animal en

Embranchements, les embranchements en
Classes,   les classes en
Ordres,   les ordres en
Familles,   les familles en
Tribus,   les tribus en
Genres,   les genres en
Espèces, qui ne présentent que des variétés.

§ 74. DIVISION DU RÈGNE ANIMAL EN EMBRANCHEMENTS. Le règne animal se partage d'abord en quatre grandes divisions, fondée chacune sur des caractères particuliers bien différents, et qui se distinguent facilement les unes des autres; c'est ainsi que l'embranchement des animaux vertébrés comprend, par exemple tous les animaux qui ont un squelette intérieur. Ces quatre divisions ou embranchements sont:

1° *L'embranchement des Vertébrés.*
2° *Celui des Articulés.*
3° *Celui des Mollusques.*
4° *Celui des Rayonnés ou Zoophytes.*

PREMIER EMBRANCHEMENT.

§ 75. CARACTÈRES GÉNÉRAUX DES VERTÉBRÉS. (Позвоночныя). Les animaux vertébrés forment le type le plus élevé du règne animal; ce sont les êtres animés dont l'organisation est la plus parfaite. L'existence d'un squelette intérieur leur donne plus de mobilité et de vigueur. Ils ont toujours cinq sens, comme l'homme, et ces sens ont à peu près la même disposition que chez lui. Leur sang est rouge, et une partie de ce que nous dirons de notre organisation pourra s'appliquer à celle de tous les vertébrés, car la nature semble les avoir tous créés sur le même plan. Cependant ces animaux offrent entr'eux des différences souvent très importantes, qui servent à établir cinq grandes classes parmi les vertébrés. On les divise en

Mammifères,   *Batraciens,*
Oiseaux,   et *Poissons.*
Reptiles ,

CLASSE DES MAMMIFÈRES.

§ 76. La classe des mammifères (Млекопитающия). se compose de l'homme et de tous les animaux qui sont d'abord nourris par leur mère avec du lait. Ils ont le sang rouge et chaud, respirent par des poumons, et sont plus ou moins couverts de poils, soit à leur état naturel, soit modifiés, comme on le remarque dans les piquants du Porc-épic et les écailles du Pangolin.

Il est très facile en général de distinguer un mammifère d'un oiseau, d'un reptile, d'un batracien et d'un poisson : sa forme ne s'éloigne guère de celle des quadrupèdes que nous voyons ordinairement, comme le chien , le bœuf etc. Cependant quelquefois elle s'en écarte assez pour que cette distinction devienne difficile; ainsi la Baleine, le Dauphin ressemblent beaucoup plus aux poissons qu'aux autres mammifères, et ont été appelés pendant long-temps, mais à tort, du nom de poissons.

§ 77. MEMBRES. Tous les mammifères, à l'exception des cétacés, ont deux paires de membres : l'une antérieure ou supérieure, l'autre postérieure ; mais la conformation de ces membres varie selon les usages auxquels ils sont destinés. Ils servent: 1° à marcher et à se tenir debout, 2° à saisir et à toucher, 3° à fouir la terre, 4° à nager, 5° à voler.

Les membres, qui servent à mouvoir et à soutenir le corps sur la terre, offrent tout-à-la-fois beaucoup de légèreté et de solidité; la jambe et le pied du cheval peuvent nous en fournir un exemple. La station est cette attitude dans laquelle un animal se tient sur ses jambes fermes et dressées. L'homme est réellement le seul mammifère qui puisse se soutenir sur deux jambes ; tous les autres, à l'exception des cétacés, reposent sur quatre pieds. La marche est un mouvement, dans lequel l'animal change de place, par le jeu alternatif des organes, sans jamais abandonner tout-à-fait le sol; tandis que, dans le saut, l'animal est lancé comme par une sorte de ressort et quitte réellement la terre. Les mammifères qui sautent le mieux sont ceux dont les jambes de derrière sont les plus robustes et les plus longues; car ce sont ces membres qui donnent spécialement l'impulsion au corps. La course est un mouvement rapide qui tient tout-à-la fois de la marche et du saut; puisque le corps, dans la course, est pendant quelque temps, comme suspendu en l'air , puis vient toucher le sol pour bondir de nouveau.

§ 78. Les membres qui servent à saisir et à toucher sont fléxibles et généralement terminés par des doigts, comme la main de l'homme; mais d'autres extrémités opèrent aussi par fois la préhension : les quadrumanes peuvent saisir avec leurs pieds et quelquefois avec leur queue, et l'éléphant peut saisir avec sa trompe. Pour fouir les pattes sont larges, courtes et fortes ; elles constituent des sortes de pelles, comme on peut le remarquer surtout dans la taupe. Pour nager, elles sont également courtes et larges, afin de frapper l'eau avec plus de force ; ainsi chez les cétacés , elles constituent de véritables nageoires. Chez les mammifères qui possèdent quatre membres, tous servent à la natation ; les meilleurs nageurs ont entre les doigts une membrane qui augmente leur point d'appui sur l'eau. Dans la nage, les membres postérieurs donnent l'impulsion, poussent le corps en avant, tandis que les membres antérieurs empêchent la tête de s'enfoncer.

Enfin, dans les mammifères qui peuvent s'élever dans l'air et voler réellement, les membres antérieurs, sur tous les doigts qui sont très longs, supportent un repli de la peau, comme les baleines d'un parapluie en soutiennent le taffetas. Chacun de nous a pu remarquer, dans les Chauves-souris, cette organisation des membres antérieurs.

§ 79. Distribution des mammifères sur le globe. On trouve des mammifères dans chaque partie du globe; mais chaque région en présente cependant qui lui sont propres. Il y a presque toujours un rapport constant entre la taille des animaux et l'étendue des terres qu'ils habitent. Par une harmonie remarquable, les petites îles n'ont presque jamais que des espèces inférieures à celles que l'on rencontre dans des îles plus vastes. Cette belle loi, devinée par Buffon, s'applique également aux continents : les mammifères de Madagascar ne parviennent point à la taille de ceux de l'Australie ; les plus gros de l'Amérique sont au dessous de ceux de l'Ancien-Continent. Dans les diverses parties du globe, chaque région a ses espèces propres, retenues dans certaines limites, soit par quelques circonstances géographiques, soit surtout, par l'influence du climat. Buffon avait déjà remarqué, que les espèces qui habitent la zône torride, ne se trouvent jamais que dans un seul continent; que la plupart de celles des parties tempérées de l'Europe manquent à l'Amérique; tandis qu'au contraire, le plus grand nombre des animaux qui vivent dans les régions glaciales, se trouvent répandus dans l'un et l'autre continent.

§ 80. Division des mammifères. Les modifications des membres des mammifères et celles que nous avons signalées dans les dents ont fait partager ces animaux en neuf ordres. Savoir:

1° *Les Bimanes,*	6° *Les Marsupiaux,*
2° *Les Quadrumanes,*	7° *Les Pachydermes,*
3° *Les Carnassiers,*	8° *Les Ruminants,*
4° *Les Rongeurs,*	9° *Les Cétacés.*
5° *Les Edentés,*	

DIXIÈME LEÇON.

Ordre des Bimanes. Principales différences physiques entre l'Homme et les autres mammifères, Taille de l'Homme, Durée de la vie humaine, Variétés de l'espèce humaine. Race Caucasique. Race Mongolique. Race Éthiopique. Race Américaine et Race Malaise. Population totale du globe.

ORDRE DES BIMANES.

§ 81. ORDRE DES BIMANES. (Двурукія). L'ordre des Bimanes (*bis* deux fois ,*manus* main) est caractérisé par l'existence de mains aux membres antérieurs seulement ; il ne se compose que d'un seul genre, et il ne forme qu'une espèce unique, l'*Homme*.

Au premier aspect, l'homme ne diffère que très peu d'un grand nombre de mammifères; mais l'intelligence admirable dont il est doué, sa haute suprématie sur toutes les créatures terrestres, l'élévent beaucoup au dessus des autres animaux , et font de lui le Roi de la création. Il faut reconnaître en lui un être à part, au dessus de tous les autres, dont il est séparé par une distance infinie, par un abîme que rien ne saurait combler. Selon la belle expression d'un poète:

L'homme est un Dieu tombé qui se souvient des Cieux.

§ 82. PRINCIPALES DIFFÉRENCES PHYSIQUES ENTRE L'HOMME ET LES AUTRES MAMMIFÈRES. L'homme, considéré comme animal, se lie entièrement aux autres mammifères, et surtout aux singes, par tous les détails de son organisation ; cependant il ne peut être classé même parmi ces derniers; car il possède des différences physiques qui l'en séparent suffisamment. Ces principales différences sont:

1º La conformation de ses mains dont les doigts sont longs , fléxibles et doués de la faculté de se mouvoir séparément. Le pouce est plus long que celui des singes, de manière qu'il peut toucher l'extrémité des autres doigts et saisir les corps les plus délicats. Chaque doigt est terminé par une petite pelotte de tissu élastique, qui favorise beaucoup le toucher. Cette structure, si parfaite des mains de l'homme, est un des attributs les plus précieux de cette créature privilégiée, et c'est à elle qu'elle doit en grande partie sa supériorité sur les autres animaux.

§ 83. 2° Son attitude droite et sa manière de marcher sur deux pieds seulement, tandis que les autres mammifères doivent ou peuvent employer les membres antérieurs au même usage. On a prétendu quelquefois que l'homme, à l'état primitif, avait été quadrupède. La connaissance de l'anatomie réfute complétement cette erreur. En effet, les articulations de ses pieds ne sont pas assez mobiles pour ce mode de progression, et ses jambes trop longues feraient heurter ses genoux contre la terre. En outre, ses épaules sont trop écartées, et leurs muscles trop faibles pour supporter le poids de la partie antérieure du corps. Enfin, la tête, qui n'a point de ligament cervical pour la soutenir, tomberait bientôt vers le sol, si le corps restait dans la position horizontale; et les yeux dirigés vers la terre deviendraient inutiles.

§ 84. 3° Le grand développement de son cerveau. Si la masse du cerveau de quelques animaux égale ou dépasse même celle de l'homme, aucun ne peut lui être comparé pour le grand nombre de circonvolutions que l'on voit à sa surface ; et, nous savons qu'on s'accorde à regarder l'intelligence d'un animal, comme proportionnée au nombre de circonvolutions de son cerveau.

4° La perfection de son appareil vocal. L'homme est le seul mammifère qui puisse articuler des sons, et, par conséquent, le seul qui jouisse de la parole, faculté merveilleuse qui lui permet de communiquer à ses semblables ses pensées les plus intimes.

§ 85. Mais l'homme, si riche des dons de l'intelligence, si merveilleusement organisé, est d'ailleurs, sous le rapport physique, une des créatures les plus misérables. Il n'a point d'armes pour se défendre, point d'armes pour attaquer, point de poils pour le protéger contre l'intempérie des saisons. Son enfance, si faible et si longue a, plus qu'aucune autre, besoin des secours étrangers; abandonné seul, privé des bienfaits de la société et des ressources de son intelligence, l'homme disparaîtrait bientôt probablement de la surface de la terre.

§ 86. TAILLE DE L'HOMME. La taille de l'homme présente d'assez grandes variations, selon les pays où on l'observe. La moyenne paraît être d'environ cinq pieds: les Patagons parviennent jusqu'à six pieds, tandis que les Lapons et les Esquimaux n'en ont guère plus de quatre. Cependant on rencontre quelquefois des exemples, rares il est vrai, dans lesquels ces limites sont beaucoup dépassées. Haller, dans son Traité des Géants, mentionne plusieurs personnes de la taille de huit à neuf pieds: on découvrit, en 1719, près de Salisbury, un squelette humain de neuf pieds quatre pouces. Parmi les individus qui se sont faits remarquer par leur extrême petitesse, un des plus connus est Bébé, nain de Stanislas, roi de Pologne. Il n'avait que trente-trois pouces, quoiqu'il fut très bien proportionné; Thérèse Souvray, qui fut fiancée avec lui, était même un peu plus petite.

§ 87. Durée de la vie humaine. La durée de la vie de l'homme, parvenu à la vieillesse, varie selon les climats. Dans nos contrées, elle est ordinairement de quatre-vingts ans; cependant on la voit assez souvent se prolonger au de là de ce terme; sur cent mille individus, le nombre des centenaires paraît être de vingt environ. Mais l'exemple de longévité le plus remarquable des temps modernes est celui d'un pêcheur Anglais, nommé Jenkins, qui mourut, en 1670, à l'âge de cent-cinquante ans. En général, c'est dans les premiers temps de la vie que la mortalité est la plus considérable sur l'espèce humaine : près du quart des enfants meurt dans la première année, et la moitié seulement dépasse l'âge de vingt ans.

§ 88. Variétés de l'espèce humaine. Les hommes ne forment qu'une espèce unique ; mais, quand on considère les différents peuples qui habitent la surface du Globe, on voit qu'ils sont loin de se ressembler entièrement. Il existe des différences importantes qui font distinguer, dans cette espèce unique, trois races principales et deux races secondaires. Les races principales sont: la race *Caucasique*, la race *Mongolique* et la race *Éthiopique*. Les races secondaires sont: la race *Américaine* et la race *Malaise*.

§ 89. Race caucasique. La race caucasique est ainsi nommée, parcequ'on la croit primitivement descendue des montagnes du Caucase, d'où elle s'est répandue à la surface du globe. C'est d'un de ses rameaux, qui s'est arrêté dans nos contrées, que descendent tous les Européens. Elle se distingue par l'ovale que forme sa tête, par le peu de saillie de ses pommettes et de ses machoires, par une barbe forte, et par la couleur plus ou moins blanche de sa peau. Son angle facial, plus ouvert que celui des autres races, est de plus de 80 dégrés, et annonce la supériorité de son intelligence.

Elle habite l'Europe entière, l'Asie occidentale , la partie septentrionale de l'Afrique, et elle a peuplé de ses nombreuses colonies
l'Amérique et la plupart des îles répandues dans les océans.

§ 90. Race Mongolique. La race mongolique paraît avoir pris
naissance dans les monts Altaï , d'où elle s'est répandue dans
l'Asie centrale et dans les îles voisines. Cette race se reconnait à
un visage plat , à la forte saillie des pommettes , à des yeux
peu ouverts et placés obliquement, à une barbe rare, ainsi qu'à la
couleur jaune et olivâtre de son teint, et à ses cheveux noirs et
droits. Les Kalmouks, les Chinois, les Japonais en Asie , les Lapons en Europe, les Esquimaux en Amérique, sont des peuples de
race Mongolique. Cette race est la plus importante par sa population; mais son angle facial, qui n'a guère plus de 70 dégrés,
annonce une intelligence inférieure à celle de la race blanche;
et l'on voit, en effet, que sa civilisation, de beaucoup antérieure à
la nôtre, est restée stationnaire après avoir brillé d'un assez vif
éclat.

§ 91. Race Ethiopique. La race éthiopique a pour caractère
distinctif un crâne comprimé , un nez écrasé, des machoires très
saillantes, des lèvres très grosses, des cheveux crépus, et la peau
plus ou moins noire. L'angle facial parvient à peine chez elle à
70 dégrés; aussi les nègres, moins favorisés que les autres peuples,
se font-ils remarquer par leur peu de capacité et d'intelligence.
Ils sont toujours restés dans un état de barbarie, et ce n'est que
bien rarement, qu'on voit naître, parmi eux, des hommes remarquables par des talents ou de grandes vertus. La Race éthiopique
est originaire des contrées situées au midi de l'Atlas ; quelques -
uns de ces rameaux se sont étendus jusques dans l'Océan Pacifique;
et les Nègres, transportés comme esclaves , ont peuplé une partie
du Nouveau-Monde.

§ 92. Race Américaine et Race Malaise. Quelques naturalistes
ont considéré les indigènes de l'Amérique et les peuples de la Malaisie, comme formant deux races distinctes, caractérisées, la première, par un nez aquilin, des cheveux longs et noirs et la peau
d'un rouge de cuivre; la seconde, par un nez épaté, des cheveux
bouclés, un teint brunâtre, et la machoire supérieure un peu saillante. Cependant on est indécis sur leur classification, et il serait
peut-être sage de ne considérer la race Américaine et la race Malaise
que comme des variétés secondaires des trois grandes races.

§ 93. POPULATION TOTALE DU GLOBE. Les différentes variétés et sous-variétés de l'espèce humaine forment un total d'environ un milliard d'hommes, savoir ; près de 260 millions pour l'Europe, 450 millions pour l'Asie, 70 millions pour l'Afrique, 50 millions pour l'Amérique, et moins de 3 millions pour l'Océanie. Mais on conçoit combien ces évaluations, fondées sur des documents contradictoires et souvent incomplets, peuvent être entachées d'erreur.

ONZIÈME LEÇON.

Ordre des Quadrumanes. Caractères généraux. Famille des singes. Mœurs. Division. Tribu des singes de l'Ancien-Continent. Orangs. Orang-roux, Chimpanzé.

ORDRE DES QUADRUMANES.

§ 94. ORDRE DES QUADRUMANES. (Четырерукія). Les Quadrumanes doivent leur nom à la faculté, dont jouissent ces animaux, de pouvoir se servir de leurs quatre membres, pour toucher et saisir les corps, au moyen de leur pouce plus ou moins opposable aux autres doigts. Cependant quelques animaux, que leur organisation range nécessairement dans l'ordre des Quadrumanes, n'ont point les pouces opposables, tel est le Ouistiti ; les Atèles sont même privés de ces doigts. Les Quadrumanes sont de tous les mammifères ceux qui ressemblent le plus à l'homme ; mais cette ressemblance diminue à mesure qu'on descend dans les genres inférieurs. Les singes, qui composent la partie la plus nombreuse de cet ordre, forment comme une échelle qui descend par dégrés de l'homme aux quadrupèdes. Leur intelligence semble suivre la même loi. plus la forme des singes s'éloigne de la forme humaine, et plus ces animaux se montrent stupides et brutaux. Les Quadrumanes possèdent des dents incisives, des dents canines et des dents molaires ; la structure de ces dernières est favorable à leur régime ordinairement frugivore ; leurs yeux sont dirigés en avant. Leur cerveau est plus volumineux que celui de l'homme, et, chez les espèces les plus élevées, présente avec le nôtre une ressemblance désespérante pour nous. Nous devons ajouter que leur organisation intérieure offre de grands rapports avec la nôtre.

L'ordre des Quadrumanes se divise en trois familles: les *Singes*, les *Ouistitis* et les *Makis*.

FAMILLE DES SINGES.

§ 95. Famille des singes. (Обезьяны). Les Singes sont essentiellement propres aux pays chauds: une seule espèce vit sauvage en Europe, sur le rocher de Gibraltar. Cependant à des époques antérieures aux époques historiques, des animaux de cette famille ont habité nos régions tempérées: car on a trouvé, en France, des os fossiles qui ont bien certainement appartenu à des Singes. De nos jours, ces animaux ne se rencontrent plus qu'en Asie, en Afrique et en Amérique. Ils vivent ordinairement sur les arbres et ne viennent à terre que très rarement. Ils vont presque toujours en troupes nombreuses, composées d'un certain nombre de familles.

§ 96. Mœurs des Singes. De tous temps , on a accordé aux Singes une intelligence qui , dans certains cas, approche de celle de l'homme. Quelques peuples de l'Inde regardent certaines espèces comme douées d'une haute capacité: ils prétendent que ces Singes se sont retirés dans les forêts , et qu'ils refusent de parler , afin d'échapper au travail. Certaines actions de ces animaux prouvent en effet, qu'ils jouissent d'une sorte de raisonnement: on en cite qui , après avoir été guéris par une saignée , présentaient leur bras, dans des nouvelles maladies, pour qu'on répétât cette opération. Lorsqu'ils veulent devaster un champ , quelques espèces suivent des règles pleines de prudence: les uns font sentinelle; les autres se mettent à la chaine, et passent de main en main les fruits qu'ils ont volés , afin de les mettre plus promptement en sureté. Les Singes se font remarquer par leur instinct imitateur, et surtout par leur aptitude à répéter les actions des hommes. Lorsque les deux savants La Condamine et Bouguer se rendirent en Amérique, afin d'y faire des observations pour la mesure de la terre, ils virent les Singes qu'ils possédaient les imiter en tout. Ces animaux plantaient des signaux , se servaient de lunettes, couraient aux pendules, et, quelquefois même, saisissaient la plume et simulaient l'action d'écrire. Enfin, ils répétaient, de point en point, toutes les observations astronomiques des deux savants. Les Singes ont les passions vives: ils pleurent, gémissent, soupirent, et rient comme nous. Geoffroy Saint-Hilaire dit, que les mères sont extrêmement attachées à leurs petits ; qu'elles les portent constamment dans leurs bras, les soignent avec une admirable tendresse, les couvrent de caresses et de baisers. L'amour des Singes pour leurs petits est une sorte d'affection mutuelle, qui fait, qu'ils n'abandonnent que rarement ceux d'entr'eux qui sont blessés, voilà les seules qualités, qu'on puisse leur accorder: on ne cite peut-être aucun exemple d'un Singe donnant à son maître un témoignage d'affection et de reconnaissance, une légère marque d'attachement. Ces animaux obéissent par la crainte des châtiments; mais les bons traitements, à quelques rares exceptions près, sont impuissants sur eux. Ils sont égoistes et gourmands, audacieux, destructeurs, et semblent éprouver un véritable plaisir à faire le mal. A mesure qu'ils vieillissent, leurs défauts augmentent et leurs qualités diminuent; une stupidité capricieuse et brutale finit par remplacer l'intelligence et la docilité de leur jeunesse.

§ 97. Division des Singes. Les Singes de l'Ancien-Continent présentent, dans leur organisation, des caractères qui les distinguent de ceux du Nouveau-Monde. Ces différences, en rapport avec la géographie, ont fait partager ces animaux en deux tribus : les Singes de l'*Ancien-Continent* et ceux du *Nouveau-Continent*.

TRIBU DES SINGES DE L'ANCIEN-CONTINENT,

§ 98. Tribu des singes de l'ancien-continent. (Обезьяны стараго свѣта). Les Singes de cette tribu ont les narines très rapprochées, trente-deux dents en tout, ordinairement des abajoues, point de queue, ou une queue qui n'est point préhensible. Les formes de leur corps sont plus massives, moins élégantes et moins sveltes que celles de leurs congénères de l'Amérique. Les genres les plus remarquables de cette tribu assez nombreuse, sont : les *Orangs*, les *Gibbons*, les *Semnopithèques*, les *Guénons*, les *Macaques* et les *Cynocéphales*.

§ 99. Orangs. (Орангъ). Les Orangs sont caractérisés par l'absence d'abajoues et des oreilles arrondies et plus petites que celles de l'homme; ils manquent de queue, et leurs bras peuvent atteindre au moins le genou. Leurs mouvements sont graves, et n'ont point cette pétulance particulière aux autres Singes.

§ 100. L'*Orang-roux*, (Орангутанъ) plus connu sous le nom d'*Orang-Houtan* ou *Orang-Outang* (*) qui signifie en langue Malaise, *Homme des forêts*, est celui qui, de tous les animaux, ressemble le plus à l'homme, au moins dans sa jeunesse, où il a une physionomie assez agréable, et un angle facial assez ouvert ; mais avec l'âge, le front se rejette en arrière, les machoires s'avancent et sa figure devient d'une laideur horrible. L'Orang-Houtan a le corps couvert de longs poils roux, la face nue et de couleur bleuâtre; il atteint quelquefois la taille de sept pieds, et possède une force et une agilité prodigieuse. Il se tient ordinairement sur les arbres, et s'élance de l'un à l'autre, avec tant d'agilité, qu'au dire des habitants de Sumâtra, dans les vastes forêts de l'intérieur de l'île, où les arbres sont très rapprochés, sa course aérienne n'est pas moins rapide que celle d'un cheval au galop; à terre, sa marche est lente et difficile: en effet, quand il marche à quatre pattes, il ne pose sur le sol que l'extrémité des doigts des pieds, et il est forcé de se servir de ses bras, qui sont très longs, pour se soulever et se lancer en avant. En outre, il est obligé, dans cette attitude, pour voir devant lui, de relever la tête d'une manière fort incommode. La force de l'Orang-Houtan est telle, qu'il peut lutter avec avantage contre plusieurs hommes, et qu'il a été impossible de prendre vivant un seul de ces animaux devenu adulte.

Les Orangs-Houtans sont sociables et vivent en troupes dans les arbres élevés, où ils se construisent des espèces de cabanes. Ceux qu'on a pu observer dans leur enfance sont doux, aiment la société, et se montrent beaucoup plus affectueux que les autres Singes; ils sont doués d'une grande intelligence, et susceptibles de recevoir une certaine éducation. Un naturaliste Hollandais, qui a

______

(*) Cette dernière dénomination, employée par Cuvier et l'immense majorité des naturalistes, est cependant mauvaise: le mot *Orang* signifie à la vérité homme, en langue Malaise; mais *Outang* signifie dette; ce qui n'a plus de sens. Le mot, *Houtan*, au contraire, veut dire forêt: il faut donc écrire *Orang-Houtan*, c'est-à-dire *Homme des forêts*,

pu les observer, dit que les habitants du pays leur font la chasse, pour les réduire en esclavage, et en tirer quelques services domestiques: on leur apprend à marcher sur les pieds de derrière, et à se servir de leurs mains pour faire certains ouvrages , et même ceux du ménage , comme rincer les verres , servir à boire , tourner la broche. Dès la première tentative , ils comprennent ce qu'on leur demande , c'est-à-dire, qu'après avoir fait l'action pour laquelle on vient de les guider, ils savent qu'ils doivent la faire eux-mêmes, lorsque la même circonstance se représente. On en a vu qui prenaient du thé, du vin , mangeaient de la viande et du poisson , et s'essuyaient les lèvres avec une serviette. On cite un jeune Orang-Houtan qui , sur un bâtiment, servait le café aux officiers , brossait leurs habits et aidait les matelots dans leur travail. Un jeune Orang-Houtan , qui appartenait à l'impératrice Joséphine , prouva par plusieurs actes que les animaux de sa race ont la faculté de raisonner. Un jour , ayant été égratigné par un chat, avec lequel il jouait, il examina sa patte, et s'efforça d'en arracher les ongles; une autre fois, ne pouvant atteindre le loquet d'une porte , il apporta une chaise pour monter dessus; mais les Orangs changent de naturel en avançant en âge, ils deviennent farouches et indomptables. Pleins de courage et de férocité , ils attaquent les hommes , les assomment à coups de pierre ou de bâton, et les dévorent; ce Singe est alors un animal terrible, qui porte avec lui l'épouvante et la mort. Les Orangs-Houtans habitent principalement l'intérieur des grandes forêts de Bornéo et de Sumâtra ; mais ils deviennent très rares, et leur race finira probablement par disparaître de la surface du globe.

§ 101. L'*Orang-Noir* ou *Chimpanzé*, (Шимпанзе, жоко), qu'on désigne parfois sous le nom d'*Homme des bois* et sous celui de *Jocko*, présente des rapports assez considérables avec l'Orang-Houtan; il s'en distingue cependant par des bras moins longs, un front plus fuyant, et par sa taille qui ne dépasse guère celle de l'homme. Il se rapproche encore plus que lui de la forme humaine; et, comme il peut appuyer la plante du pied en entier sur la terre , il est réellement plus bipède que l'Orang-Houtan. Les Chimpanzés se font remarquer par une intelligence au moins égale à celle des Orangs, puisque certains voyageurs rapportent, qu'ils ont assez de discernement pour attiser, afin de s'y chauffer , des feux allumés par les Nègres. Ils se défendent même avec courage, contre les hommes et les éléphants, et les repoussent à coup de pierre et de bâton. Cependant les Chimpanzés ne sont ni féroces, ni brutaux, excepté peut-être lorsqu'ils sont vieux; puisqu'il existe plusieurs exemples de femmes et d'enfants enlevés par eux, et qu'ils ont gardés longtemps dans leurs retraites, sans jamais les maltraiter; toutefois, quand la menace d'un danger ou la captivité les irrite, leur fureur, servie par une force extraordinaire, les rend terribles. Ces animaux sont indigènes des parties les plus brulantes de l'Afrique.

DOUZIÈME LEÇON.

Gibbons. Semnopithèques. Guenons, Macaques, Cynocéphales. Tribu des Singes du Nouveau-Continent. Sapajous. Saïmiris. Alouattes. Atèles. Sakis.

§ 102. Gibbons. (Гиббонъ). Les Gibbons ont une grande ressemblance avec les Orangs par l'extrême longueur de leurs bras; mais ils ont le front plus fuyant, et leur intelligence supérieure à celle des autres Singes, est cependant très inférieure à celle des Orangs. Ils sont, comme ceux-ci, essentiellement grimpeurs; ils s'accrochent aux branches des arbres au moyen de leurs mains, et cheminent ainsi avec une grande vitesse. Ce sont des animaux timides et défiants, qui habitent les plus épaisses forêts des parties les plus reculées du Continent et de l'Archipel des Indes. Ils se nourrissent de végétaux et d'œufs; mais on peut les regarder comme omnivores; ils boivent en trempant leurs doigts dans l'eau et en les suçant. Les plus remarquables des Gibbons sont :

§ 103. Les *Siamangs*. (Сіамангъ). Ces Singes ont le pélage entièrement noir, et une énorme poche gutturale communiquant avec le larynx, dans laquelle ils peuvent faire entrer une grande quantité d'air. Ils vivent en troupes nombreuses, sous les ordres de chefs plus forts et plus agiles, que les Malais superstitieux croient invulnérables, Ils se tiennent silencieusement cachés, peudant le jour, au milieu du feuillage le plus épais; mais au lever et au coucher du soleil, ils poussent des cris épouvantables qui cessent bientôt après. Ces animaux sont lents et pesants, grimpent et sautent mal, de sorte qu'il est facile de les atteindre, quand on les aperçoit; mais ils sont d'une vigilance extraordinaire : ils ont soin de placer des sentinelles autour d'eux, et s'ils entendent dans le lointain un bruit inconnu, ils s'empressent de fuir. Les mères se montrent très dévouées à leurs petits, et se précipitent sur les chasseurs pour les défendre; on prétend même qu'elles les portent chaque jour à la rivière, les lavent malgré leurs cris, les essuient et les séchent avec le plus grand soin.

§ 104. Semnopithèques. (Тощавка). Les Semnopithèques n'ont point d'abajoues, mais ils ont une queue extrêmement longue; ce qui les distingue nettement des genres précédents qui en sont complètement privés. Ils la portent ordinairement relevée, et s'en servent comme d'une sorte de balancier pour équilibrer leurs mouvements. Ce sont des Singes adroits et agiles, d'un caractère grave et réfléchi. C'est à ce genre qu'appartiennent:

L'*Entelle* (Гульманъ) qui est extrêmement commun au Bengale, où il est un objet de culte et de vénération dans la religion des Brames. Les Hindous regardent l'arrivée de ces animaux comme un bonheur, et leur laissent piller avec plaisir leurs demeures et leurs jardins.

Le *Nasique*, qui doit son nom à son nez extraordinairement long et pointu, est aussi un objet de culte, et son intelligence est si remarquable, que quelques peuples de l'Inde disent, qu'il ne s'est retiré dans les forêts que par sa sagesse, et pour ne point travailler.

§ 105. Guenons. (Геновъ). Les Guenons, ou Cercopithèques, ont la queue longue, mais moins cependant que les Semnopithèques; les doigts souvent réunis à leur base par des membranes, le front déprimé et presque nu, des abajoues très amples, et le pélage bien fourni et plus ou moins tiqueté. Ils sont tous du Continent Africain ou de la partie de l'Asie qui y est contiguë. Ce sont des animaux d'un caractère turbulent et mobile, dangereux par les dégâts considérables qu'ils font dans les champs cultivés. Leurs opérations sont conduites avec beaucoup d'adresse et de prudence. Leurs bras plus courts que leurs jambes rendent leur marche brusque et saccadée; mais ils sont d'une extrême agilité dans les sauts qu'ils font d'une branche , ou d'un arbre à un autre. Une espèce de ce genre,

Le *Guenon Calltriche*, (Генонъ зеленый), qui habite le Sénégal , est remarquable par sa hardiesse, qui est telle , qu'il ne montre aucune frayeur, quand on l'attaque avec des armes à feu. C'est aussi à ce genre qu'appartient le *Mone* , belle espèce qui est assez peu rare dans les ménageries, et se distingue parmi les autres Singes par sa douceur et sa docilité.

§ 106. MACAQUES. (Макакъ). Les Macaques qui habitent l'Asie méridionale , n'ont qu'une queue assez courte, et se rapprochent plus que les Singes dont nous venons de parler de la forme des quadrupèdes ordinaires. Cependant ils sont, en général , adroits , intelligents, susceptibles de quelque éducation, mais d'un caractère irrascible et assez méchant. On peut ranger dans cette coupe:

Les *Magots*, (Мартышка), dont la queue est réduite à l'état de simple tubercule. Ils habitent le nord de l'Afrique. Mais sont parvenus jusque dans la partie méridionale de l'Espagne , où ils vivent sur les rochers les moins accessibles de la montagne de Gibraltar. Ce sont les seuls Quadrumanes de l'Europe, et ils auraient été détruits probablement depuis longtemps, s'il n'était point défendu de les tuer, sous des peines sévères. Dans la jeunesse, ils sont intelligents, et on en voit souvent exécuter des tours d'adresse; mais dans la vieillesse , ils deviennent ordinairement méchants et se montrent toujours extrêmement grimaciers et insupportables.

§ 107. CYNOCÉPHALES. (Павіанъ или Паніонъ). Les Cynocéphales doivent leur nom tiré du Grec , à leur tête qui ressemble à celle des chiens. Ce sont les plus gros et les plus forts de tous les Singes, après les Orangs et les Gibbons. Ils marchent ordinairement sur les quatre pattes , et habitent les montagnes hérissées ou les coteaux boisés de l'Afrique. Ils vivent de fruits, de légumes et quelquefois d'insectes, et se réunissent par bandes pour se livrer au pillage. Ce sont les animaux les plus féroces et les plus brutaux de la famille des Singes: ils semblent doués , selon l'expression de F. Cuvier, de l'instinct du mal; l'homme lui-même n'est pas à l'abri de ses mauvais traitements , s'il ose pénétrer dans le lieu de leur séjour. Les Cynocéphales étaient cependant, de la part des Egyptiens l'objet d'une profonde vénération ; non seulement ils les représentaient dans leurs monuments , mais ils leur élevaient des statues avec les métaux les plus précieux. Nous remarquerons particulièrement dans ce genre :

Le *Cynocéphale Hamadrias* (Павіанъ. Гамадріасъ) qui vit en Arabie et en Ethiopie , et qui est particulièrement celui que les Egyptiens adoraient.

Le *Cynocéphale Mandrill* (Павіанъ Мандрилъ) qui habite l'Occident de l'Afrique, et qui est reconnaissable à sa robe d'un brun verdâtre, et à son museau bariolé de bleu et de rouge.

TRIBU DES SINGES DU NOUVEAU-CONTINENT.

§ 108. Tribu des singes du Nouveau-Continent. (Обезьяны Новаго Свѣта). Les Singes du Nouveau-Continent ont les narines éloignées et douze dents molaires à chaque machoire ; ils n'ont jamais d'abajoues, leur queue est longue et ordinairement préhensible, leurs formes sont plus sveltes et plus élégantes, en général, que celles de leurs congénères de l'Ancien-Monde , avec lesquels ils offrent d'ailleurs de grands rapports, quoiqu'ils aient cependant des mœurs et des traits distinctifs. Ils se tiennent rarement assis, ainsi que les premiers en ont l'habitude, mais par compensation , quelques uns peuvent s'accroupir, en plaçant leur queue en dessous. Cette queue, ordinairement très longue, peut s'enrouler autour des corps et saisir comme une cinquième main , et leur servir même pour toucher. Cela n'a lieu , à la vérité, que chez quelques espèces, où l'on remarque à l'extrémité de la queue un endroit nu , destiné à faciliter l'exercice de cette sensation ; cet espace nu n'est point le résultat du frottement , comme on pourrait le croire , car il existe chez ces animaux à l'instant même de leur naissance. Chez quelques autres espèces, la queue ne paraît plus être qu'un ornement garni de poils dans toute son étendue, ou une sorte de balancier, employé par l'animal pour se tenir en équilibre. Les Singes de l'Amérique sont, en général, moins turbulents, plus doux, plus apprivoisables que les Singes de l'Ancien-Continent; leur intelligence semble aussi plus développée. Nous signalerons dans cette tribu:

§ 109. Sapajous. (Сапажу). Les Sapajous dont la queue est préhensible, quoiqu'elle soit entièrement velue; ils portent aussi quelquefois le nom de *Singes musqués* , à cause de l'odeur qu'ils répandent. Ce sont des animaux agiles, qui vivent presque toujours sur les arbres. Les Sapajous sont adroits et intelligents; quelques unes de leurs actions annoncent même un véritable raisonnement, ainsi que l'atteste le fait suivant, observé par un savant digne de foi. Il vit un de ces Singes qui, ne pouvant casser une noix avec ses dents, alla chercher un morceau de fer pour la briser. Ils sont dociles, susceptibles d'éducation, aussi est-ce une espèce de ce genre, le *Sajou brun*, qui nous vient de la Guyane, qu'on voit amuser le public, par ses tours d'adresse et d'agilité.

§ 110. Saïmiris. (Саимиры). Les Saïmiris sont les plus jolis, les plus gracieux, les plus élégants animaux de la famille des Singes; leurs formes légères, leurs mouvements pleins de gentillesse, leur taille, qui dépasse à peine celle de l'écureuil, tout concourt à faire, de ces charmants animaux, un des bijoux de la nature. Leur tête, dont l'angle facial est très ouvert, a les traits et le sourire d'un enfant. Leur cerveau est si développé, qu'il surpasse proportionnellement celui de l'homme, et annonce une rare intelligence, qui supplée, chez ces animaux, à la faiblesse de l'organisation. Voici quelques détails, donnés par Mr. de Humboldt, sur ces jolis Singes; lorsqu'ils ont, dit cet observateur, quelque sujet de tristesse, leurs yeux se remplissent de larmes; et, quand on leur fait des discours, ils écoutent avec une profonde attention celui qui parle ; et, de temps à autre, avancent leur petite main vers ses lèvres, comme pour surprendre les paroles. Ils savent reconnaitre, sur les gravures, les insectes dont ils font leur nourriture, et se jettent dessus pour les saisir et les détacher du papier; leur douceur et leur sensibilité égalent leur intelligence : jamais les petits Saïmiris n'abandonnent le corps de leur mère, lorsque les chasseurs la tuent. Ces Singes se nourrissent particulièrement d'insectes et surtout d'araignées dont ils sont très friands. Les Saïmiris habitent l'Amérique Méridionale ; on n'en connait qu'une espèce qui occupe en grand nombre les bords de l'Orénoque, où ces animaux vivent cachés dans les broussailles, par bandes de dix à douze individus. Ils sont très recherchés à cause de leur gentillesse, et de leur douceur; mais leur extrême delicatesse ne leur permet pas de résister longtemps au climat trop froid de l'Europe.

§ 111. Alouattes. (Ревунъ или Алуатъ). Les Alouattes ont la queue nue et prenante. Ces animaux méritent de fixer l'attention, à cause des cris qu'ils poussent, et qui leur ont fait donner le nom de *Singes hurleurs*. C'est vers le lever et le coucher du soleil, ainsi qu'à l'approche des ouragans, qu'ils font entendre ces cris épouvantables, dont la singularité effraie les voyageurs qui n'y sont point accoutumés. Les observateurs ont comparé leurs hurlements à des roulements de tambours, ou au fracas d'une montagne qui s'écroule. Ces cris sont produits avec une régularité à laquelle semble présider quelque intelligence. On prétend que ces animaux. se réunissent en cercle autour d'un chef, qui, par ces cris, paraît commander le silence; mais aussitôt qu'il a cessé, à un signal de sa main, tous poussent des cris unanimes, jusqu'à ce qu'un nouveau signal leur ordonne de se taire. Les Singes hurleurs sont farouches, tristes, paresseux et semblent montrer pour leurs petits moins d'affection que les autres Singes. Ces animaux se trouvent au Brésil et à la Guyane, où l'on emploie leur peau à couvrir les chevaux et les mulets; on les chasse même pour manger leur chair; mais on comprend, que leur ressemblance avec un enfant écorché, fasse que beaucoup de voyageurs repoussent une pareille nourriture.

§ 112. ATÈLES. (KBATO). Les Atèles se distinguent des autres Singes par l'absence de pouces et par l'extrême longueur de leur queue, qui est prenante. On les appelle aussi *Singes-araignées* à cause de leur maigreur et de la longueur excessive de leurs pattes. La queue est. pour ces animaux, une véritable main, un organe très sensible, avec lequel ils touchent les objets qu'ils ne peuvent atteindre de leurs mains; ils s'en entourent le corps pour se réchauffer, quand ils ont froid, et se gardent bien, lorsqu'ils marchent, de la laisser traîner par terre. Les Atèles sont doux, mais paresseux et indolents ; leur intelligence est très développée, et quelques observateurs en donnent une preuve plus curieuse que vraisemblable. Dampierre et d'Acosta affirment que, lorsqu'ils veulent traverser une rivière, un d'eux s'accroche par la queue à un arbre penché sur la rive, saisit la queue d'un autre avec ses mains, et tous, ainsi accrochés, forment une chaîne, qui bientôt se balance jusqu'à ce que le Singe qui est à son extrémité, puisse s'accrocher à quelque objet situé sur l'autre rive, et tirer à lui tous les autres. Ces animaux vivent principalement de fruits et d'insectes, et paraissent y joindre quelquefois des crabes et des mollusques qu'ils pêchent sur le bord de la mer. Les Atèles sont répandus dans la plus grande partie de l'Amérique-Méridionale.

§ 113. Sakis. (Саки). Les Sakis ou *Sagouins* sont beaucoup plus agiles que les Singes précédents. Leur queue n'est point préhensible, mais garnie de longs poils touffus, ce qui leur a fait donner le nom de *Singes à queue de renard*. Ils vivent par petites bandes dans les forêts de l'Amérique, cachés dans les broussailles. Ces Quadrumanes mènent une vie nocturne, les uns quittent leur retraite vers le crépuscule ; les autres ne sortent, pour chercher leur nourriture, que lorsque la nuit est complète.

TREIZIÈME LEÇON.

Famille des Ouistitis. Famille des Makis, Makis proprement dits, Loris, Galagos et Tarsiers, Ordre des Carnassiers, Caractères généraux. Division des Carnassiers, Famille des Chéiroptères. Chauves-souris. Galéopithèques.

FAMILLE DES OUISTITIS.

§ 114. Famille des Ouistitis. (Уистити). Cette petite famille, composée d'un seul genre, est indigène du Nouveau-Continent. Elle est caractérisée par une queue touffue, non préhensible; elle a les pouces des membres postérieurs à peine opposables, les ongles aigus, à l'exception de ceux des pouces postérieurs, qui sont plats et forment de véritables griffes.

Les Ouistitis ont été longtemps confondus avec les Singes du Nouveau-Monde; cependant ils n'ont point vingt-quatre dents molaires, comme ceux-ci, mais seulement vingt, comme ceux de l'Ancien. Ce sont de petits animaux à formes gracieuses, à tête ronde, à visage plat, dont la taille ne dépasse pas celle de nos écureuils, avec lesquels ils ont été souvent comparés; leurs poils, peints de couleurs agréables et bien nuancées, sont généralement longs, touffus et très doux au toucher. Ils vivent dans les forêts de l'Amérique-Méridionale et se tiennent à la cime des arbres, sur les branches les plus déliées. Ces Quadrumanes sont gais, iras-

cibles, capricìeux et, selon M. de Humboldt, doués d'une intelligence assez élevée. Ils savent très bien reconnaître dans un tableau,
non pas seulement leur image , mais encore celle d'un autre
animal; ainsi l'aspect d'un chat ou celui d'une guêpe leur cause
une vive frayeur. Les Ouistitis, se nourrissent de fruits, d'insectes
et d'œufs , ils tuent même de petits oiseaux pour leur dévorer
la cervelle et lécher le sang; mais il ne paraît point qu'ils mangent
la chair.

§ 115. L'*Ouistiti commun* (Обыкновенный Уистити) est fréquemment amené en Europe. C'est un charmant petit animal à peine
de la grosseur d'un écureuil ; il a le pélage grisâtre, avec une
tache blanche au milieu du front , et deux grandes touffes de
poils blanchâtres , situées au derrière et au devant de chaque
oreille. Les cris qu'il fait entendre assez souvent ont valu à
l'Ouistiti le nom qu'il porte.

Le *Marikina*, (Марикина) qui appartient aussi à cette famille,
est un peu plus gros que le précédent et reconnaissable à sa robe
d'un jaune doré. Ils appartiennent l'un et l'autre à la Guyane et
au Brésil.

FAMILLE DES MAKIS OU LÉMURIENS.

§ 116. Famille des Makis ou Lémuriens. (Маки). Les animaux de cette famille ont les quatre pouces opposables aux autres
doigts; et sont faciles à reconnaître à l'existence d'un ongle
pointu et relevé au premier doigt ou aux deux premiers doigts de
derrière. Ces animaux s'éloignent des Singes et des Ouistitis, et
sa rapprochent par leurs formes des Carnassiers , avec lesquels
ils établissent un passage naturel. Les Makis vivent dans les forêts,
se nourrissent ordinairement de fruits, mais mangent aussi de petits
mammifères et des oiseaux; ils sont véritablement omnivores, ainsi
que l'annonce la structure de leurs dents. Cette famille se partage
en plusieurs genres: les *Makis* proprement *dits*, les *Loris* , les
Galagos et les *Tarsiers*.

§ 117. Makis. Les Makis proprement dits se reconnaissent à
leur museau alongé et à leur queue qui rappellent le museau et
la queue du Renard; ce qui leur a valu le nom de *Singes-renards*
Ce sont des animaux nocturnes, peu intelligents, doux et timides,
qui vivent en troupes dans les forêts de Madagascar , où ils

semblent remplacer les singes. Leur agilité est telle, qu'on a peine à suivre leurs mouvements au milieu des arbres les plus touffus. Le *Makis rouge* est remarquable par la beauté de son pélage roux marron très vif, avec les pieds et les mains d'un noir foncé.

§ 118 Loris. (Лорисъ). Les Loris ont le museau court, et sont privés de queue. Ce sont des animaux de petite taille, excessivement lents dans tous leurs mouvements ; ce qui joint à leur ressemblance avec les singes leur a fait donner quelquefois le nom de *Singes paresseux*. Ces Quadrumanes se nourrissent d'insectes et de petits animaux. Une espèce de ce genre, le *Lori Grêle*, est remarquable par l'extrême ténuité de son corps et de ses membres.

§ 119. Galagos et Tarsiers. (Галаго и Долгопятъ). Les Galagos et les Tarsiers offrent, dans leur organisation, de grands points de ressemblance; ils ont les oreilles grandes, les yeux gros et les tarses très longs, surtout les Tarsiers, qui doivent leur nom à cette particularité de leur organisation. Ce sont des animaux nocturnes qui se nourrissent d'insectes et peut-être de substances végétales, car les *Galagos* sont connus, au Sénégal, sous le nom d'*animaux à la gomme*. Ces Quadrumanes sont répandus en Afrique et dans les îles des Indes Orientales.

ORDRE DES CARNASSIERS.

§ 120. Caractères Généraux. Les Carnassiers (Хищныя) sont des mammifères qui ont un goût prononcé pour la chair des autres animaux. Ils offrent ordinairement les caractères suivants: ils ont trois sortes de dents, dont les molaires ont très rarement une couronne triturante; elle est presque toujours ou hérisée de pointes, ou aiguë, propre à déchirer une proie vivante. Ils ont les quatre membres conformés pour la marche; leurs doigts, dont jamais le pouce n'est opposable, sont armés d'ongles crochus; leur estomac est simple, leur intestin court, et l'un et l'autre appropriés à un régime carnassier; comme ils ont besoin d'une grande force pour saisir et vaincre leurs victimes, leurs machoires sont courtes et mises en mouvement par des muscles très volumineux.

§ 121. Division de l'ordre des Carnassiers. Cet ordre est le plus nombreux de la classe des mammifères ; aussi les animaux qui lui appartiennent présentent-ils entre eux de grandes différences , soit dans la conformation des membres , soit dans la structure des dents, soit dans la taille. Ces différences les ont fait partager en trois grandes familles, savoir : les *Chéiroptères*, les *Insectivores* et les *Carnivores*.

FAMILLE DES CHÉIROPTÈRES.

§ 122. FAMILLE DES CHÉIROPTÈRES. (Рукокрылыя). Les Chéiroptères sont des Carnassiers chez lesquels les membres antérieurs, surtout les doigts , supportent un repli de la peau , ce qui leur permet de se soutenir dans l'air ; leurs mains sont véritablement changées en ailes , aussi la plupart d'entr'eux peuvent-ils voler aussi bien que les oiseaux. Cependant quelques animaux de cette famille ont les membres antérieurs organisés d'une manière différente: ils n'ont point d'ailes, et ne peuvent point réellement voler; mais ils possèdent, de chaque côté du corps, une vaste membrane velue qui s'étend jusqu'aux extrémités des membres, et leur sert de parachûte. Cette différence si importante dans l'organisation a fait partager la famille des Chéiroptères en deux tribus: Les *Chauves-souris* qui ont des ailes; les *Galéopithèques* qui n'ont qu'un parachûte.

TRIBU DES CHAUVES-SOURIS.

§ 123. TRIBU DES CHAUVES-SOURIS. (Летучія мыши). Les Chauves-souris sont connues de tout le monde par l'étrangeté de leurs formes. Ces singuliers animaux ont trois sortes de dents et la langue hérissée de pointes, comme la plupart des autres Carnassiers. On en rencontre dans toutes les contrées. Ils ne sortent que la nuit pour chercher leur nourriture, qui se compose en grande partie d'insectes qu'ils attrapent au vol. Pendant le jour, ils se retirent dans les lieux obscurs, les cavernes, les édifices ruinés, le creux des arbres, et même quelquefois entre le tronc et l'écorce, de ceux qui sont morts. Les Chauves-souris sont quelquefois si nombreuses qu'elles rendent dangereux l'accès de certaines cavernes. Ces Chéiroptères s'engourdissent, pendant l'hiver, dans nos contrées; et, le jour , pendant le sommeil, ils se suspendent , la tête en bas , à la voûte des cavernes, au moyen de leurs membres postérieurs dont les ongles sont recourbés et très aigus. Quoique les Chauves-souris aient une vie tout-à-fait nocturne , elles ont cependant les yeux très petits; mais elles paraissent suppléer à l'imperfection de ces organes, par une extrême délicatesse de tact, qui réside surtout dans la membrane des ailes. On comprend que ces animaux, dont les membres sont si disproportionnés entre eux, aient une marche extrêmement difficile; et, en effet, ils ne se traînent sur la terre qu'avec une extrême lenteur. On connait un très grand nombre de Chauves-souris. Les espèces les plus remarquables sont, en Europe :

§ 124. Les *Vespertillons* (Нетопырь) dont le nez n'offre rien de remarquable, et dont les oreilles sont de grandeur médiocre et séparées. Il existe plusieurs variétés de Vespertillions.

Les *Oreillards* (Ушанъ) reconnaissables à deux grandes oreilles, qui sont de la longueur du corps lui-même, et s'unissent au dessus de la tête. Ces oreilles paraissent en quelque sorte doubles, car elles ont intérieurement un oreillon, qui sert à fermer le trou auditif. L'*Oreillard commun* se rencontre dans toutes les parties tempérées de l'Europe.

Les *Rhinolophes* ou *Chauves-souris fer-à-cheval* (Подковоносъ) sont caractérisés par une sorte de crète foliacée qui représente grossièrement un fer-à-cheval placé sur le nez. Ces Chauves-souris se cachent encore plus profondément, pendant l'hiver, que les autres espèces; elles ne se groupent point comme elles, et il paraît qu'elles s'engourdissent moins.

§ 125. Parmi les Chauves-souris étrangères à l'Europe, nous trouvons le *Vampire* ou *Phyllostome*, (Вампиръ), qui se reconnait à une feuille lancéolée placée sur le nez. Ce mammifère est célèbre par l'habitude de sucer le sang des animaux qu'il trouve endormis. La blessure qu'il fait est si subtile, qu'elle ne paraît causer aucune douleur; car les animaux qu'il attaque périssent sans se réveiller. Il paraît qu'il ne respecte pas les plus gros animaux, ni l'homme lui-même; mais, quoiqu'on en ait dit, il est peu probable que sa blessure soit dangereuse dans ce cas, à moins qu'elle ne soit envenimée par la chaleur du climat. La langue de cet animal est armée de huit pointes disposées en cercle, et agit à la manière d'une ventouse. Le Vampire est indigène de l'Amérique-Méridionale, est de la grosseur d'un petit chat.

§ 126. Les Roussettes (Крыланъ снѣдный) qui sont d'une taille encore plus considérable que le Vampire, puisque ces animaux ont de quatre à cinq pieds d'envergure; mais elles ne sont pas carnassières, et leurs dents, qui sont planes, indiquent, en effet, des animaux frugivores. Elles peuvent s'apprivoiser, et, dans cet état, elles se montrent caressantes comme des chiens. Leur chair, malgré l'odeur désagréable de ces mammifères et sa saveur musquée, est regardée par quelques peuples comme un mets exquis. Le nom générique de ces animaux rappelle leur couleur, qui est généralement rousse; cependant, l'espèce la plus commune dans les îles de l'Asie méridionale est la *Roussette Noire*.

TRIBU DES GALÉOPITHÈQUES.

§ 127. Tribu des Galéopithèques. (Шерстокрылы). Les animaux de cette tribu sont bien différents des chauves-souris, quoiqu'ils appartiennent comme elles, à la famille des Cheiroptères. Ils n'ont point de véritables ailes; leurs membres sont à peu près semblables et armés d'ongles crochus; ils sont réunis par la peau des côtés qui s'étend depuis le cou jusqu'à la queue, et forme un grand parachûte qui leur permet de s'élancer d'un arbre à l'autre. Ces animaux vivent dans les bois, et se nourrissent en grande partie d'insectes et de fruits. Les *Galéopithèques* sont fort laids, et doivent à leur museau quelque ressemblance avec les singes, circonstance qui leur a fait donner leur nom, qui signifie, en Grec, *Chat-singe* On n'en connait que deux espèces : l'une , assez rare , est *grise* avec des points blancs et noirs , répandus sur une grande partie du corps; l'autre *rousse* et beaucoup mieux connué; cette dernière vit dans l'Archipel Indien.

QUATORZIÉME LEÇON.

Famille des insectivores. Insectivores marcheurs , Hérissons , Musaraignes, Desmans , Insectivores fouisseurs , Taupes , Famille des Carnivores. Division. Tribu des Plantigrades, Ours, Ratons, Coatis, Blaireaux, Gloutons.

FAMILLE DES INSECTIVORES.

§ 128. Famille des Insectivores. (Насѣкомоядныя). Les Insectivores sont des carnassiers de petite taille, dont les dents molaires sont hérissées de pointes coniques. Ils marchent sur la plante des pieds, qui est toujours privée de poils; et ils ont cinq doigts à tous les membres. On peut partager cette famille en deux groupes: Les *Insectivores marcheurs*, qui ont les membres antérieurs conformés régulièrement et propres à la marche; les *Insectivores fouisseurs*, dont les membres antérieurs, très peu propres à la marche, ont une conformation particulière, qui leur permet de fouir la terre avec une grande facilité.

§ 129. Insectivores fouisseurs. Hérissons. Les genres les plus remarquables du premier groupe sont: les *Hérissons*, les *Musa-raignes* et les *Desmans*.

Les Hérissons (Ежъ) doivent leur nom aux piquants qui couvrent leur corps et remplacent les poils. Ils peuvent se rouler en boule, quand on les attaque; et présentent alors de toutes parts, à leurs ennemis, une peau hérissée de pointes qui forme une armure redoutable. Les Hérissons sont des mammifères d'un caractère assez carnassier qui se rendent utiles en détruisant beaucoup d'animaux nuisibles.

Le *Hérisson commun* (Обыкновенный ежъ) habite l'Europe tempérée. Il se tient caché pendant le jour dans un trou peu profond, qu'il se creuse entre les racines des arbres; et ne sort que pendant la nuit pour aller chercher sa nourriture.

§ 130. Musaraignes. (Землеройка). Les Musaraignes sont de petits animaux qui ressemblent beaucoup à des souris, ainsi que l'indique leur nom qui signifie, *Souris des sables*. Elles ont le museau effilé, propre à fouiller la terre ; elles portent sur chaque flanc une bande de poils raides, d'où sort une humeur d'une odeur pénétrante, qui repousse les autres animaux. Les Musaraignes vivent surtout dans les lieux arides et dans les terres faciles à labourer, ce qui les rend nuisibles dans les jardins. Cependant, il en existe qui vivent sur le bord des eaux et plongent bien ; telle est la *Musaraigne aquatique*, qui se trouve dans presque toute l'Europe, et vit dans les ruisseaux tranquilles. L'espèce la plus commune est la *Musette*, qui se rencontre dans les bois, où elle se cache dans les trous d'arbres et sous les feuilles. Nous signalerons encore la *Musaraigne de Toscane*, remarquable en ce qu'elle est le plus petit mammifère connu.

§ 131. Desmans. (Выхухоль). Les Desmans ou *Mygales* présentent, dans leur organisation, beaucoup de rapports avec les

Musaraignes; mais ils ont une taille beaucoup plus considérable. Ils ont le museau prolongé en forme de petite trompe mobile, la queue comprimée et les pieds de derrière palmés, car ils habitent sur le bord des eaux. Il n'en existe qu'un très petit nombre d'espèces; la plus connue est le *Desman de Russie* ou *Mygale musqué*, qui vit sur les bords du Don, et du Volga, et se rencontre quelquefois sur ceux de la Moskova. Sa queue écailleuse produit une huile fortement musquée, dont la peau conserve l'odeur pendant très longtemps. Cette circonstance lui a fait donner vulgairement le nom de *Rat musqué*.

§ 132. INSECTIVORES FOUISSEURS. TAUPES. (Кротъ). Le second groupe de la famille des Insectivores ne présente que le genre Taupe. Les Taupes ont le corps court et trapu , les pattes extraordinairement larges , disposées en forme de pelle, les membres antérieurs admirablement conformés pour fouir la terre et la rejeter en arrière , les yeux extrêmement petits et cachés par le poil, et le museau prolongé en forme de boutoir. Quoique la forme générale du corps de ces animaux semble , au premier aspect, très désavantageuse , elle est admirablement appropriée à leur vie souterraine. Les Taupes se nourrissent de limaçons, d'insectes et surtout de vers de terre , dont elles détruisent beaucoup, car elles sont extrêmement voraces, et leur faim parait insatiable. Malgré les services qu'elles rendent ainsi, elles font cependant beaucoup de dégâts, en labourant les jardins et les campagnes , soit pour y chercher leur nourriture , soit pour creuser les longues galeries dans lesquelles elles passent la plus grande partie de leur vie. En effet, elles ne paraissent guère à la surface du sol , où leurs mouvements sont très lents et difficiles , tandis que dans les terres mobiles, ils sont si rapides, qu'elles semblent presque y nager. La *Taupe commune* a le pélage d'un noir profond et velouté; mais on en rencontre accidentellement de blanches, de rousses, de grises, de jaunes et même de tachetées.

FAMILLE DES CARNIVORES

§ 133. FAMILLE DES CARNIVORES. (Плотоядныя). Les Carnivores, comme l'indique leur nom, vivent presque exclusivement de matières animales; ce sont des carnassiers par excellence, et c'est à eux que s'applique particulièrement l'expression, si souvent usitée, de bêtes féroces. Cependant, il en est peu qui ne joignent les végétaux à leurs aliments ordinaires; il en est même qui sont plus végétivores que carnivores. Ils sont caractérisés par la présence de trois sortes de dents, dont les molaires sont presque constamment aiguës et tranchantes : une de celles-ci surtout est beaucoup plus développée que les autres, et porte le nom de *dent carnassière*. Les sens des Carnivores sont généralement très subtils, mais ils ne le sont pas également dans toutes les espèces. En général, l'ouïe et la vue sont d'autant meilleures que l'animal est plus carnassier, le goût et l'odorat d'autant plus perfectionnés qu'il est plus végétivore.

Les animaux de cette famille, destinés à combattre, à saisir leur proie de vive force, ont les machoires puissantes, les pattes armées de griffes longues et acérées; et beaucoup d'agilité dans leurs mouvements. Les Carnivores se partagent, d'après la conformation de leurs pieds, en trois tribus: Les *Plantigrades*, les *Digitigrades* et les *Amphibies*.

TRIBU DES PLANTIGRADES.

§ 134. Tribu des Plantigrades. (Стопоходящія). Les Plantigrades ont pour caractère d'avoir cinq doigts à chaque pied, et de marcher en posant la plante entière des pieds sur le sol. Les genres les plus intéressants de cette tribu sont: les *Ours*, les *Ratons*, les *Coatis*, les *Blaireaux* et les *Gloutons*.

§ 135. Ours. (Медвѣди). Les Ours sont des mammifères au corps gros et trapu, à jambes basses, et à queue extrêmement courte. Leur corps est couvert de poils touffus, raides et de couleur uniforme, leurs pattes sont larges et armées d'ongles crochus. Les Ours ont les formes lourdes et disgracieuses, la marche pésante, et cependant assez rapide, l'air stupide, et en réalité beaucoup d'intelligence; ils ne sont nullement sanguinaires : ils vivent de grains et de fruits, et ne mangent de chair que lorsqu'ils sont pressés par la faim ; ils semblent avoir surtout pour le miel une préférence très prononcée. Ces animaux habitent les forêts les plus sauvages, recherchent la solitude, et cependant, lorsqu'ils sont pris jeunes, ils se montrent susceptibles d'éducation. La valeur de leur fourrure chaude et durable, leur chair assez délicate, et quelques autres produits que fournit leur corps, tout cela a donné à la chasse de ces animaux, une grande importance dans les contrées septentrionales, où ils sont particulièrement abondants. Les espèces les plus remarquables de ce genre sont :

L'*Ours brun* ou *Ours commun*, (Медвѣдь бурый) qui habite les hautes montagnes et les grandes forêts de l'Europe, d'une partie de l'Asie et peut-être de l'Amérique ; il est assez commun en Russie. La longueur de cet animal est de quatre à cinq pieds environ ; son pélage, quelquefois un peu laineux, est d'un brun jaunâtre ou d'un brun marron. C'est le plus domptable des Ours, cependant il est courageux, quoique prudent, et ne craint pas d'attaquer les plus gros mammifères. C'est aussi le plus susceptible d'éducation ; on le montre comme un objet de curiosité; on lui fait exécuter certains tours; mais, quoiqu'il obéisse à son maître, ce n'est jamais qu'à contre cœur, il s'irrite, grogne d'une manière menaçante; aussi faut-il le tenir constamment musclé, car un caprice de lui peut-être très dangereux. Il passe l'hiver retiré dans le creux d'un arbre, ou dans la fente d'un rocher, plongé dans une sorte d'engourdissement, qui n'est pas très profond, puisqu'il est certain qu'il sort de sa retraite plusieurs fois, pendant cette saison, pour satisfaire aux besoins impérieux de la faim. Quand il entre dans cet asile, en automne, il est ordinairement très gras; mais quand il en ressort il est maigre, et comme épuisé par sa longue abstinence,

§ 136. L'*Ours noir d'Amérique*, (Медвѣдь черный) qui est plus petit que l'Ours brun, et offre un poil noir et luisant. Sa fourrure est fort recherchée pour les pelisses d'hommes; cependant cet animal varie beaucoup dans sa couleur, et on trouve des variétés plus ou moins jaunes. Cet Ours est essentiellement frugivore, et la faim ne peut le décider à manger de chair; mais, pendant l'hiver, il descend le long des lacs et des rivières, et se nourrit de poisson, qu'il pêche avec adresse. On attribue à l'Ours noir d'Amérique un caractère farouche, et l'on prétend que sa chasse est très dangereuse; c'est une erreur, qui vient de ce qu'il a été confondu avec l'Ours terrible, qui habite les mêmes contrées ; en réalité, il est timide, et, blessé ou non, ne cherche qu'à fuir le chasseur.

§ 137. L'*Ours terrible* ou *féroce*, (Медвѣдь лютый) qui vit dans les vastes forêts de la partie nord-ouest de l'Amérique septentrionale. Il a les formes générales de l'Ours brun; mais, au dire des voyageurs, il est beaucoup plus grand, puisqu'il a de huit à neuf pieds de longueur. Son corps est couvert de poils longs, d'un gris tirant sur le roux. C'est le plus farouche, et le plus horrible de tous les animaux: stupide et féroce , il joint à un courage brutal , une agilité et une force prodigieuse. Il attaque les daims, met en fuite l'Ours blanc lui-même , et se précipite sur les troupeaux de bisons, qui, malgré leur nombre et leurs cornes terribles, sont impuissants contre sa rage. Il ne s'engourdit point pendant l'hiver , et, lorsque la faim le chasse de ses forêts couvertes de neige, il descend dans les plaines, qu'il remplit de ses dévastations.

§ 138. L'*Ours blanc*, (Медвѣдь бѣлый) qui porte également le nom d'*Ours polaire* , d'*Ours maritime*, parcequ'il habite les rivages des mers voisines de notre pôle. Son corps alongé , sa tête effilée, la grande étendue de ses pattes, annoncent un animal aquatique; en effet, il plonge et nage très bien. Il passe l'été au milieu des forêts; mais, aux approches de l'hiver, il revient au bord de la mer, et se nourrit de poissons et de cétacés. On rencontre souvent de ces animaux en bandes assez nombreuses, car ils sont beaucoup moins solitaires que les autres Ours. L'Ours blanc passe, dit-on, l'hiver dans quelque fente de rocher ou dans quelque excavation de glacier; là, il s'engourdit profondément, enseveli sous des couches énormes de glace et de neige, qui le protègent contre l'intensité du froid. Cette opinion généralement admise ne paraît pas fondée; car, ceux de ces animaux qu'on a pu observer, n'ont jamais paru plus vifs , que dans les temps les plus froids. Il est certain d'ailleurs, que c'est , pendant l'hiver, qu'ils se montrent , pour les marins retenus dans les glaces, un objet d'inquiétude et de terreur.

§ 139. Ratons. (Ракуны). Les Ratons ressemblent assez aux Ours, dont ils ont en partie les mœurs; mais leur taille est beaucoup plus petite, leur queue très longue, et leur agilité très grande; ils sont aussi plus carnassiers, quoiqu'ils puissent manger des fruits. Toutes les espèces de ce genre appartiennent à l'Amérique, l'une d'elle, le *Raton laveur*, (Енотъ) est remarquable par la singulière habitude de pétrir d'abord dans l'eau tout ce qu'il mange. La fourrure de cet animal est solide et chaude, et très recherchée pour les pelisses d'homme.

§ 140. Coatis. (Коати). Les Coatis sont indigènes de l'Amérique méridionale. Ils se distinguent facilement des ratons , avec lesquels on les a quelquefois confondus , par l'extrême prolongement de leur museau, qui est mobile, et mu par des muscles très forts. Ces animaux sont très agiles, et vivent par petites troupes sur les arbres, sans cesse occupés à chercher leur nourriture, qui consiste en oiseaux , en œufs et insectes , auxquels ils joignent aussi des substances végétales.

§ 141. Blaireaux. (Барсуки). Les Blaireaux ont beaucoup de rapports avec les Ours par leur manière de vivre: ils se nourrissent d'insectes , de petits mammifères , de reptiles , d'œufs, et au besoin de fruits et de racines. Ces mammifères sont des animaux tristes et timides, qui ne sortent que la nuit, et passent le jour dans des terriers tortueux , qu'ils garnissent d'herbes sèches. La plupart répandent une odeur désagréable , produite par une humeur qui suinte d'une poche située sous la queue.

Le *Blaireau ordinaire*, (Барсукъ обыкновенный) qui se rencontre assez souvent en Russie , est de la taille d'un chien. Ses poils sont forts, gros et longs, mais flexibles, et, comme ils jouissent de la propriété de ne point se mêler, on recherche la fourrure de ces animaux , pour en faire des brosses et des pinceaux à barbe. La chasse du Blaireau n'est point facile, car il est bien armé , et l'animal couché sur le dos se défend avec intrépidité contre les attaques des chiens.

§ 142. Gloutons. (Россомаха). Les Gloutons sont placés, par quelques naturalistes, en tête de la Tribu des Digitigrades , parce qu'ils ne posent point absolument toute la plante du pied sur la terre; cependant, ils ressemblent tellement aux Ratons, qu'on les a quelquefois confondus avec eux. Ces animaux forment donc un passage naturel entre les deux premières tribus de la famille des Carnivores. Le nom de Gloutons leur a été donné, à cause de l'extrême voracité attribuée au *Glouton du Nord*, (Россомаха сѣверная), voracité qu'on a beaucoup exagerée. Cet animal , quoique tout au plus de la taille d'un chien de moyenne grandeur , ne craint pas d'attaquer les plus gros mammifères : les rennes , les élans sont ses victimes ordinaires. Il les guette du haut des arbres, fond sur eux à l'improviste, se cramponne à leur cou , se laisse emporter, sans jamais lacher prise, dans leur course désespérée, et se repait avec gloutonnerie de leur chair, quand ils tombent épuisés par la perte de leurs forces et de leur sang.

QUINZIÈME LEÇON.

Tribu des Digitigrades, Mouffettes, Martes, Putois, Loutres.

TRIBU DES DIGITIGRADES.

§ 143. TRIBU DES DIGITIGRADES. (Пальцеходящія). Les Digiti-grades ne marchent que sur les doigts. Ils forment un assez grand nombre de genres, et renferment surtout beaucoup d'espèces, presque toutes remarquables par leur courage, leur force, et leur ruse. Nous signalerons dans cette tribu : les *Mouffettes*, les *Martes*, les *Putois* et les *Loutres*.

§ 144. MOUFFETTES. (Вонючка) Quoique placées, par Cuvier, à la tête de cette tribu, les Mouffettes ne sont point de véritables Di-gitigrades, puisqu'elles posent à moitié la plante du pied sur la terre. Elles ont le corps alongé, beaucoup plus large en arrière que vers la tête. Celle-ci est courte, le museau est assez long et garni de longues moustaches, la queue très touffue, le pélage très épais et présentant des raies noires et blanches; mais les couleurs sont diversement distribuées selon les espèces. Elles se nourrissent d'œufs et de petits mammifères, d'oiseaux et de miel. Ce sont des animaux nocturnes, qui passent le jour dans des terriers. Le ca-ractère le plus saillant de ces animaux est l'extrême puanteur qu'ils répandent: leur odeur est si forte et si détestable, qu'on la sent à plusieurs verstes de distance, et qu'elle a rendu quelque-fois des personnes malades pendant plusieurs jours. Elles habitent l'Amérique, l'espèce la plus commune est la *Mouffette* du *Chili* ou le *Chinche*. Le pélage de cet animal varie beaucoup, ce qui a fait établir un grand nombre de variétés.

§ 145. MARTES. (Куница). Les Martes ont le corps alongé, grêle, porté sur des jambes basses, dont les postérieures sont éloignées des antérieures. Cette forme longue et éfilée leur a valu le nom de *Vermiformes*, qu'elles portent souvent. Elles ont cinq doigts réunis, sur une grande partie de leur longueur, par une membrane; leurs ongles sont arqués et très pointus; leur pupille est alongée trans-versalement; en effet, presque toutes les espèces de ce genre sont nocturnes ou crépusculaires. Les Martes sont au nombre des animaux carnassiers les plus cruels et les plus sanguinaires : elles sont constamment occupées de chasse, et ne craignent point d'attaquer des animaux dix fois plus gros qu'elles: les lièvres, les lapins et les grands oiseaux de basse-cour. La forme de leur corps leur permet de se glisser partout où peut passer leur tête, aussi peuvent-elles pénétrer facilement dans les poulaillers, où leur apparition est suivie d'un carnage universel. Cependant le plus grand nombre de Martes est heureusement d'un caractère sauvage et farouche, vit dans les forêts, et ne se rapproche pas volontiers des habitations. Ce genre renferme des espèces nombreuses, et on en trouve presque dans toutes les parties du monde.

§ 146. La *Marte commune* (Куница обыкновенная) habite presque toute l'Europe et le nord des deux continents ; elle est longue d'environ un pied et demi, non compris la queue, qui a près de dix pouces. Son pélage est brun lustré, avec une tache d'un jaune clair sous la gorge. Elle fuit le voisinage des habitations, et se nourrit d'œufs et de petits oiseaux, qu'elle va dénicher sur les arbres. Elle ne se creuse point de terrier; mais, quand elle veut faire des petits, elle cherche un nid d'écureuil, dont elle mange ou chasse le propriétaire, en élargit l'ouverture, et l'arrange à son gré. La fourrure de la Marte commune, sans être d'un prix très élévé, a cependant quelque valeur.

§ 147. La *Fouine* (Куница каменная) ressemble beaucoup à la Marte commune ; sa taille est la même; cependant, elle en diffère par la couleur de la tache de la gorge, qui est blanche et non pas jaunâtre. Son corps exhale une forte odeur musquée très désagréable. Elle a des habitudes moins sauvages, et fréquente pendant la nuit nos habitations, pour lesquelles elle est un véritable fléau; car, si elle peut pénétrer dans un poulailler, elle y met tout à mort: elle mange les œufs, les pigeons, les poules, et en tue beaucoup plus qu'elle n'en peut dévorer.

§ 148. La *Zibeline* (Соболь) est répandue dans le nord des deux continents, et habite principalement la Sibérie et le Kamtschatka. Cette espéce de Marte est célèbre par la beauté de sa fourrure, objet d'un commerce avantageux pour la Russie. Cette fourrure est d'un brun foncé, et les poils en sont si fins, qu'on peut les coucher dans tous les sens. C'est pendant l'hiver qu'elle est la plus belle; et c'est aussi, pendant cette saison, qu'on fait la chasse des Zibélines. Cette chasse extrêmement pénible, dangereuse, même, dure pendant plus de six mois, et a lieu dans les plus affreuses solitudes. La Zibéline ressemble beaucoup à la Marte par ses formes et ses habitudes; mais, outre la finesse du pélage, elle s'en distingue par le dessous de la gorge qui est grisâtre, et par des poils, qui lui couvrent le dessous des pieds jusqu'au bout des doigts. Elle se plaît particulièrement dans les bois épais, sur les bords des lacs et des ruisseaux.

§ 149. Putois. (Хорьки). Les Putois sont encore plus carnassiers que les Martes ; c'est ce qu'annonce leur langue hérissée de pupilles cornées, tandis que ces pupilles sont molles, chez les animaux du genre précédent. Le nom de Putois, dérivé du mot latin *putor*, puanteur, a été donné à ces animaux, à cause de l'odeur infecte qu'exhale l'espèce commune. Les Putois ont le pélage doux, brillant et épais. Ils mènent une vie solitaire, et ne sortent guère que pendant la nuit ; s'il leur arrive de se montrer pendant le jour, ils sont poursuivis par les petits oiseaux réunis en foule, et, qui,par leurs cris et leurs attaques incessantes,les obligent bientôt à la retraite. On rencontre des espèces de ce genre dans les deux continents.

§ 150. Le *Putois commun* se trouve dans toute l'Europe ; il a un peu plus d'un pied de longueur, non compris la queue, qui a six pouces. Son pélage est brun clair avec des taches blanches à la queue et aux flancs. Il passe l'été dans les bois, et fixe alors son domicile dans le trou d'un rocher, ou dans le creux d'un arbre; pendant l'hiver, il vit dans les gréniers et les granges; la nuit, il parcourt les campagnes pour chasser les petits mammifères, dont il se nourrit. Il est certain qu'il s'attache au corps des lièvres et des lapins, malgré la rapidité de leur course, et qu'ils ne les abandonne qu'après les avoir tués. Quoique la fourrure du Putois soit assez jolie, elle n'a que peu de valeur, à cause de l'odeur désagréable qu'elle conserve toujours.

§ 151. Le *Furet* (Хорекъ африканскій) ne diffère du Putois, que par son pélage brun ou blanc jaunâtre, et ses yeux roses; ce qui pourrait bien n'être qu'un effet d'albinisme. Il paraît être originaire de l'Afrique, d'où il a été introduit en Espagne, et de là dans le reste de l'Europe, où il vit en domesticité. Ses mœurs ne diffèrent en rien de celles du Putois. En naissant, dit Buffon, il apporte une telle haine pour les lapins, qu'aussitôt qu'on en présente un, même mort, à un jeune Furet qui n'en a jamais vu, il se jette dessus, et le mord avec fureur; s'il est vivant, il le prend par le cou, par le nez, et lui suce le sang. On a profité de cette antipathie, pour chasser ces rongeurs: le Furet pénètre dans leurs terriers et les oblige à sortir; mais il faut avoir soin de le museler, car il tuerait les lapins, boirait leur sang, et s'endormirait au fond du terrier. En effet, c'est un animal qui ne s'éveille que pour manger, et sa voracité est telle, qu'il n'épargne même pas sa famille.

§ 152. La *Belette* (Ласочка) ressemble beaucoup au Putois commun; mais elle est bien plus petite, puisqu'elle n'a que six pouces environ de longueur. Son corps est extrêmement éffilé, d'un brun roux en dessus, blanc en dessous, Elle se rencontre dans la plus grande partie de l'Europe; et, comme sa faiblesse la rend peu dangereuse dans les basses-cours, et qu'elle fait aux rats et aux souris une guerre acharnée, on la regarde comme utile dans beaucoup de pays, et on la laisse vivre tranquillement dans les habitations rurales. La Belette plaît d'ailleurs par son agilité surprenante, par ses mouvements vifs et gracieux. Elle paraît être moins nocturne que les autres Putois, car on la rencontre fréquemment pendant le jour.

§ 153. L'*Hermine* (Горностай) est un peu plus grande que l'espèce précédente; elle a deux pélages: elle est brun fauve pendant l'été; elle porte alors le nom de *Roselet*; pendant l'hiver, le Roselet devient Hermine ; c'est-à-dire que le pélage devient entièrement blanc, à l'exception du bout de la queue qui est toujours noir. C'est pendant cette saison, qu'on lui fait une chasse très active, pour se procurer sa fourrure, très estimée parmi les plus précieuses, surtout, quand elle a le blanc éclatant, qu'elle perd toujours, en vieillissant, pour prendre une teinte jaunâtre. L'Hermine se trouve dans l'Europe septentrionale, et même centrale ; mais elle est d'autant plus commune, que l'on remonte d'avantage vers le Nord. La Sibérie et l'Amérique septentrionale sont les contrées où elle est la plus abondante.

§ 154. Loutres. (Выдры). Les Loutres sont des animaux aquatiques, qui ont prodigieusement modifié leur organisation, d'ailleurs analogue à celle des Martes et des Putois. Elles ont la tête large, le corps écrasé, le tronc alongé, les doigts réunis par une large, membrane, la queue grosse à sa base, et aplatie horizontalement. L'extrème longueur de leur corps, la brièveté de leurs jambes, rendent leur marche difficile , mais sont favorables à leur vie aquatique ; aussi ces mammifères nagent-ils avec beaucoup de facilité, en poursuivant le poisson, qui fait, en grande partie, leur nourriture. Les Loutres ont le corps couvert d'un pélage très épais, très doux et luisant, qui forme une fourrure très recherchée. Il existe plusieurs espèces de ce genre, qui vivent toutes au bord des eaux.

§ 155. La *Loutre commune* ou *Loutre d'Europe* est longue d'environ deux pieds, brune dorée en dessus, grisâtre en dessous. Elle passe le jour endormie dans un réduit, creusé sous les racines d'un arbre voisin de l'eau, et vit toujours solitaire. Sa fourrure, presque uniquement employée à la confection des casquettes, est un objet de commerce assez important.

La *Loutre de mer*, (Выдра морская) qui habite les rivages de l'Amérique septentrionale, est deux fois plus grande que la Loutre commune. Sa fourrure, infiniment plus précieuse et beaucoup plus belle, est d'un brun foncé avec un vif éclat de velours; on en fait particulièrement des collets de pelisse, connus, en Russie, sous le nom tout-à-fait impropre de collets de Castor. La Loutre de mer a des mœurs moins solitaires que la Loutre commune, puisqu'on la trouve ordinairement par petites familles. Elle se tient, pendant l'hiver, sur la glace qui encombre la mer, et, au printemps, elle remonte le long des fleuves ; mais sans jamais s'en écarter beaucoup.

SEIZIÈME LEÇON.

Suite des Digitigrades. Chiens, Renards, Civettes. Hyènes.

§ 156. CHIENS. (Собаки). Les Chiens forment un groupe nombreux en espèces, et surtout en variétés, qui ressemblent à notre Chien domestique, par les principaux traits de leur organisation. Ils ont tous trois fausses molaires en haut et quatre en bas, cinq doigts aux pieds de devant, et quatre à ceux de derrière. Leurs ongles sont propres à fouir, et ne sont point rétractiles. La plupart de leurs sens sont d'une finesse extrême, particulièrement

l'odorat et l'ouïe. On trouve des ces mammifères dans les contrées les plus différentes du globe. Leur nombre les a fait partager en deux sous-genres, d'ailleurs bien caractérisés: les *Chiens
proprement dits* et *les Renards*.

§ 157. Les *Chiens proprement dits* ont la pupille arrondie, la
queue non touffue, excepté en domesticité, et plus ou moins relevée; l'odeur qu'ils exhalent est forte, mais n'est jamais fétide
comme celle du Renard. La plupart ont l'instinct de la sociabi-
lité, et vivent ordinairement en troupes plus ou moins nombreuses.
Ils habitent quelquefois des cavernes, des trous et des rochers ;
mais ils ne se creusent jamais de terriers. Ils sont, en général, de
taille moyenne, forts et agiles; mais, quoiqu'on en dise, peu courageux proportionnellement à leur force.

§ 158. Le *Chien domestique* se distingue en général des autres
espèces par sa queue, qu'il porte relevée. C'est la plus précieuse
des conquêtes de l'homme sur la nature ; c'est le plus fidèle des
animaux domestiques: dévoué à son maître, il reçoit ses caresses
avec bonheur, ses châtiments avec soumission, ses mauvais traitements sans colère; fort, courageux plus qu'aucun autre animal de
son espèce, intelligent plus que l'éléphant lui-même, il nous a
livré sans réserve, sa force, son courage et son intelligence. Il est
depuis si longtemps l'ami de l'homme, qu'on ne connaît plus sa
race primitive. Les Chiens qu'on rencontre quelquefois en bandes
nombreuses, dans quelques contrées de l'Amérique, ne sont que
des Chiens échappés anciennement à la domesticité, puisque ces
animaux étaient inconnus dans le Nouveau-Monde, avant l'arrivée
des Européens. Au milieu de notre société, le Chien rend d'innombrables services: il veille la nuit autour de notre demeure; le
jour, il garde nos troupeaux, ou poursuit une proie qu'il vient
rapporter à nos pieds. Dans les régions glaciales du Nord, on
l'attèle à des traineaux, et, c'est avec lui, qu'on accomplit les plus
rapides voyages, sur les neiges qui couvrent la terre, pendant les
longs hivers de ce pays. Le Chien du Mont St. Bernard va chercher les malheureux, sous la neige amoncelée; le Chien de Terre-
Neuve, au milieu des vagues furieuses; le Chien de l'aveugle est,
pour son maître, un guide sur et fidèle. Enfin, dans plusieurs contrées,
au Tonquin, dans quelques parties de l'Afrique, et dans un grand
nombre d'îles de l'Océanie, la chair du Chien est un mets très recherché. Les Chiens cependant ne possèdent point naturellement ces

brillantes qualités; ils sont au contraire féroces, voraces et gourmands. Ces qualités ont été acquises par eux, dans la société de l'homme; ils prennent aussi, à l'homme, ses vices et ses défauts: les Chiens des peuples de l'Australie sont sauvages et farouches comme leurs maitres.

§ 159. On comprend qu'une longue domesticité, l'influence du climat, du régime et des traitements, ont dû amener, dans la race canine, de nombreuses différences, dans la beauté, dans la taille et dans les formes. Rien ne se ressemble moins que le *Chien de berger*, (Собака пастушья) aux oreilles droites, aux poils rudes et touffus, et l'*Epagneul*, (Эпаниолка) aux oreilles pendantes et aux poils soyeux; que le *Dogue*, (Бульдогъ) à la tête courte, au corps trapu et à l'air féroce, et le *Lévrier*, (Собака борзая) au museau pointu, au corps alongé, aux formes sveltes et gracieuses. On pourrait multiplier à l'infini ces contrastes, dans une race aussi riche en variétés.

§ 160. Le *Loup commun* (Волкъ) est une espèce du sous-genre chien. Il a la taille et la physionomie d'un de nos grands Chiens, mais sa queue est toujours pendante, au lieu d'être relevée; son pélage est d'un fauve grisâtre; et sa vie constamment sauvage. C'est le plus nuisible de tous les animaux carnassiers de l'Europe, et le plus grand après l'ours. Il vit ordinairement caché pendant l'été, dans les blés; pendant l'hiver, il se retire dans les bois. Il ne sort guère, pour chercher sa nourriture, que vers le soir; quelquefois alors, il se réunit à deux autres Loups pour chasser de concert ; quelquefois même, quand la faim les presse, ces animaux forment des bandes nombreuses, qui exercent de grands ravages. Cependant les Loups, sans être lâches, comme l'a prétendu Buffon , ne sont point réellement courageux ; leur férocité a été aussi beaucoup éxagérée: pris jeunes , ils s'apprivoisent facilement , et donnent à leur maitre les mêmes marques d'attachement que les chiens les plus dévoués. Ces animaux sont défiants, rusés, et montrent dans toutes leurs actions une prudence vraiment remarquable. On les rencontre dans toute l'Europe, excepté en Angleterre, où le dernier a été tué , en 1627 ; ils se trouvent également en Asie , en Afrique, et en Amérique. La fourrure du Loup est grossière, mais chaude et très durable.

§ 161. Le *Chacal* ou *Jackal*, (Шакалъ) qui porte aussi le nom de *Loup doré*, à cause de la couleur jaunâtre de son pélage, vit en troupes nombreuses en Asie et en Afrique. Il a la taille du Renard; mais il est un peu plus haut sur les jambes, et sa tête ressemble à celle du loup; son corps exhale une odeur forte et désagréable. Les Chacals se tiennent autour des villes, suivent les caravanes et les armées, et rendent de véritables services, en débarrassant le sol de beaucoup de cadavres. Selon quelques naturalistes, ils seraient tellement audacieux, qu'ils oseraient entrer dans les maisons ouvertes, attaquer les bœufs, les chevaux et même quelquefois les hommes; cependant, l'opinion la plus généralement admise, et probablement la plus vraie, est que ces animaux sont excessivement timides. Il paraît que les anciens Egyptiens adoraient le Chacal, car il est souvent représenté sur leurs monuments; et on a trouvé des momies de cet animal, et même de ses ossements, qui étaient dorés.

§ 162. Renards. (Лисицы). Les Renards se distinguent des Chiens proprement dits, par une queue plus longue et plus touffue, par une tête plus large et un museau plus pointu. de plus, leur pupille est linéaire pendant le jour. Ce sont des animaux nocturnes, qui se retirent dans des terriers. En général, ils sont d'une grande poltronnerie, et n'attaquent jamais que des proies beaucoup plus faibles qu'eux ; ils ne mangent aucun cadavre, à moins qu'ils ne soient pressés par une faim extrême : il leur faut une proie vivante. Cependant, ils se nourrissent aussi de fruits et de baies, quand ils ne trouvent pas mieux ; et ils paraissent aimer particulièrement les raisins. Ils sont moins répandus sur le globe que les chiens; et, on n'en a encore trouvé ni à la Nouvelle-Hollande, ni dans les îles de l'Archipel indien. Ce sous-genre renferme une vingtaine d'espèces. Les plus remarquables sont:

§ 163. Le *Renard commun*, qui habite dans toute l'Europe et dans une grande partie de l'Asie. Cet animal est célèbre par ses ruses et sa patience: d'un naturel défiant, il met, dans toutes ses actions, tant de prudence et d'adresse, que, bien qu'il vive dans le voisinage des hameaux et des maisons de campagne, il n'est que rarement découvert. Il se nourrit de gibier, de volailles, et, quand il pénètre dans une basse cour, il tue un grand nombre de poules, les emporte, et les cache avec soin dans différents endroits. Quand cette nourriture recherchée vient à lui manquer, il mange des reptiles, et se contente même de fruits et de racines. Il est d'un fauve plus ou moins roux en dessus, blanc en dessous ;

et sa queue touffue est terminée par un bouquet de poils blancs. Sa fourrure est très estimée et employée particulièrement pour les pelisses des dames.

§ 164. Le *Renard charbonnier*, qui habite le nord de l'Europe et de la Sibérie, mais qu'on trouve aussi dans l'Europe centrale, fournit une fourrure beaucoup plus belle que celle du Renard commun, dont il diffère d'ailleurs, par le bout de la queue qui est noir, ainsi que quelques poils de son dos.

Le *Renard noir argenté*, dont le pélage est d'un noir foncé, piqueté ou glacé de blanc. Il est plus grand que l'espèce commune, puisqu'il a deux pieds de longueur, non compris la queue. Sa fourrure est une des plus belles que l'on connaisse, et se paie un prix très élévé.

Le *Renard bleu* ou *Isatis*, qui est le plus petit de tous les Renards. Il est répandu en très grande abondance dans le nord des deux continents; il se trouve en Suède, en Norwège, en Finlande et paraît même quelquefois dans les environs de St. Péters-bourg. Son pélage est très épais, très soyeux, d'un gris ardoisé tirant sur le bleuâtre, quelquefois il est blanc; ce qui a valu souvent à cet animal le nom de *Renard blanc*. Cette fourrure est extrêmement précieuse, et fait une branche de commerce considérable.

§ 165. CIVETTES. (Виверры). Les Civettes ont la langue rude couverte de pupilles aiguës et cornées, les ongles à moitié rétractiles, de manière à ce que leur extrémité ne s'émousse pas, lorsque l'animal pose le pied sur la terre. Elles ont en outre une poche sécrétoire, qui produit en abondance une matière odorante. Ces animaux sont indigènes des climats chauds de l'Ancien-Continent. Nous trouvons dans ce genre:

La *Civette commune*, qui est originaire des parties les plus brulantes de l'Afrique. Elle a un pélage gris rayé ou tacheté de noir, et le dos surmonté d'une espèce de crinière. On élève cet animal en captivité, dans plusieurs parties de l'Orient, pour se procurer le parfum qu'il produit. Cette matière, qui porte le nom de *Civette*, est une espèce de pommade, objet d'un commerce assez important. Comme on remarque que ces animaux exhalent plus d'odeur, lorsqu'ils sont irrités, on les excite avant de leur enlever cette substance. Ce parfum, autrefois employé dans la médecine, et maintenant encore dans la parfumerie, est d'abord de couleur jaunâtre, et devient brun en vieillissant.

La *Mangouste d'Egypte*, ou *Rat de Pharaon* (Мангустъ)
est célèbre par les fables nombreuses, dont elle a été le sujet.
Elle est placée, sous le nom *d'Ichneumon*, parmi les animaux
sacrés de l'Egypte. De nos jours, où la trouve encore sur les bords
du Nil, où elle rend quelques services en détruisant beaucoup
d'œufs de crocodiles. Sa nourriture ordinaire consiste en reptiles,
en oiseaux, en rats et en souris, qu'elle épie avec beaucoup de
persévérance. Cet animal est de couleur grisâtre, plus grand et
beaucoup plus effilé que nos chats, qu'il remplace dans les habitations, car il s'apprivoise aisément.

§ 166. Hyènes. (Гieны). Les Hyènes ont quatre doigts aux membres
antérieurs et aux membres postérieurs. Leurs ongles ne sont point
retractiles, mais très propres à fouir la terre. Leur cou et les muscles
des mâchoires sont douées d'une force prodigieuse; leur langue est
rude; leur odorat d'une grande subtilité; leur queue assez courte et
pendante; leur museau noir, court et retroussé; les poils du cou
se dressent de manière à former une sorte de crinière; et leur
corps exhâle une odeur forte et repoussante. Les Hyènes ont une
allure des plus bizarres : dans la station, leurs membres postérieurs sont infléchis, ce qui fait que leurs corps paraît plus élevé
dans sa partie antérieure; lorsqu'elles se mettent à courir, elles
semblent boiter pendant quelques temps, puis enfin leur allure
devient plus régulière. Ces mammifères sont des animaux nocturnes,
qui vivent ordinairement dans les cavernes; ils se nourrissent
de chairs en putréfaction, et vont chercher leur pâture jusque dans
les cimetières. On comprend que les goûts immondes de ces animaux, leur aspect féroce, leur odeur repoussante, les aient rendus
un objet d'horreur. Cependant les Hyènes sont, en réalité, loin
d'être aussi terribles qu'on le prétend: elles n'attaquent jamais
l'homme; bien plus, non seulement elles se laissent apprivoiser,
mais elles se montrent assez dociles, pour qu'on les dresse pour
la chasse; et F. Cuvier dit, qu'elles ont la fidélité et l'intelligence
des chiens. On ne connait bien que deux espèces d'Hyènes:

§ 167. L'*Hyène rayée*, (Гiена полосатая) qui a le corps gris-
jaunâtre avec des bandes noires. Elle habite la Perse, l'Egypte,
et l'Arabie, c'est l'Hyène des anciens, celle qui a été l'objet de
tant de contes ridicules. On prétendait, par exemple, que son
ombre seule rend les chiens muets; qu'elle imite la voix humaine de manière à tromper; et qu'elle appelle même les hommes

par leur nom. Cette espèce est beaucoup plus indocile que l'espèce suivante et ne s'adoucit jamais complétement.

L'*Hyène tachetée* (Гиена пятнистая) qui a des taches nombreuses d'un brun foncé sur une robe gris jaunâtre ; elle habite le midi de l'Afrique, et se montre aussi dans la Barbarie; c'est elle qu'on emploie, dit-on, pour la chasse.

DIX-SEPTIÈME LEÇON.

Chats, Lynx, Guépards, Tribu des Amphibies, Phoques, Otaries, Morses.

§ 168. CHATS. (Кошки). Tous les Chats forment une section très naturelle et très facile à caractériser : ils ont le museau arrondi , les mâchoires courtes et garnies de six dents incisives , deux grandes carnassières et deux molaires tranchantes ; leur langue est très rude et hérissée de petites pointes courbées en arrière; leurs ongles sont puissants, crochus, tranchants et rétractiles, c'est-à-dire, qu'ils peuvent, à la volonté de l'animal, ou se redresser, ou rester cachés entre les doigts, de manière à ce que leur pointe ne puisse s'émousser. Leurs oreilles courtes , leur dos qui peut s'arquer, leurs jambes basses et robustes, donnent à tous les Chats un air de famille. L'intelligence de ces animaux est moins développée que celle des mammifères dont nous avons parlé jusqu'ici; ce qui s'explique par la petitesse de leur crâne; du reste, ils ont les sens d'une grande finesse. L'ouïe est favorisée chez eux par la disposition de leurs oreilles dressées; leurs yeux, dont la prunelle peut se dilater et se contracter, à proportion de la quantité de lumière qu'elle reçoit, leur permettent de voir également bien pendant le jour et pendant la nuit. Tous ces animaux vivent de proie vivante; il leur faut donc une assez grande étendue de pays pour se nourrir; de là résulte, qu'ils ne vivent jamais en société, et qu'ils ont un penchant prononcé pour la solitude. D'ailleurs, ils ne sont ni aussi cruels, ni aussi féroces qu'on le prétend généralement ; ils se contentent, pour l'ordinaire , d'une seule victime ; toutes les espèces sont susceptibles de s'apprivoiser, et donnent à leurs maîtres des marques d'affection. Le genre des Chats est très nombreux en espéces; nous ne signalerons que les plus inté-ressantes.

§ 169. Le *Lion* (Левъ) est le plus célèbre de tous les Chats, et, depuis la plus haute antiquité, son port majestueux , sa force prodigieuse et de prétendues vertus, qu'il est bien loin de posséder réellement, l'ont fait placer à la tête des animaux. Son pelage est fauve , mais varié de nuances dans les différentes variétés que présente cette espèce. Sa queue est terminée par une touffe de poils noirs; et, chez le mâle, une partie de la tête et le cou sont ornés de poils qui forment une crinière. On attribue au Lion, du courage, de la fierté, de la générosité, et Buffon a fait des qualités de cet animal, le plus magnifique tableau; cependant il ressemble, en réalité , à tous les autres Chats. Quoique doué de force et d'agilité, il ne sort que la nuit, n'attaque sa proie que par sur-prise, et choisit, pour en faire sa nourriture , un animal faible , qui ne peut lui opposer de résistance. Ce n'est que pressé par la faim la plus vive, qu'il ose assaillir l'homme; et, malgré la fierté, qu'on lui suppose, avant d'en venir à cet excès d'audace , il se jette sur les charognes et les animaux pourris. Sa reconnaissance des bienfaits , sa générosité ne sont pas plus vraies, et la sensi-bilité dont on ennoblit son caractère , ne l'empêche point de dé-vorer ses propres petits, s'il parvient à découvrir la retraite oú leur mère les nourrit. Les *Lionceaux* sont au nombre de trois à cinq. La *Lionne*, quoique plus faible que le Lion, montre beau-coup de courage pour les défendre, leur prodigue ses soins avec beaucoup de tendresse , et ne les abandonne, que lorsqu'ils sont capables de pourvoir à leurs besoins et à leur sûreté. Les petits ont le pelage laineux, rayé de petites bandes brunes sur les flancs, lesquelles ne disparaissent complètement que vers la sixième année; mais, dès l'age de trois ans, elles sont très éffacées, et la crinière commence à pousser aux jeunes Lions, qui jusqu'alors ont res-semblé aux femelles. La durée de la vie de ce mammifère paraît être de trente à trente-cinq ans. Les Lions habitaient autrefois la plus grande partie de l'Ancien-Continent; maintenant, on ne les trouve plus qu'en Afrique, et dans quelques parties de l'Asie, où ils deviennent chaque jour plus rares. Dans les contrées, où il a senti la puissance de l'homme, le Lion est tel que nous l'avons décrit; mais dans les vastes solitudes où il règne seul, il déploie

toutes les facultés qui assurent sa puissance, et retrouve quelques
uns des traits, sous lesquels on le dépeint ordinairement. Comme
il ne craint point de manquer de proie, il ne prend qu'une
victime, mais il la lui faut vivante; comme il n'a jamais rencontré
d'adversaire capable de lui résister, il ne redoute rien, et peut
paraître intrépide ; comme il n'attaque point, quand son appétit
est satisfait, et que la nourriture ne lui manque point, il peut
quelquefois paraître généreux. A l'approche du combat, sa figure
imposante et mobile respire la colère, son front se ride profondément, ses sourcils s'élèvent et s'abaissent, ses yeux flamboient,
sa crinière se hérisse, sa queue fouette ses flancs à coups re-
doublés; du fond de sa poitrine sort un cri rauque, grave et sec,
qui jette au loin la terreur. Tout-à-coup il fléchit les pattes de
devant, ses yeux se ferment à demi, sa moustache se hérisse, il
reste immobile ; malheur à l'être vivant qu'il regarde dans cette
attitude, car il va s'élancer et déchirer une victime !

§ 170. Le *Gouguar* ou *Puma* (Кугаръ) est un animal de
grande taille, qui ressemble à un jeune lion; ce qui lui a fait
donner le nom de *Lion d'Amérique*, car il est indigène des contrées méridionales du Nouveau-Continent. Il a le pelage d'un
fauve un peu roux, les oreilles et le bout de la queue noirs ;
mais il n'a point de crinière. Il est d'un naturel timide, et ses
mœurs ont beaucoup de rapports avec celles du loup. Il ne se
nourrit que d'animaux incapables de lui opposer de résistance,
de cochons, de moutons, qu'il égorge quelquefois en grand
nombre, et dont il se contente de lécher le sang.

§ 171. Le *Tigre Royal* ou *Tigre du Bengale*, (Тигръ) est le
plus grand et le plus terrible des Chats: sa force égale, surpasse
même celle du lion ; sa taille est plus svelte, ses jambes plus
longues, et sa tête plus arrondie. Il a le pelage fauve vif en
dessus, blanchâtre en dessous, et rayé de bandes transversales. Il
habite les Indes Orientales, et parvient jusques dans la Sibérie ;
c'est un des plus épouvantables fléaux de ces contrées. Plus agile, plus
audacieux que le lion, il est terrible, lorsque la faim le presse;
il se jette sur tous les animaux, et fond sur l'homme lui-même;
on en a vu sortir d'une forêt, s'élancer avec la rapidité de la
flèche, saisir en bondissant un cavalier au milieu d'une armée, et
fuir avec sa victime, sans pouvoir être atteint. Le Tigre se tient
ordinairement aux bords des fleuves, tapi au milieu des roseaux,

et va saisir à la nage les cadavres qui flottent sur les eaux. Mais, quand son appetit est satisfait, il cesse d'être dangereux, redevient timide, défiant et fuit la présence de l'homme. La férocité et la cruauté de cet animal ont été beauconp éxagérés: pris jeune, il s'apprivoise assez facilement, se montre doux et caressant avec son maitre; et, de nos jours, on en a vu plusieurs fois en spectacle, étonner le public par leur soumission et leur docilité.

§ 172. Le *Jaguar*, ou *grande Panthère* (Ягуаръ) des fourreurs, est presque de la taille du Tigre et n'est guère moins dangereux que lui. Il habite les contrées les plus chaudes de l'Amérique, et se tient ordinairement dans les grandes forêts traversées par les fleuves.

Il passe le jour caché dans les ilots, et dort au milieu des touffes de joncs; la nuit, il sort de sa retraite, s'embusque dans les buissons, s'élance à l'improviste sur les plus grands mammifères, et les terrasse d'un seul coup. Quelquefois il poursuit sa proie à la course, et fait retentir les forêts de ses aboiements. Les animaux effrayés s'élancent au sommet des arbres ; mais ils ne peuvent éviter sa poursuite, car il grimpe avec l'agilité d'un Chat sauvage. Pendant le jour, et dans les plaines, il fuit devant l'homme; mais, pendant la nuit, rien n'égale son audace ; et les feux, qui effraient les animaux féroces, ne peuvent l'arrêter longtemps. Selon quelques auteurs, ce Chat se nourrit aussi de poisson qu'il pêche très adroitement avec sa patte, après l'avoir attiré à la surface de l'eau, en y laissant tomber sa bave. Le Jaguar se distingue facilement du Tigre par quatre rangées de taches œillées de chaque côté du corps.

§ 173. Le *Léopard* et la *Panthère* (Леопардъ и Барсъ) forment deux espèces tellement rapprochées, qu'il est extrêmement difficile de les distinguer et quelques naturalistes n'en font même qu'une seule. Ils ont, l'un et l'autre, le corps couvert de taches noires en forme de rose, disposées par rangées ; seulement ces rangées sont au nombre de six à sept, de chaque côté, dans la Panthère, et de neuf ou dix, dans le Léopard. Ces deux animaux ont les mêmes mœurs, se montrent également redoutables, et poursuivent avec agilité dans les arbres, les singes qui font en grande partie leur nourriture. On les trouve l'un et l'autre en Afrique ; mais il paraît que la Panthère se rencontre également en Asie et au Caucase,

§ 174. Le *Chat domestique* (Домашняя кошка) est trop connu pour qu'il soit nécessaire d'en faire la description. Il tire son origine du *Chat sauvage,* (Дикая кошка) qui vit encore dans les forêts de l'Europe. Celui-ci a le pelage brun gris, avec une large bande noirâtre sur le dos et des bandes moins foncées sur les flancs, du blanc autour des lèvres et deux anneaux noirs près du bout de la queue, lequel est également noir. Il est un peu plus grand que la variété domestique. Il a toutes les habitudes des grands Chats: il vit solitaire dans les bois, et se nourrit d'oiseaux et de mammifères plus faibles que lui. En domesticité, le Chat conserve une partie des habitudes de sa famille; mais, quoiqu'en ait dit Buffon, il est susceptible d'attachement et même d'une sorte d'éducation. Il est sauvage par timidité, rusé par besoin, défiant par faiblesse, et ne se montre dangereux que lorsqu'il est poussé à bout, et qu'il se croit lui-même en danger. D'ailleurs, s'il est bien loin de posséder les qualités du chien, les services réels que cet animal rend dans nos maisons, méritent qu'il soit traité avec bienveillance. On sait que, chez les Egyptiens, le Chat était un objet de vénération, et la mort, même involontaire, d'un de ces animaux, était expiée dans les plus cruels supplices; son corps était embaumé et conservé avec le plus grand soin. Il existe un très grand nombre de variétés du Chat domestique.

§ 175. Lynx. (Рысь). Les Lynx forment une division du genre chat, caractérisée par des pinceaux de poils aux extrémités des oreilles; une queue généralement plus courte, et une fourrure plus longue. Il existe plusieurs espèces de Lynx.

Le *Lynx commun* ou *Loup cervier* (Рысь обыкновенная) a le dos et les membres d'un roux clair, avec des mouchetures noirâtres. Son second nom lui vient de ce qu'il hurle comme le loup pendant la nuit, et paraît attaquer de préférence les jeunes cerfs. C'est un animal fort agile, qui grimpe avec facilité. Il se nourrit de gibier, et s'élance à l'improviste sur les jeunes chevreuils et les jeunes cerfs, dont il brise le crâne, et se contente ordinairement de sucer la cervelle. Les anciens attribuaient à sa vue la propriété de voir même à travers les murs. Cet animal, autrefois commun dans toute l'Europe, ne se rencontre maintenant fréquemment que dans le nord de l'Europe et de l'Asie, et au Caucase.

§ **176. Guépard.** (Гепардъ). Le Guépard ou *Tigre chasseur* présente, par la forme de son corps et sa jolie robe fauve, élégamment mouchetée, beaucoup de rapports avec les chats dont on les considère souvent comme une espèce. Cependant il se distingue de ceux-ci, par une queue plus longue, un dos moins arqué, des jambes plus hautes, une tête plus ronde, et surtout par des ongles qui ne sont point rétractiles. Le Guépard est un charmant animal, doux, attaché à son maitre, obéissant, courageux, caressant et bienveillant avec tout le monde. Il est originaire de l'Afrique et de l'Asie. Dans cette dernière partie du monde , on élève des Guépards pour s'en servir à la chasse; et, quand ces animaux sont bien dressés, ils se vendent des prix exorbitants.

TRIBU DES AMPHIBIES.

§ **177. Tribu des Amphibies.** (Земноводныя). Les Amphibies sont des carnassiers qui se trouvent le plus souvent dans la mer, quoiqu'ils aient besoin de venir à la surface de l'eau pour respirer. Leur corps a la forme de celui des poissons; leurs membres au nombre de quatre, extrêmement courts, et leurs doigts palmés, constituent d'excellentes nageoires; mais ils peuvent à peine servir à ramper sur le rivage, où d'ailleurs les Amphibies ne viennent que rarement, et seulement pour dormir au soleil et allaiter leurs petits. Lorsque quelque danger les menace, et qu'ils veulent fuir rapidement , leurs membres leur deviennent en quelque sorte inutiles; et ils rampent, en se courbant sur eux-mêmes, avec une telle rapidité, qu'ils peuvent échapper à la poursuite de l'homme. Les Amphibies fournissent quelques produits : leur cuir est fort et durable; leur chair est mangée par quelques peuples; l'huile , qu'ils donnent en abondance, s'emploie à différents usages dans l'industrie; et les défenses d'une espèce d'entre eux constituent un ivoire très estimé. Aussi ces animaux sont-ils l'objet d'une chasse importante; à laquelle prennent part surtout les Anglais, les Américains et les Russes. La Tribu des Amphibies se partage en trois genres; Les *Phoques*, les *Otaries* et les *Morses*.

§ **178. Phoques.** (Тюлени). Les Phoques qui habitent principalement les mers du Nord, mais qui apparaissent aussi assez souvent dans l'Océan et même dans la Méditerannée, ont du frapper de bonne heure l'imagination de l'homme; et nous les voyons, en effet, signalés dans les auteurs les plus anciens. Ce sont eux qui forment, dans la mythologie grecque, les nombreux troupeaux de Neptune, confiés à la garde de Protée. Les Phoques ont la tête ronde, assez semblable à celle du chien , mais point de conques auditives. Leur regard est doux, et annonce un caractère sociable; leur cerveau très développé révèle une intelligence qui paraît égale à celle du chien. Nous signalerons dans ce genre:

Le *Phoque commun* qui est gris-jaunâtre marbré de brun; il vit dans le Nord, et n'a que quatre pieds de longueur.

Le *Phoque à Trompe* ou *Eléphant de mer* qui vit dans l'Océan Austral. Il doit son nom à sa taille énorme, qui parvient à près de trente pieds , et a l'espèce de trompe, que forme , chez le mâle, le prolongement du museau.

§ 179. Otaries, (Отари). Les Otaries ont avec les Phoques la plus grande ressemblance, et n'en diffèrent que par la présence des conques auditives, et par des pieds dont la palmure dépasse les doigts. Leur patrie est aussi différente: ils se rencontrent sur les côtes de la Nouvelle-Hollande. L'espèce la plus connue est l'*Otarie à crinière*, vulgairement appelé *Lion de mer*, (Левъ морской) à cause de la crinière qui recouvre le cou du mâle.

§ 180. Morses, (Моржи). Les Morses se distinguent des deux genres précédents , par l'énorme développement de leurs dents canines supérieures , qui se dirigent en bas comme des défenses, et obligent le museau à se relever, au point que les narines regardent le ciel. Il n'existe qu'une seule espèce de Morse, connue aussi sous les noms de *Cheval marin*, de *Vache marine*. Elle se trouve au Spitzberg, où les Russes vont la poursuivre, pour se procurer l'ivoire très recherché, que fournissent leurs défenses, et l'huile, que leur corps produit en abondance.

DIX-HUITIÈME LEÇON.

ORDRE DES RONGEURS.

Caractères Généraux des Rongeurs. Ecureuils, Palatouches. Loirs, Rats. Hamsters

§ 181 Caractères généraux des rongeurs. (Грызуны). Les Rongeurs sont des mammifères dépourvus de dents canines, ayant quatre dents incisives. Ces dents incisives sont remarquables par leur développement, leur forme arquée, leur profondeur dans la mâchoire, leur tranchant en ciseau, et la propriété de croître pendant toute la vie de l'animal. Enfin la disposition des mâchoires ne permet pas à ces animaux de déchirer leur nourriture ; ils sont obligés de la couper en très petites parties , c'est-à-dire de la ronger, d'où leur est venu le nom de *Rongeurs*.

La plupart des Rongeurs sont de petite taille , et se font remarquer par l'inégalité des membres : les pattes de derrière sont beaucoup plus longues que celles de devant, de sorte qu'ils sautent beaucoup mieux qu'ils ne marchent. Les Rongeurs sont en général des animaux nocturnes , ayant les yeux gros et saillants. Il résulte de la disposition de leurs mâchoires, qu'ils se nourrissent, pour la plupart, de substances végétales ; quoique quelques uns , tels que les rats , soient réellement omnivores, et mangent également des substances animales. Le cerveau de ces mammifères est très petit, et n'a que peu de circonvolutions; aussi leur intelligence est-elle extrêmement bornée. Quelques Rongeurs cependant , comme le castor , compensent leur peu d'intelligence par des facultés instinctives admirables. Les mammifères de cet ordre sont des animaux timides, qui se creusent, en général, des terriers, où se bâtissent des huttes, pour y passer l'hiver. L'ordre des Rongeurs présente un grand nombre de genres, dont les plus importants sont : les *Ecureuils* , les *Polatouches* , les *Rats*, les *Compagnols* , les *Marmottes* , les *Castors* , les *Porcs-epics* , les *Lièvres*, les *Gerboises* et les *Cobayes*.

§ 182. Ecureuils. (Бѣлки). Les Écureuils forment une famille très naturelle, reconnaissable à une queue longue et garnie de poils, et à des ongles, qui sont toujours longs et aigus, mais ne sont point rétractiles. Ces rongeurs ont la tête large, les yeux vifs, la forme gracieuse et les mouvements pleins de gentillesse. Ils habitent les forêts des deux mondes, et vivent dans les arbres, où ils se construisent des nids très ingénieux. Les Ecureuils paraissent être les rongeurs les plus intelligents, et on remarque, que, lorsqu'ils sont poursuivis, ils se cachent derrière les branches, et observent les mouvements de leurs ennemis. Ces petits animaux se nourrissent de fruits, qu'ils portent souvent à la bouche, au moyen de leurs pattes antérieures; mais, lorsqu'ils sont pressés par la faim , ils ne dédaignent point les substances animales. Ces

rongeurs sont remplis de prévoyance : ils font des amas considérables de noisettes , de glands et d'amandes , qu'ils cachent dans
des trous, et dont ils se nourrissent pendant l'hiver.

§ 183. L'*Ecureuil commun*, (Бѣлка обыкнов.) habite les contrées
froides et tempérées de l'Ancien-Continent. Pendant l'été, son pélage est roux vif sur le dos et blanc sous le ventre; mais il devient
gris-bleuâtre en hiver, au moins dans les contrées septentrionales.
C'est alors qu'il donne la fourrure appelée *Petit-gris*, assez estimée
à cause de sa beauté, mais peu durable. On tire de la Sibérie un
nombre considérable de ces fourrures.

L'*Ecureuil Strié* ou *Ecureuil d'Hudson* (Бурундукъ) est un peu plus
petit que l'Ecureuil commun, d'un brun roussâtre en dessus, blanchâtre en dessous, avec une raie noire sur les flancs; sa queue est plus
courte que le corps; il habite les forêts des parties les plus froides
de l'Amérique septentrionale, et de l'Asie. L'*Ecureuil du Malabar*
(Бѣлка малабарская) est le plus grand des Ecureuils; puisque sa
taille n'est pas inférieure à celle du chat. Ses couleurs sont vives
et variées: il a la tête, les flancs et le milieu d'un roux brun très
vif ; la partie postérieure du corps d'un beau noir; les jambes, la
poitrine et le dessus du cou d'un jaune assez éclatant. Il habite les
forêts de palmiers , et se nourrit en grande partie des fruits du
Cocotier. Il existe en outre un très grand nombre d'espèces de ce
genre , telles que l'*Ecureuil noir de l'Amérique septentrionale*
(Бѣлка черная Американская) et l'*Ecureuil de Madagascar*, (Бѣлка
Малагаскарская) deux fois plus grand que l'Ecureuil commun.

§ 184. POLATOUCHES. (Полетуши). Les Polatouches ou *Ecureuils
volants* peuvent être considérés comme un sous-genre des écureuils proprement dits. Ils se distinguent de ceux-ci, en ce qu'ils
ont la peau des flancs étendue sur les membres; ce qui forme un
parachûte, à l'aide duquel ces animaux peuvent se soutenir dans
l'air.

Le *Polatouche commun* (Полетуша обыкновенная) habite la
Sibérie, la Russie et la Pologne , et vit dans les forêts de bou-
leaux et de pins. Il ne sort que le soir pour aller chercher sa
nourriture, qui consiste en végétaux; son pelage est gris jaunâtre
en dessus, et blanchâtre sous le ventre. Le *Polatouche Taguan*
(Полетуша Тагуанъ) est beaucoup plus fort que le précédent, dont
il se distingue par sa fourrure qui est d'un beau roux, et par sa
patrie, car il habite les îles Philippines.

§ 185. **Loirs.** (Соня), Les Loirs sont de jolis petits animaux qui ressemblent aux écureuils, mais qui sont moins agiles; d'ailleurs leur queue n'est point distiquée. Ils ont à peu près les mêmes mœurs ; cependant ils sont ordinairement nocturnes. Aux approches de l'hiver, les Loirs se retirent dans quelque cachette remplie de provisions, puis s'endorment, et se réveillent de temps à autre, pour prendre quelque nourriture. Ce genre présente trois espèces en Europe:

Le *Loir commun*, (Соня обыкнов.) qui vit dans les bois de l'Europe méridionale. Les Romains engraissaient cet animal et regardaient sa chair comme un mets très délicat ; les Italiens la mangent encore maintenant. Ce rongeur a six pouces environ de longueur, non compris la queue. Le *Lérot* (Соня садовая) plus petit que le précédent, puisqu'il n'a que cinq pouces. Il habite l'Europe tempérée, et se rencontre souvent dans les jardins, dont il dévaste les arbres fruitiers. Le *Muscardin*, (Соня орѣшниковая) qui n'est pas plus gros qu'une souris; il se trouve dans les mêmes contrées que le Lérot, mais se retire de préférence dans les bois.

§ 186. **Rats.** (Мыши). Les Rats, qui ont pour type le Rat domestique, sont caractérisés par une queue longue et écailleuse. Ce sont les plus carnassiers de tous les rongeurs : quand la nourriture leur manque, ils se dévorent entr'eux ; et c'est même aux combats, qu'ils se livrent dans ces circonstances, qu'il faut attribuer leur disparition de certains endroits, où ils avaient été précédemment très abondants. Ces animaux sont doués de peu d'instinct; c'est à peine s'ils savent se creuser un terrier. Les Rats sont fort répandus à la surface du globe, et forment plusieurs espèces.

Le *Rat commun*, (Крыса) dont le pélage est d'un noir cendré, n'est point originaire de l'Europe : il a été introduit dans cette partie du monde vers la fin du moyen âge. Le plus grand nombre des naturalistes le croit originaire de l'Amérique; d'autres pensent, au contraire, qu'il nous est venu de l'Asie, vers l'époque des croisades. Il était autrefois très commun; mais il a été détruit presque complètement par l'espèce suivante, qui porte aussi vulgairement le nom de Rat.

§ 187. Le *Surmulot*, (Пасюкъ) est de couleur brun roussâtre, et plus gros que le Rat proprement dit; il est originaire de l'Asie, et n'a été introduit en Europe que dans le dix-huitième siècle. Pallas raconte, qu'il en arriva de si prodigieuses légions, à

Astrakhan, en 1727, qu'on ne put rien soustraire à leur voracité. Malgré l'étendue du Volga, ils traversèrent ce fleuve, qui dut engloutir un nombre considérable de ces animaux. Le Surmulot a détruit presque entièrement le Rat; mais il est lui-même pour nos maisons un hôte plus nuisible encore, car il ronge tout ce qu'il peut trouver.

La *Souris*, (Мышь обыкновенная) au contraire, est originaire de l'Europe ; c'est la plus petite espèce de Rat, et la seule qui fut connue des anciens. Elle fait de grands dégats dans nos demeures ; et se nourrit de tout ce qu'elle peut rencontrer : chair, végétaux, bois, linge, cuir, papier, tout lui est propre.

Le *Mulot* (Мышь лѣсная) est un peu plus grand que la souris. Il n'habite point dans nos maisons ; mais fait de grands dégâts dans la campagne, soit en rongeant l'écorce des jeunes arbres, soit en retirant de la terre les graines qui ont été semées.

Le *Rat géant* qui parvient à un pied de longueur, et détruit une prodigieuse quantité de grains et de volaille. Il est indigène de l'Inde ; où il est lui-même un objet de nourriture pour les malheureux.

§ 188. HAMSTERS. (Хомяки). Les Hamsters se distinguent des rats, avec lesquels ils offrent d'ailleurs une grande ressemblance, par une queue courte et velue, et par la présence d'abajoues de chaque côté de la bouche.

Le *Hamster commun*, (Хомякъ обыкновенный) est répandu dans toute l'Europe; mais paraît surtout préférer l'Allemagne. Il est plus grand que le rat. Son corps est gris roussâtre en dessus, avec les flancs noirs, marqués de taches blanches. Cet animal est très nuisible; car il détruit une quantité considérable de grains, qu'il transporte, au moyen de ses abajoues, dans des terriers, qu'il creuse profondément.

DIX-NEUVIÈME LEÇON.

Suite des Rongeurs. Campagnols. Lemmings. Ondatras. Marmottes. Castors. Porcs-épics, Coendous. Lièvres. Gerboises. Cobayes.

§ 189. Campagnols. (Полевки). Les Campagnols sont souvent confondus avec les rats, auxquels ils ressemblent, en effet, beaucoup, par la forme générale de leur corps et par leurs mœurs ; quoiqu'ils soient beaucoup moins carnassiers. Ils s'en distinguent d'ailleurs, par ce qu'ils ont le pouce de devant à peine apparent, et par leur queue, dont la forme varie, mais qui dans le plus grand nombre des espèces est velue, comme celle des hamsters ; mais ils n'ont point d'abajoues comme ceux-ci.

Le *Campagnol ordinaire* (Полевая мышь) est commun dans toute l'Europe et dans le Nord de l'Asie. Il se nourrit de grains, et devient parfois dans les campagnes un véritable fleau; cependant ce rongeur n'est que de la taille d'une souris. Son pélage est jaune brun en dessus, et d'un blanc sale sous le ventre.

Le *Rat d'eau*, qui est plus gros que le rat domestique, est une espèce de Campagnol. Il habite le bord des eaux; et, quoique généralement considéré comme un animal destructeur, il est, en réalité, peu nuisible; car il se nourrit, presque exclusivement, de racines et de bulbes de plantes aquatiques.

Le *Campagnol économe* (Полевка Домоводка), qui se trouve dans le nord des deux continents, doit son nom aux immenses provisions qu'il fait pendant l'été. Ce campagnol est de la grosseur d'une souris; cependant son habitation est composée, selon Pallas, d'une chambre qui lui sert à se loger, et de cinq magasins, contenant chacun une vingtaine de livres de racines parfaitement dépouillées de leurs radicelles et débarassées de terre.

§ 190. Lemmings. (Пеструшки). Les Lemmings forment un sous-genre des Campagnols dont la queue est très courte. Ces animaux, dont la taille est à peu près celle du rat, sont les plus jolis des Campagnols. Ils sont célèbres par leurs longues migrations. A des époques régulières, mais surtout aux approches de l'hiver, dont ils paraissent pressentir la rigueur, ils partent en bandes innombrables, se dirigeant, toujours en ligne droite, vers des contrées plus douces. Rien ne peut les détourner de leur but: ils gravissent les montagnes, traversent les fleuves à la nage, et percent de part en part, pour s'y ouvrir un passage, les obstacles qui sont de nature à être attaqués. Ils marchent pendant la nuit et une partie de la matinée, et dévastent les campagnes, au point qu'elles paraissent avoir été incendiées. La plus grande partie de ces animaux sont détruits, dans leur voyage, par les mammifères et les oiseaux carnassiers. Ces petits rongeurs habitent les bords de la mer glaciale; mais se trouvent aussi dans les Alpes.

§ 191. ONDATRAS. (Ондатра). Les Ondatras forment, comme les lemmings, un sous-genre des Campagnols, dont-ils se distinguent par des pieds de derrière à demi palmés, et garnis sur les bords de poils solides entrecroisés, destinés à perfectionner la natation, et par une queue comprimée et écailleuse, produisant une forte odeur de musc. Cette particularité les rapproche des Desmans de Russie, et leur a valu, comme à ces derniers, le nom de *Rats musqués.*

Les mœurs de ces animaux sont analogues à celles du castor : aux approches de l'hiver, ils se réunissent pour construire des cabanes; ils choisissent d'ordinaire le bord d'un lac, ou d'une rivière peu escarpée. Leurs habitations ont la forme d'un dôme d'environ deux pieds de largeur intérieurement, et sont construites de joncs et de terre glaise. Leurs murailles épaisses d'à peu-près un pied leur donnent une grande solidité. L'Intérieur de ces cabanes, est coupé de plusieurs étages, dont les derniers sont assez élevés, pour que les Ondatras puissent y braver la crue des eaux. On y trouve aussi des galeries souterraines, qui conduisent les unes à la rivière, les autres dans les lieux où se trouvent d'abondantes racines. Pendant les froids rigoureux, les Ondatras se réunissent plusieurs dans la même habitation; et, si la gelée vient les y retenir prisonniers, ils se dévorent entr'eux. Ces animaux se nourrissent d'herbes et de racines de plantes aquatiques. Ils sont à peu près de la taille d'un lapin, et ont deux sortes de poils: l'un soyeux, de couleur brune et assez long, l'autre plus court, plus fin, formant une sorte de duvet, et de couleur grise.

Les Sauvages de l'Amérique, frappés des travaux que les Ondatras exécutent dans la construction de leurs maisons, et de la disposition de celles-ci en villages souvent considérables, les regardent comme de la même famille que le castor; mais disent, que celui-ci est l'ainé, et possède plus d'intelligence.

§ 192. Marmottes. (Сурки). Les Marmottes ont la queue courte et velue, les jambes basses, le corps trapu, la fourrure épaisse et grossière. La structure de leurs dents leur permet de manger des insectes; mais elles préfèrent les végétaux. Leur marche est pesante et embarassée. Ces animaux se creusent des terriers, dans lesquels ils se retirent, pour passer l'hiver dans une sorte de sommeil léthargique. Ce genre présente plusieurs espèces.

La *Marmotte commune* (Сурокъ обыкновенный) habite les montagnes élévées de l'Europe, vers la limite des neiges éternelles. Elle a le pélage roux plus ou moins foncé. C'est un animal doux timide, plein de défiance, qui cache, sous un air de stupidité, une intelligence assez remarquable. Les pauvres enfants de la Savoie lui enseignent quelques exercices, et le montrent dans les villes, comme un objet de curiosité. On trouve, dans le midi de la Russie, une espèce de Marmotte, d'un gris jaunâtre, appelée *Bobak*. (Байбакъ).

§ 193. Castors. (Бобры). Les Castors sont caractérisés par des pieds palmés, et par une queue large, plate et écailleuse. Leur vie est tout-à-fait aquatique: ils nagent et plongent très bien, et la structure de leurs narines et de leurs oreilles leur permet d'empêcher l'eau d'entrer dans ces organes. Ce sont, de tous les mammifères, ceux dont l'instinct est le plus développé, ceux qui mettent le plus d'industrie dans la construction de leur habitation. Mais on attribue aux Castors une intelligence qu'ils sont bien loin d'avoir: ils sont, de fait, extrêmement bornés, dans tout ce qui est contraire à leurs habitudes et à leurs travaux; ce qui confirme la règle, assez générale, que l'instinct est en proportion inverse de l'intelligence. Les Castors vivent ordinairement en sociétés de cent à deux cents individus, dans le voisinage des fleuves et des lacs. Ils construisent, avec un art merveilleux, des digues destinées a maintenir l'eau toujours à la même hauteur; puis se divisent par petits groupes, pour élever leurs villages, composés d'une vingtaine de cabanes séparées. Ils commencent leurs travaux par abattre des arbres; ils choisissent ceux qui sont penchés sur la rive, les font tomber dans l'eau, et les amènent jusqu'au lieu, où doit être leur habitation. Ils s'occupent ensuite de la construction de leur digue , qui est parfois longue d'une centaine de pieds. Cette digue est formée de branches entrelacées les unes dans les autres, et dont les intervalles sont remplis d'argile et de terre. Les cabanes , qui servent souvent à deux familles, sont construites de la même manière; elles sont plongées dans l'eau par la partie inférieure, et n'ont pas moins de douze pieds de hauteur, sur une largeur à peu près égale. Selon Buffon, elles sont divisées en deux étages : l'étage supérieur , qui sert d'habitation aux familles ; et l'étage inférieur, qui est caché dans l'eau, et renferme les provisions. Celles-ci sont composées de branches d'arbres, coupées de la longueur de plusieurs pieds , et que ces animaux traînent à leur habitation, en se réunissant plusieurs, s'il est nécessaire. Ces travaux ne s'exécutent que pendant la nuit; mais ils se font avec une rapidité étonnante, car les Castors ne choisissent que des bois légers et faciles à couper.

§ 194. Il n'existe en réalité qu'une seule espèce de Castors ; quoique, pendant longtemps, on en ait compté deux: le *Castor du Canada* et le *Castor d'Europe* ou *Bièvre*. On peut tout au plus les considérer comme des variétés. On prétendait , en effet , que le Castor du Canada construit seul des cabanes ; mais on a trouvé des villages de Castor, en Norwège; d'autre part , les Castors d'Amérique , qui se trouvent dans le voisinage de l'homme , ont cessé de bâtir, et se contentent de creuser des terriers. C'est donc le manque de repos et de solitude qui empêche les Castors d'Europe de se réunir et de se livrer à leurs travaux. Le Castor se ren— contre au Canada ; il se trouve aussi en Sibérie, et en Europe, sur les bords du Rhône , du Danube et dans le gouvernement d'Arkhangelsk.

Les Castors sont chassés avec acharnement, car leur peau s'emploie comme fourrure ; et leurs poils servent , quoique beaucoup moins qu'autrefois, à la fabrication des chapeaux d'hommes.

Ces animaux furent, il n'y a pas longtemps encore, considérés comme de la plus grande utilité en médecine; et presque chaque partie de leur corps était regardée comme ayant une vertu particulière. On ne se sert maintenant que du *Castoréum*, substance jaune, grasse et fétide, qu'on extrait du corps de ces animaux.

§ 195. Porcs-épics. (Дикобразы). Les Porcs-épics se font facilement reconnaître, à leurs corps armé de piquants raides et pointus, annelés de blanc et de noir. Leur museau tronqué et leur grognement leur ont fait donner leur premier nom; ils doivent le second, aux piquants dont leur corps est hérissé. Leur langue est couverte d'épines; ce qui n'a point lieu chez les autres rongeurs; leur tête est bombée, leur queue très courte, et les piquants, qui protègent le corps, peuvent se redresser, toutes les fois que l'animal éprouve de l'inquiétude ou de l'irritation. On connait plusieurs espèces de Porcs-épics répandues dans toutes les parties du monde, excepté à la Nouvelle-Hollande.

§ 196. Le *Porc-épic commun* (Дикобразъ Европейскій) se trouve dans l'Asie et dans le midi de l'Europe. Il vit dans les lieux solitaires, sur les coteaux pierreux et arides, exposés au soleil. Ce mammifère est timide et craintif; mais son armure le met à l'abri de toutes les attaques. Il passe le jour caché dans les terriers qu'il se creuse, et ne sort, pour chercher sa nourriture, que pendant la nuit. On a cru, pendant longtemps, que ces animaux peuvent lancer leur épines; mais il est reconnu maintenant, qu'elles ne font que se détacher de la peau et tomber comme les autres poils.

§ 197. Coendous. (Коэнду). Les Coendous ont le corps couvert de piquants, comme les porcs-épics; mais ils ont la langue douce, la queue longue et préhensible, les ongles minces, aigus et propres à grimper sur les arbres. Ces animaux, répandus dans presque toute l'Amérique méridionale, vivent ordinairement cachés entre les branches. Ils se nourrissent de fruits, de feuilles, de racines et de bois tendre. Il paraît qu'ils ne sortent point le jour, et qu'ils redoutent la lumière.

§ 198. Lièvres. (Зайцы). Les Lièvres ont la lèvre supérieure fendue, les incisives doubles, c'est-à-dire que chacune d'elles est soutenue, en arrière, par une autre dent plus petite. Ils possèdent cinq doigts aux pieds de devant, et quatre aux pieds de derrière.

Le *Lièvre commun* (Русакъ) est reconnaissable à ses oreilles fort grandes, et sa queue courte, et à ses pattes velues en dessous. Ce rongeur est d'un caractère doux et timide; il ne se creuse point de terrier, mais se réfugie dans un gîte, dont il s'éloigne peu. Sa sauvagerie a empêché jusqu'à ce jour de le réduire en domesticité. La chair du Lièvre, recherchée en France, est assez peu estimée en Russie, sans doute à cause de son abondance, et défendue, chez les Juifs, par les lois de Moïse. La fourrure de cet animal est légère, mais de peu de valeur. Le Lièvre proprement dit présente une variété très commune en Russie , c'est le *Lièvre variable*, (Бѣлякъ) qui devient blanc en hiver, à l'exception du bout des oreilles et de la queue, qui reste toujours brun ou noir.

§ 199. Le *Lapin*, (Кроликъ) qui appartient au même genre , est plus petit que le lièvre commun ; il s'en distingue d'ailleurs par des oreilles proportionnellement plus courtes et par son pelage qui est moins gris. Il paraît que cet animal est originaire de l'Espagne , d'où il s'est répandu dans toute l'Europe ; cependant on ne le rencontre, dans le centre et le nord de la Russie, qu'à l'état tout-à-fait domestique, et presque toujours atteint d'Albinisme. Il habite les bois, et vit en troupes dans des terriers peu profonds. La domesticité, à laquelle cet animal s'habitue facilement, produit sur lui d'importantes modifications; c'est ce qu'on peut remarquer dans le *Lapin d'Angora*, dont les poils sont longs et soyeux.

§ 200. Gerboises. (Тушканчики). Cobayes. (Кавіи) Les Gerboises sont de petits rongeurs qui ont beaucoup d'analogie avec les rats; mais qui ont les pieds de derrière très longs; ce qui leur a valu quelquefois le nom de *Rats sauteurs*. Ces animaux vivent de racines et de grains; ils cherchent leur nourriture pendant la nuit, et dorment pendant le jour. On en connaît un assez grand nombre d'espèces, qui toutes vivent dans les lieux incultes et déserts ; la Russie en possède quelques unes , mais c'est surtout en Afrique qu'elles sont abondantes.

Les Cobayes sont de petits mammifères timides qui ne sortent guère que la nuit pour chercher leur nourriture. Ils ont le corps ramassé , les pattes très courtes, point de queue, et la marche plantigrade.

Le *Cochon d'Inde* (Свинка морская) est une espèce de ce genre, qu'on élève en domesticité en Europe. Il est indigène des forêts de l'Amérique méridionale.

VINGTIÈME LEÇON.

Ordre des Édentés. Caractères généraux. Division. Tardigrades. Édentés
ordinaires. Tatous. Fourmiliers. Pangolins. Monothrèmes. Echidnés,
Ornithorihnques.

ORDRE DES EDENTÉS.

§ 201. Caractères généraux. Les Edentés (Беззубыя) sont
caractérisés par l'absence des dents , au moins dans le devant de
la bouche; car les dents molaires existent chez plusieurs espèces
de cet ordre.

Nous suivrons, ici comme dans toute la classe des mammifères,
la classification de Cuvier, quoique l'ordre des Edentés, tel qu'il
a été établi par ce savant naturaliste, soit évidemment défectueux;
mais nous aurons soin de signaler les modifications généralement
adoptées maintenant.

Tous les Edentés sont étrangers à l'Europe; les uns sont recouverts de poils , d'autres portent des écailles , ou sont enveloppés
dans une armure. Ils ont, en général , les membres peu agiles et
armés de gros ongles, propres à creuser la terre.

Cet ordre est partagé en trois familles : les *Tardigrades*, les
Edentés ordinaires et les *Monothrèmes*.

FAMILLE DES TARDIGRADES.

§ 202. Tardigrades. (Тихоходы. Лѣнивцы) Les Tardigrades, (*)
nommés aussi *Paresseux* ou *Bradypes*, présentent des rapports
avec les quadrumanes: ils ont la face courte, point de dents dans

---

(*) De Blainville fait de cette famille un ordre particulier, auquel il conserve le nom de Tardigrades.

le devant de la bouche, mais ils possèdent des dents molaires. Les doigts de ces mammifères sont unis ensemble par la peau, et armés d'ongles énormes et crochus; leurs membres antérieurs sont beaucoup plus longs que les membres postérieurs ; ce qui oblige ces animaux à se traîner sur les coudes. Ils ont, quand ils marchent sur la terre , quelque chose de si difforme, qu'on les a regardés comme de pauvres victimes disgraciées par la nature; cependant une observation attentive fait bientôt connaître, qu'ils sont parfaitement organisés pour leur destination: ces animaux vivent presque constamment sur les arbres ; et leurs longs bras , leurs ongles crochus sont très propres à grimper. La plante de leurs pieds dirigée en dedans leur donne de nouvelles facilités pour saisir les branches. Cependant les mouvements des Tardigrades s'opèrent toujours avec beaucoup de lenteur; mais cette lenteur a été beaucoup exagérée; puisque Dampier rapporte, qu'ils sont cinq ou six jours pour descendre d'un arbre et monter sur un arbre voisin. Waterman prétend, au contraire , qu'après les avoir vu courir sur les branches , on n'est plus tenté de les nommer *Paresseux*. Ces animaux se nourrissent de feuilles ; mais ils ne ruminent point; quoiqu'ils aient quatre estomacs, qu'on a comparés à ceux des mammifères ruminants. On distingue deux espèces de Tardigrades:

Le *Paresseux tridactyle* ou *Aï*, (Тихоходъ трепалый) qui doit son second nom au cri douloureux qu'il fait entendre souvent; et le premier, aux trois doigts qu'on trouve à ses mains.

Le *Paresseux didactyle* (Тихоходъ двупалый) ou *Unau*, qui a deux doigts, et dont les bras sont moins longs que dans l'espèce précédente. Ils habitent l'un et l'autre l'Amérique méridionale.

FAMILLE DES ÉDENTÉS ORDINAIRES.

§ 203. Edentés ordinaires (Землекопы). Tatous (Броненосцы) Les Edentés ordinaires, quoique fort différents entr'eux, se reconnaissent cependant à leur museau alongé. Ils forment plusieurs genres, dont es plus remarquables sont: les *Tatous*, les *Fourmiliers* et les *Pangolins*.

Les *Tatous* se font remarquer par des plaques osseuses, qui forment des boucliers dont la tête , les épaules , le dos , e quelquefois même la queue et les jambes sont recouvertes ; ils ont cependant quelques poils raides sur les endroits de la peau qui sont privés de plaques ou tubercules. Leurs grandes oreilles annoncent des animaux timides, et leurs grands ongles prouvent qu'ils sont fouisseurs: ils se creusent, en effet, des terriers, dont ils ne sortent que la nuit pour chercher leur nourriture, qui consiste en végétaux, en insectes et en chairs corrompues. Il existe plusieurs espèces de Tatous, dont quelques-uns ont l'intelligence si bornée, que F. Cuvier prétend, qu'ils ne peuvent distinguer une personne d'une pierre. Les Tatous sont indigènes des contrées chaudes ou tempérées de l'Amérique.

§ 204. Fourmiliers (Муравьятники). Les Fourmiliers ont le corps couvert de poils touffus et grossiers, et sont complétement privés de dents. Leur tête est très longue, et leur bouche excessivement petite. Ils se nourrissent de fourmis, qu'ils vont chercher dans les fourmilières, au moyen de leur langue très étroite, très extensible et recouverte d'une salive visqueuse. Leurs ongles, surtout ceux de devant, sont très forts, et leur servent à mettre en désordre les nids de Termites ou Fourmis blanches. Il existe plusieurs espèces de Fourmiliers, caractérisées par des différences, soit dans la taille, soit dans le nombre des doigts. Nous signalerons :

Le *Fourmilier Tamanoir*, (Муравьятникъ большой) qui a bien quatre pieds de longueur. C'est un animal courageux, qui, au moyen de ses ongles redoutables, repousse, dit-on, le Jaguar lui-même. On remarque qu'il ne monte jamais sur les arbres. Il est indigène de l'Amérique méridionale.

Le *Fourmilier Tamandua*, (Муравьятникъ двупалый) qui vit dans les forêts de la Guyane. Il est presque toujours accroché aux branches, au moyen de ses griffes et de sa queue préhensible; c'est dans cette situation qu'il dort, et qu'il saisit les insectes qui font sa nourriture.

§ 205. Pangolins (Ящеры). Les Pangolins, ou *Fourmiliers écailleux*, sont complètement édentés, comme les fourmiliers ; ils ont aussi les mêmes aliments et la même manière de se nourrir; ce qui leur a fait donner le nom d'écailleux, c'est que leur corps est recouvert de grosses écailles tranchantes, imbriquées, qui peuvent se redresser à la volonté de l'animal. Il existe plusieurs espèces de Pangolins, tous originaires de l'Asie et de l'Afrique.

Les anciens connaissaient le *Pangolin de l'Inde*, sous le nom de *Lézard écailleux*.

§ 206. Outre les Pangolins vivants, cette famille présente deux animaux dignes d'intérêt: d'abord un *Pangolin gigantesque*, long de plus de vingt-cinq pieds, dont on a trouvé les débris en Allemagne; puis le *Mégathérium*, animal dont les dimensions égalent celles de l'Eléphant. Il a été considéré, par Cuvier, comme un Paresseux géant; et par la plupart des naturalistes vivants, comme un Tatou. Cette dernière opinion paraît d'autant plus probable, qu'on a trouvé des débris de plaques écailleuses, dans les lieux où se rencontrent des ossements de Mégathérium.

FAMILLE DES MONOTHRÈMES.

§ 207. Monotrhèmes (Птицезвѣри). La famille des Monotrhèmes, ou des *Ornithodelphes*, comprend des animaux de construction bizarre, placés, tantôt parmi les oiseaux, tantôt parmi les reptiles. De Blainville en a fait avec raison une. sous–classe intermédiaire entre les mammifères proprement dits et les oiseaux; cependant, pour nous conformer à la classification de Cuvier, nous la considérons, comme la troisième famille des Edentés. Tous ces animaux sont indigènes, soit de la Nouvelle-Hollande, soit de la Terre-de-Van-Diemen. Ils ne forment que deux genres : les *Echidnés* et les *Ornithorhinques*.

§ 208. Les Echidnés. (Ехидны). Les Echidnés ont le corps gros et trapu, le cou très court, le museau très alongé, la bouche petite et privée de dents, la langue longue et extensible, les pieds non palmés, et la queue à peine apparente. Ce sont des animaux fouisseurs, ainsi que le montre l'organisation de leurs membres. Leur corps, couvert de poils mêlés de piquants, peut se rouler en boule, comme celui des hérissons, lorsque quelque danger les menace. Les Echidnés ne sont connus des savants que depuis 1792, et ce fut Cuvier qui leur donna le nom qu'ils portent. On distingue deux espèces d'Echidnés : l'*Echidné soyeux*, (Ехидна шелковистая) dont le corps est recouvert de poils soyeux et longs; et l'*Echidné épineux*, (Ехидна иглистая) dont le corps est armé d'épines, et qui n'a que de poils courts et rudes.

§ 209. Ornithorhinques (Птиценосы). Les Ornithorhinques ont le corps couvert de poils, la queue très forte et aplatie comme celle du castor, les membres très courts, les pieds de devant garnis d'une large membrane qui dépasse les ongles, et les pieds de derrière également palmés, mais moins complètement ; enfin leur bouche constitue un bec corné, comme celui du canard. C'est à cette dernière circonstance, qu'ils doivent le nom, d'Ornitho-rhinques; ce qui signifie, en grec, *bec d'oiseau.*

Les Ornithorhinques, ainsi que l'indique la forme de leurs pieds, sont des animaux à vie aquatique: ils habitent sur le bord des lacs et des rivières, et se nourrissent de vers et d'insectes, qu'ils cherchent dans la vase à la manière des canards. Quoique les mœurs de ces animaux soient peu connues, on a lieu de croire qu'ils sortent de préférence pendant la nuit ; et qu'ils restent le jour dans des terriers creusés très profondément. On remarque à la jambe du mâle une espèce d'ergot qui est peut être vénimeux; mais dont le venin, dans tous les cas, est peu redoutable. Les Ornithorhinques ont été pendant assez longtemps regardés comme ovipares ; et cette opinion est encore populaire à la Nouvelle-Hollande ; cependant, quoiqu'elle ait été défendue par de savants naturalistes, elle ne peut plus être admise; car on a découvert des mammelles chez ces animaux. Les Ornithorhinques ne sont connus en Europe que depuis 1800; il n'est donc pas étonnant qu'il reste des incertitudes sur l'organisation et les mœurs de ces étranges mammifères.

VINGT-UNIÈME LEÇON.

Ordre des Marsupiaux. Caractères généraux. Division. Sarigues. Pha-langers. Phalangers volants. Kanguroos.

ORDRE DES MARSUPIAUX.

§ 210. Caractères généraux Les Marsupiaux (Сумчатки). sont des animaux caractérisés par la présence d'une bourse, située sous le ventre, dans laquelle les petits, à peine formés au mo-ment de leur naissance, achèvent de se développer complètement.

Cependant tous les Marsupiaux n'ont point cette bourse ; mais ils possèdent au moins des os particuliers, nommés os *marsupiaux*, qui ne se trouvent point chez les autres mammifères. L'ordre des Marsupiaux est regardé par beaucoup de naturalistes, comme formant une classe séparée de la classe des mammifères, à laquelle Cuvier les a réunis. Il est d'ailleurs peu nombreux, et, quoique tous les animaux qui le composent soient unis par le mode de développement de leurs petits, ils présentent des différences importantes sous le rapport de la dentition et sous celui des mœurs. Parmi les genres les plus remarquables, nous signalerons: les *Sarigues,* les *Phalangers* et les *Kanguroos.*

§ 211. Sarigues (Двуутробки). Les Sarigues sont aussi nommés *Pédimanes,* parcequ'ils ont le pouce de derrière parfaitement opposable aux autres doigts; ils ont de plus la queue longue, écailleuse et préhensible; chacune de leurs mâchoires est armée de longues dents canines, qui annoncent des mœurs carnassières. Les Sarigues sont indigènes de l'Amérique. Ces animaux sont célèbres par l'incohérence des différentes parties de leur corps : leur bouche armée d'une grande quantité de dents, a été comparée à celle du brochet; leurs oreilles nues et transparentes, à celles des rats; leurs pieds, à ceux des singes; et leur queue, au corps d'un serpent. Les Sarigues sont des animaux nocturnes, doués de peu d'intelligence. Ils se nourrissent de fruits, d'insectes, d'œufs et même de petits oiseaux. Ces mammifères faibles, timides, lents à fuir, n'ont pour échapper à leurs ennemis qu'un seul moyen de défense : c'est de pouvoir répandre, quand ils sont poursuivis, une puanteur telle, qu'il est à peu près impossible de la supporter. On cite en Amérique une vingtaine d'espèces de Sarigues. Les plus remarquables sont: Le *Sarigue ordinaire,* (Двуутробка обыкновенная) qui est de la taille d'un petit chat; il paraît préférer les forêts de la Virginie.

Le *Sarigue à crabe,* qui vit sur les bords de la mer, à la Guyane et au Brésil ; il se nourrit spécialement de crabes , qu'il pêche avec beaucoup d'adresse.

§ 212. Phalangers. Les Phalangers forment une famille assez nombreuse en espèces, dont les caractères sont assez différents pour qu'on ait pu la partager en plusieurs groupes. L'extérieur de ces animaux rappelle à la fois celui des Makis et des Sarigues: leur corps est trapu , peu élevé sur les jambes , tantôt terminé par une queue touffue, et le plus souvent par une queue préhensible, enfin cet organe manque quelquefois. Les Phalangers sont des animaux crépusculaires, qui vivent dans les forêts épaisses ; ils se nourrissent de fruits, mais il paraît qu'ils y joignent des œufs et des insectes. Ils sont timides au dernier point, extrêmement bornés, et très nombreux dans les endroits où ils se trouvent. Les espèces les plus remarquables sont :

Le *Koala* (Коала) qui vit à la Nouvelle-Hollande. C'est le plus grand des Phalangers, car il égale la taille d'un chien de moyenne grandeur. Il vit dans les montagnes boisées; il n'a point de queue, et la forme de son corps, qui rappelle celle de l'ours, lui a fait donner, par les Européens, le nom d'*Ours d'Australie*.

Le *Phalanger Couscou* (Кускусъ) des îles de l'Archipel Indien, ainsi que de la Nouvelle-Hollande. La vue de l'homme trouble cet animal au point, que, selon G. Cuvier, quand il voit un homme, il se suspend par sa queue préhensible, et se laisse tomber des arbres, lorsqu'on le regarde longtemps.

Le *Phalanger Renard* (Фаланга лисья), dont la taille surpasse un peu celle du Maki ; il doit son nom à sa queue touffue qui égale son corps en longueur. On le trouve dans l'Australie, dans la Nouvelle-Hollande et la Terre-de-van-Diemen.

§ 213. Les Phalangers-volants (Петавры) se distinguent des précédents par une membrane poilue et frangée, qui s'étend des flancs jusque sur les membres, et forme une sorte de parachûte, qui leur permet de s'élancer d'un arbre sur l'autre; ils sont fort agiles, et présentent beaucoup d'analogie avec les écureuils - volants. Ces animaux, indigènes de la Nouvelle-Hollande, paraissent plus insectivores que les autres Phalangers, au moins c'est ce qu'on peut croire, d'après la structure de leurs dents; mais leurs mœurs sont encore peu connues. Il paraît que les habitants des contrées, où se trouvent ces Marsupiaux, les chassent, soit pour manger leur chair, soit pour se procurer leur peau, qu'ils emploient comme fourrure. Il existe plusieurs espèces de Phalangers volants de diverses grandeurs.

§ 214. Kanguroos (Кангуру). Les Kanguroos sont des animaux herbivores, remarquables par l'extrême développement de leurs membres postérieurs et de leur queue; ils habitent la Nouvelle-Hollande et les îles voisines. Les Kanguroos ont un mode particulier de station : ils se tiennent souvent assis sur les pattes de derrière, et s'appuient sur leur queue robuste, comme sur un troisième pied. Ils marchent quelquefois en posant à terre leurs membres antérieurs, puis en faisant passer en avant leurs membres postérieurs; cette marche est assez rapide, mais rampante et gênée. D'autrefois ils franchissent des grands espaces, et se lancent en avant, à l'aide de leurs membres postérieurs et de leur queue, comme au moyen d'un ressort. Les sauts, qu'ils opèrent ainsi, peuvent avoir une dixaine d'archines, quand le terrain est en pente douce. Quoique d'un naturel doux et timide, les Kanguroos se défendent courageusement, quand ils sont attaqués, au moyen de leurs pieds de derrière, dont un des doigts surtout est très grand et très bien armé. Comme la chair de ces animaux, qui a, dit-on, le goût de celle du cerf, et leur peau, qui donne une fourrure recherchée, offrent de grandes ressources aux peuplades sauvages des contrées qu'ils habitent, ils sont poursuivis avec acharnement; et il est à craindre qu'ils ne soient un jour complètement détruits, si on ne parvient pas à les rendre domestiques. Nous signalerons parmi les différentes espèces de Konguroos :

Le *Kanguroo géant* (Кангуру великанъ), qui est de la taille d'un mouton et dont le pelage brun roux est assez court.

Le *Kanguroo laineux* (Кангуру пушистый), dont le poil doux, serré, laineux, rappelle celui de la vigogne, et pourrait être employé très utilement.

Le *Kanguroo à dos noir*, qui se distingue des précédents, par une ligne noire le long du dos et entre les épaules.

Le *Kanguroo-Rat*, qui doit son nom à sa petitesse; il diffère assez des véritables Kanguroos par son organisation, pour que quelques naturalistes en aient fait un genre particulier: le genre Potoroos (Потору).

VINGT-DEUXIÈME LEÇON.

Ordre des Pachydermes, Caractères généraux. Division. Eléphants. Eléphants fossiles. Pachydermes ordinaires. Tapirs. Rhinocéros. Hippopotames. Cochons.

§ 215. CARACTÈRES GÉNÉRAUX. DIVISION. Les Pachydermes (Толстокожія) sont caractérisés par une peau épaisse et des ongles

13

en forme de sabot; ils sont herbivores, mais non ruminants. Tous, à l'exception des animaux du genre cheval, ont la peau couverte de peu de poil, et vivent dans les endroits humides, marécageux et sombres; ils sont sales, et aiment à se vautrer dans la boue. Les dents de ces animaux présentent beaucoup de variétés de forme et de structure: quelquefois les incisives existent, quelquefois elles manquent, quelquefois elles sont remplacées par des défenses. Il en est de même des canines, qui peuvent, ou manquer tout-à-fait, ou former des armes dangereuses. Les Pachydermes, réunis par les caractères généraux de leur organisation, présentent cependant entr'eux des différences assez grandes, pour qu'il ait fallu les partager en trois familles :

Les *Proboscidiens* (Хоботныя) ayant une trompe préhensible et les doigts des pieds séparés ;

Les *Pachydermes ordinaires* (Толстокожія обыкновенныя) qui ont aussi les doigts séparés, mais qui n'ont point de trompe ;

Les *Solipèdes* (Однокопытныя) ayant les pieds enveloppés dans un seul ongle appelé sabot.

FAMILLE DES PROBOSCIDIENS.

§ 216. FAMILLE DES PROBOSCIDIENS. Les Proboscidiens ont les incisives très développées et formant des défenses, une trompe très longue, fléxible dans tous les sens et préhensible, les doigts réunis par une peau calleuse, et ne laissant apparaître que les ongles seuls. Cette famille ne renferme qu'un seul genre, le genre *Eléphant*.

§ 217. ELÉPHANTS (Слоны). Les Eléphants ont, depuis les temps les plus reculés, frappé les hommes d'admiration par la masse énorme et la force de leur corps, par l'intelligence, la docilité et les qualités dont ils ont été doués par la nature. Buffon les appelle des monstres de matière et des miracles d'intelligence. Ces animaux méritent une attention toute particulière; ils sont d'une taille gigantesque : ils ont ordinairement neuf à dix pieds de hauteur, mais il n'est point rare d'en voir de douze. Pierre le Grand possédait un de ces animaux qui en avait, dit-on, seize. Malgré cette masse énorme, la marche des Eléphants est rapide : ils font cent verstes en un jour; et, s'ils sont pressés, ils peuvent en franchir cent-cinquante. Ces animaux nagent très bien ; ils tiennent ordinairement tout le corps plongé dans l'eau, et n'élèvent que leur trompe à la surface. Cette trompe est l'organe le plus précieux des Proboscidiens : elle leur sert à porter à la bouche leurs aliments et leur boisson. L'espèce de doigt qui la termine, peut saisir les objets les plus petits , ramasser des pièces de monnaie, cueillir les plantes dont ces animaux se nourrissent, et suppléer à l'extrême brièveté de leur cou , qui ne permet pas à leur bouche d'atteindre la terre ; les yeux des Eléphants sont petits, leurs oreilles larges et pendantes, leur peau épaisse, ridée et calleuse, leurs poils rares et grossiers, et leur queue très mince proportionnellement au reste du corps. Les défenses, qui sortent de la bouche, donnent à ces animaux un aspect plein de force et de majesté.

§ 218. La plupart des sens des Eléphants sont très développés, et servent ainsi une intelligence fort développée elle-même. Il faut reconnaître , en effet, que ces animaux ont un discernement remarquable; et de nombreux exemples prouvent, qu'ils sont sensibles aux bons traitements , conservent le souvenir des mauvais, et montrent souvent , à de longs intervalles, leur reconnaissance ou leur haine.

Les Eléphants, d'un caractère doux et sociable, rendent aux hommes quelques services: ils ont été anciennement employés à la guerre ; et, il y a peu d'années encore, ils servaient dans les armées asiatiques ; de nos jours , ils transportent des fardeaux et des voyageurs. Leur peau sert à faire des boucliers impénétrables; leur chair est mangée par quelques peuples Nègres; mais le produit le plus utile est l'ivoire que fournissent leurs défenses , et dont l'usage est si fréquent dans les arts.

§ 219. Il existe deux espèces principales d'Eléphants: *l'Eléphant de l'Inde*, (Индійскій слонъ) dont les oreilles et les défenses sont petites , mais qui est lui-même de taille très considérable ; il a cinq doigts au pieds de devant et quatre aux pieds de derrière.

L'Eléphant d'Afrique, (Слонъ Африканскій) dont les défenses et les oreilles sont très grandes , et dont les pieds de devant ont quatre doigts et ceux de derrière trois seulement. Cette espèce est moins robuste, moins grande et moins docile que l'espèce précédente. On trouve quelquefois des *Eléphants blancs;* mais ces animaux, adorés dans une partie de l'Asie, ne forment pas une espèce particulière: leur blancheur n'est que le résultat de la maladie appelée *albinisme*.

§ 220. ELÉPHANTS FOSSILES. Outre les espèces vivantes, il a jadis existé d'autres Proboscidiens , dont les espèces sont tout-à-fait perdues , et ne se rencontrent qu'à l'état fossile ; tel est , par exemple: le *Mammonth*, plus connu , mais improprement , sous le nom de *Mammouth*. On a trouvé des débris de cet animal dans tout l'Ancien-Continent. Ils sont abondants dans le gouvernement de Moscou , mais plus encore dans quelques îles de la mer glaciale. Ce sont les ossements de cet animal, qu'on a pris si souvent pour les os de prétendus géants: car un grand nombre des os de l'Eléphant offrent beaucoup de rapports avec ceux de l'homme. Parmi les Mammonths les plus célèbres, est celui qui fut trouvé, en 1806, sur les bords de la Léna , par le professeur Adams de Moscou. Ce naturaliste remarqua que le corps de cet animal, qui avait été conservé dans une masse de glace , était couvert d'une espèce de laine touffue et courte d'un rouge brun, et de poils plus longs et noirâtres. Le Muséum de Moscou possède un squelette, trouvé également en Sibérie, en 1847, auquel étaient encore attachés des restes considérables de chair.

FAMILLE DES PACHYDERMES ORDINAIRES.

§ 221. PACHYDERMES ORDINAIRES. Les Pachydermes ordinaires diffèrent des Proboscidiens en ce qu'ils n'ont point de trompe, ou qu'elle n'est point préhensible ; et se distinguent des Solipèdes par ce qu'ils ont les doigts séparés. On les divise en un assez grand nombre de genres : parmi lesquels nous signalerons: les *Tapirs*, les *Rhinocéros*, les *Hippopotames* et les *Cochons*.

§ 222. TAPIRS (Тапиры). Les Tapirs ressemblent beaucoup aux Cochons, mais au lieu d'un boutoir, ils ont une petite trompe, qui n'a point de doigt comme celle de l'Eléphant, et qui n'est guère mobile. Ces Pachydermes fréquentent l'eau, et nagent très bien. Ils sont d'un naturel très doux , s'apprivoisent facilement, et il serait probablement facile de les rendre domestiques dans le midi de l'Europe. Ce seraient des animaux fort utiles, car la chair des jeunes est excellente; ils se contentent de fruits sauvages, de jeunes branches et, au besoin, peuvent manger de tout. On distingue deux espèces de Tapirs: le *Tapir de l'Amérique*, (Тапиръ Американскій) qui est entièrement noir ; et le *Tapir de l'Inde*, (Тапиръ Индійскій), dont la partie antérieure du corps est noire et la postérieure blanche, à l'exception des jambes,

§ 223. Rhinocéros (Носорогъ). Les Rhinocéros sont de grands animaux, lourds et pesants , d'une intelligence très bornée, d'un naturel farouche et indomptable, caractérisés par la présence d'une ou de deux cornes sur le nez. Ces cornes sont de nature fibreuse, composées de poils agglutinés ensemble et adhérant à la peau. Les Rhinocéros ont les yeux petits, et la lèvre supérieure très alongée. Leur peau a tant de force et d'épaisseur, qu'elle résiste aux balles des chasseurs et aux griffes du tigre ; aussi la chasse de ces animaux est-elle dangereuse et difficile. Cependant on les chasse avec acharnement, car leur chair, dit-on , fort bonne , est très recherchée par les Nègres; leur peau fournit le cuir le plus épais et le plus dur; et leurs cornes , auxquelles les Indous attribuent des propriétés merveilleuses , se vendent un prix très élévé. On prétend qu'il y a quatre ou cinq espèces de Rhinocéros, dont voici les principales : Le *Rhinocéros de l'Inde*, (Носорогъ индійскій), qui n'a qu'une corne , et dont la peau offre de gros plis; et le *Rhinocéros d'Afrique*, (Носорогъ Африканскій) qui a deux cornes, et dont la peau n'est point plissée. Les *Rhinocéros fossiles*, quoique moins nombreux que les Eléphants , ne sont pas rares, et leurs débris sont souvent confondus ensemble. Pallas a trouvé en Sibérie, en 1772, le cadavre presque entier d'un de ces animaux, dont la peau était revêtue de poils courts et épais.

§ 224. Hippopotames (Бегемоты). Les Hippopotames ont un corps énorme , porté sur quatre jambes courtes et massives , la queue assez petite , le museau très renflé et laissant paraître d'énormes dents, la peau brune et presque dénuée de poils. Ces animaux , qui parviennent à la taille de dix pieds de long , sur quatre à cinq de haut , habitent les grandes rivières de l'Afrique ; ce qui leur a valu le nom de *Cheval fluvial*. Ils sont d'un caractère stupide et farouche; cependant deux jeunes Hippopotames, qui vivent depuis quelques temps en Europe , semblent par leur docilité et leur attachement pour leurs gardiens, démentir l'opinion généralement admise. Leur nourriture consiste en joncs et en racines aquatiques. Ils sortent pendant la nuit pour se jeter sur les plantations des cannes à sucre et de riz, et commettent ainsi de grands dégâts. Les habitans des pays où ils existent, les poursuivent pour se mettre à l'abri de leurs ravages, et pour quelques produits qu'ils donnent. Leurs dents fournissent un ivoire qui ne jaunit jamais; leur peau, si dure qu'elle est presque impénétrable aux balles, est employée pour faire des boucliers; et leur chair passe pour délicate. Les Hippopotames étaient peu connus des Romains; mais les Egyptiens les adoraient, et les Nègres les revèrent encore, dit-on, de nos jours. On ne connait qu'une seule espèce d'Hippopotames.

§ 225. COCHONS (Свиньи). Les Cochons sont trop connus pour avoir besoin d'être décrits. Nos *Cochons domestiques* présentent un grand nombre de variétés, soit dans la taille, soit dans la direction et la grandeur des oreilles, soit enfin dans la couleur. Le *Sanglier* (Кабанъ), animal sauvage et farouche, est la souche de nos Cochons; sa famille s'appelle *Laie*, et ses petits, *Marcassins*. Les Cochons, malgré leur aspect brutal et stupide, sont des animaux dont l'intelligence est fort remarquable, et, selon F. Cuvier, égale à celle des Eléphants. Ces animaux, inutiles pendant leur vie, mais qu'il est facile de nourrir, puisqu'ils sont omnivores et se contentent des aliments les plus grossiers, rendent de nombreux services après leur mort. Leur chair, en effet, est excellente; leurs poils, appelés *Soies*, servent à faire des pinceaux et des brosses; leur cuir est employé pour la fabrication des malles; enfin, toutes les parties de leur corps trouvent un usage avantageux. Le Sanglier se trouve en Europe, en Asie et en Afrique; le Cochon se rencontre à peu-près dans toutes les parties du monde où l'homme a fixé son habitation. Deux peuples seuls ne mangent point la chair du porc, les Juifs et les Mahométans; cependant le Porc fut par fois employé comme symbole de la Judée; depuis que Vespasien et Adrien, après avoir dompté les Juifs, les contraignirent à souffrir, sur la porte de Jérusalem, la figure de cet animal, qu'ils ont en horreur.

§ 226. Le *Babiroussa* ou *Cochon-cerf* (Бабирусса) est une espèce de l'Inde, remarquable par l'immense développement de ses dents canines: elles sortent de la mâchoire inférieure, percent la peau de la face, et vont se recourber en arrière, au point de déchirer le front.

Le *Pécari*, très recherché pour l'excellence de sa chair, vit en troupeaux dans les forêts de l'Amérique. Il se distingue facile-ment des autres Cochons par une glande qu'il porte sur le dos, et qui répand une liqueur dont l'odeur est très fétide.

VINGT-TROISIÈME LEÇON.

Suite des Pachydermes, Famille des Solipèdes. Genre cheval. Ordre des Ruminants. Caractères généraux. Division. Chameaux. Lamas. Chevrotains. Giraffes.

FAMILLE DES SOLIPÈDES.

§ 227. SOLIPÈDES. CHEVAUX. Les Solipèdes se reconnaissent à leurs pieds, dont tous les doigts, sont renfermés dans un seul sabot. Ils ne forment que le genre cheval, dont les espèces ont beaucoup d'analogie entre elles: toutes ont le poil court, épais, luisant et assez doux. Loin de rechercher, comme les autres Pachydermes, les endroits humides et sombres, ils aiment les lieux secs et les climats chauds. Beaucoup de naturalistes, prenant en considéra-tion les différences de conformation et de mœurs, qui séparent les Solipèdes des autres Pachydermes, en ont fait un ordre par-ticulier. Quoiqu'il en soit, nous signalerons parmi ces animaux: le *Cheval proprement dit*, l'*Hémione*, l'*Ane*, le *Zèbre* et le *Couagga*.

§ 228. LE *Cheval ordinaire* (Лошадь) est une des plus précieuses conquêtes que l'homme ait faites sur la nature. Léger, robuste, cou-rageux et intelligent, il nous a soumis sa force, son courage et son intelligence. Il est devenu notre compagnon dans le travail et dans les périls de la guerre; notre ami dans le malheur; car son œil, tantôt triste, tantôt vif et animé, nous annonce qu'il prend part à nos peines, comme il prend part à nos plaisirs. On ne peut songer sans pitié aux mauvais traitements, dont des maîtres grossiers et brutaux accablent trop souvent cet utile serviteur. Le Cheval paraît être originaire de l'Asie centrale; il a été transporté par l'homme sur tous les points du globe. Ces animaux n'existaient point en Amérique avant l'arrivée des Européens ; maintenant ils y sont tellement multipliés, qu'on rencontre, au milieu des vastes plaines de ce continent, des troupeaux de plus de dix mille individus. On trouve aussi des Chevaux sauvages en Asie ; mais leurs bandes sont beaucoup moins nombreuses ; et il est permis de supposer qu'ils ne sont, comme ceux de l'Amérique, que des Chevaux sauvages échappés à la domesticité. Les Chevaux domestiques présentent plusieurs variétés, dont la plus célèbre et celle des Chevaux arabes. La chair du Cheval pourrait nous fournir une grande ressource alimentaire ; il est malheureux qu'une prévention malfondée nous prive d'une nourriture saine et agréable; cependant beaucoup de peuples de l'Asie regardent la chair de cet animal comme un mêts délicat. Après sa mort, le Cheval nous est encore utile: sa peau, ses crins, ses os , son sang même , sont employés avantageusement dans les arts.

§ 229. L'*Hémione* (Джигетай) tient du cheval et de l'âne ; il porte une crinière assez longue, son poil est jaune brun , et son dos rayé d'une ligne noire ; sa queue ressemble à celle de la vache. Cet animal vit par bandes dans les déserts de l'Asie centrale. Sa vitesse incroyable fait qu'il est presque toujours impossible de l'atteindre.

§ 230. L'*Ane* (Оселъ) se reconnait à ses longues oreilles, à la raie noire qui forme une croix sur son dos et sur ses épaules, et à son pelage gris. Il paraît aussi originaire de l'Asie centrale , et il s'y trouve encore de nos jours en immenses troupes sauvages; dans cet état de liberté, il porte le nom d'*Onagre* (Куланъ). Cet animal ne vit point dans les pays froids ; c'est seulement dans les contrées chaudes, qu'il parvient à toute sa beauté , et qu'il rend tous les services qu'on peut attendre de lui. Quoique moins fort que le cheval, il n'est pas moins laborieux ; il est plus patient et plus sobre. Ses pieds étroits et son pas sûr le rendent surtout précieux dans les pays des montagnes. L'Ane est regardé, mais à tort , comme un animal stupide, lent et têtu; ses défauts sont le résultat des mauvais traitements; il se montre, au contraire, vif , animé, intelligent, docile et attaché à son maitre , toutes les fois qu'il en est traité avec bonté.

§ 231. Le *Zèbre* (Зебра) ressemble à l'âne par sa forme et ses proportions; cependant il est beaucoup plus élégant: son pelage moëlleux est rayé par tout le corps très symétriquement de bandes noires sur un fond blanc-jaunâtre. Cette coloration , analogue à celle du tigre, lui avait fait donner par les Romains le nom d'*Hippo-tigris* c'est-à-dire *Cheval-tigre*. Les Zèbres habitent le sud de l'Afrique; ils sont défiants. farouches, courageux, forts, et d'un caractère tellement indomptable que tous les efforts tentés jusqu'ici pour les réduire en domesticité ont toujours échoué.

§ 232. Le *Couagga* (Квагга) se rapproche du cheval par sa forme; mais il a, sur la partie supérieure du corps , des bandes qui l'ont fait confondre souvent avec le Zèbre. Il habite, comme celui-ci, l'Afrique méridionale; il a en grande partie les mêmes mœurs, mais il est moins indomptable: les colons du Cap ont pu en réduire quelques-uns en domesticité. Comme ils sont forts et courageux, ils défendent, contre les attaques des bêtes carnassières, les troupeaux, au milieu desquels ils vivent.

ORDRE DES RUMINANTS.

§ 233. Caractères généraux. Division. Les Ruminants (Жвачныя) sont des animaux herbivores , presque tous de forte taille ou du moins de taille moyenne, caractérisés par la propriété de ruminer, c'est-à-dire qu'après avoir avalé une première fois leur nourriture, ils la font revenir dans leur bouche, pour la mâcher et l'avaler une seconde fois. Les Ruminants n'ont point de dents incisives à la mâchoire supérieure, et n'ont presque jamais de canines. La tête de ces animaux est , dans le plus grand nombre , armée de cornes ou de bois , qui offrent dans leur structure et dans leur composition de grandes différences. Ces mammifères ont les os du métacarpe et du métatarse réunis en un seul os, auquel on donne le nom de *canon*. Excepté chez les chameaux, on ne compte jamais que deux doigts, enveloppés par une lame cornée ; ce qui leur a fait donner le nom de *Bisulques*. La faculté de ruminer , dont jouissent ces animaux , est due à la structure de leur estomac , composé de quatre poches communiquant entr'elles. La première et la plus grande est la *panse*, appelée aussi *herbier* , parcequ'elle est toujours remplie d'herbes; la seconde est le *bonnet*, dont l'intérieur représente des plis ressemblant aux cellules formées par les abeilles ; la troisième est le *feuillet*, qui doit son nom aux plis larges et minces qu'il offre dans son intérieur; enfin, la quatrième, dont la forme se rapproche de celle de l'intestin, porte le nom de *caillette*, parcequ'elle produit un suc qui a la propriété de faire cailler le lait. Les Ruminants sont des mammifères doués de peu d'intelligence ; mais qui rendent à l'homme de grands services, soit par leur travail, soit par les aliments qu'ils lui fournissent, soit, enfin, par les nombreux usages, auxquels sont employés dans l'industrie, toutes les parties de leur corps. Cet ordre peut se partager en trois tribus : les *Ruminants sans cornes*, les *Ruminants à cornes pleines*, et les *Ruminants à cornes creuses*.

TRIBU DES RUMINANTS SANS CORNES.

§ 234. Tribu des Ruminants sans cornes (Безрогия). Les Ruminants de cette tribu sont tout-à-fait privés de cornes; ils se distinguent en outre des autres Ruminants, par une intelligence plus développée, par la présence des dents canines, et même des dents incisives à la mâchoire supérieure dans quelques espèces, par des différences dans la structure de l'estomac et dans celle des pieds, qui sont toujours bifurqués, il est vrai, mais ne sont pas toujours enveloppés dans des sabots. Les genres les plus remarquables qu'on y rencontre, sont: les *Chameaux*, les *Lamas* et les *Chevrotains*.

§ 235. Chameaux (Верблюды). Les Chameaux sont reconnaissables à une ou deux bosses sur le dos, à leurs doigts réunis en dessous à l'aide d'une lame cornée, qui donne au pied plus de largeur pour s'appuyer sur le sol, et facilite la marche de ces animaux, dans les déserts sablonneux qu'ils habitent ordinairement; enfin, ils ont de plus que les autres Ruminants une cinquième poche stomacale, formée de grandes cellules, dans laquelle l'animal peut conserver une quantité considérable d'eau. Cette faculté leur permet d'être longtemps sans boire, et leur donne les moyens de traverser les déserts arides de l'Orient, qui seraient sans eux tout-à-fait inhabitables. Les Chameaux sont des animaux intelligents, doux et paisibles, qui rendent les plus grands services aux peuples de l'Asie et du nord de l'Afrique : ils leur servent de bêtes de somme, et peuvent chargés de mille à onze cents livres faire une quarantaine de verstes par jour. L'or et la soie, a dit Buffon, ne sont pas les vraies richesses de l'Orient, c'est le Chameau qui est le trésor de l'Asie. Ces paroles du célèbre naturaliste sont d'une grande vérité: la chair du Chameau est un aliment sain et d'un goût agréable; leur lait, plus abondant que celui de la vache, forme la boisson ordinaire des Arabes; leurs poils, plus longs et plus moëlleux, dans quelques races, que nos laines les plus estimées, servent à confectionner les vêtements qui les couvrent, et la tente sous laquelle ils habitent. La sobriété du Chameau est proverbiale; mais c'est en grande partie une qualité acquise: on habitue ces animaux surtout à se passer de boisson, et à se contenter d'une quantité de nourriture si faible, qu'on a peine à comprendre qu'elle puisse leur suffire. Il existe deux espèces principales de Chameaux.

§ 236. Le *Chameau de la Bactriane* ou *Chameau à deux bosses* (Верблюдъ двугорбый), dont le poil est brun. C'est le plus robuste; et, comme il supporte assez bien un froid modéré, il a pu s'acclimater dans quelques parties de l'Europe.

Le *Dromadaire* (Верблюдъ одногорбый), qui n'a qu'une bosse et dont le pelage est gris. Cet animal est encore plus sobre et plus intelligent que le Chameau proprement dit : il s'agenouille pour recevoir et pour déposer son fardeau ; c'est lui que les Arabes ont nommé le vaisseau du désert. Une variété de cette espèce, spécialement destinée à la course, est célèbre par sa rapidité, qui a quelque chose de merveilleux : on assure que ce Dromadaire peut parcourir sans s'arrêter deux cents verstes par jour.

§ 237. Lamas (Лама). Les Lamas ressemblent beaucoup aux chameaux, et les représentent dans l'Amérique qu'ils habitent ; mais ils n'ont point de bosses, et leurs pieds ont les doigts plus séparés; leurs ongles sont également plus recourbés, ce qui leur permet de gravir les sentiers des montagnes, au milieu desquelles ils vivent; leur taille est moindre que celle du chameau, leurs formes plus sveltes, et les différentes parties de leur corps plus heureusement proportionnées entr'elles.

§ 238 Le *Lama proprement dit* ou *Guanaco* (Лама настоящая) est de la grandeur d'un cerf; cet animal était, avant l'arrivée des Européens, la seule bête de somme des habitants du Pérou et du Chili. Son emploi est devenu bien moins fréquent depuis l'introduction des chevaux dans ces contrées; mais on continue cependant de l'élever en domesticité pour se nourrir de sa chair.

§ 239. La Vigogne (Вигонь), qui appartient au même genre , ressemble beaucoup au Lama ; mais ses formes sont plus sveltes , plus élégantes , ses jambes plus longues et plus menues. Elle vit en troupes nombreuses dans les hautes montagnes des Andes. C'est un animal très doux et très timide , couvert de poils longs et soyeux, qui ne le cèdent guère aux poils si vantés des chèvres du Thibet; aussi sont-ils employés à la fabrication des draps les plus beaux et les plus estimés.

§ 240. Chevrotains (Кабарги). Les Chevrotains sont de charmants petits animaux , qui se font remarquer par leurs formes élégantes et leur légèreté. Ils sont tous indigènes de l'Asie et des grandes îles voisines, et ne présentent qu'un petit nombre d'espèces. Nous signalerons:

Le *Chevrotain musc* (Кабарга мускусная) célèbre par la substance odorante qu'il produit. Le musc, employé dans la médecine et la parfumerie, est brun rougeâtre, doux et onctueux au toucher, et assez semblable au sang desséché ; mais il est à demi fluide quand on l'extrait du corps de l'animal. Le Chevrotain musc est de la taille d'une petite chèvre; c'est un animal très sauvage , vivant au milieu des montagnes de l'Asie centrale , et que son extrême agilité rend très difficile à chasser.

Le *Chevrotain pygmée* (Кабарга маленькая), qui doit son nom à sa petitesse ; c'est en effet le plus petit de tous les Ruminants , car il n'a guère que six ou huit pouces de hauteur. Il se fait remarquer par ses formes infiniment légères et gracieuses, par sa douceur et sa familiarité.

VINGT-QUATRIÈME LEÇON.

Giraffes. Ruminants à cornes pleines. Cerfs. Ruminants à cornes creuses.

§ 241. Giraffes (Гирафы). Les Giraffes forment une petite famille séparée, qui doit être placée entre celle des Ruminants à cornes pleines et celle des Ruminants à cornes creuses. En effet, elles ont deux cornes pleines , très petites et recouvertes d'une peau velue; de plus, elles ne tombent point chaque année, comme celles des Ruminants de la seconde tribu, mais persistent pendant toute la vie de l'animal. Les Giraffes sont de très grands animaux, puisqu'elles acquièrent de quinze à dix-huit pieds de hauteur. Elles doivent cette taille prodigieuse à l'extrême longueur de leur cou et de leurs membres antérieurs , qui dépassent beaucoup les membres postérieurs; ce qui donne à leur démarche quelque chose de ridicule. Cependant ces mammifères sautent avec une grande facilité, et leur course est extrêmement rapide. Ils se nourrissent d'herbes, et surtout du feuillage des arbres, que leur taille leur permet d'atteindre aisément. Les anciens donnaient à la Giraffe le nom de *Caméléopard*, parce que sa taille , son cou, et sa tête rappellent les mêmes parties du corps du chameau ; et que son corps est tacheté comme celui du léopard , mais ses taches sont brunes.

TRIBU DES RUMINANTS A CORNES PLEINES.

§ 242. Tribu des ruminants a cornes pleines (Жвачныя съ рогами плотными и смѣнными). Tous les animaux de cette tribu ont , au moins chez le mâle , la tête armée de deux cornes sup- portées par des proéminences plus ou moins longues des os fron- taux. Ces cornes , qui portent le nom de *bois* , tombent chaque année, et sont remplacées par des bois plus forts et présentant plus de ramifications, qui portent le nom *d'andouillers* ou *cors*. Les bois commencent à pousser vers le mois d'Avril, quelquefois plus tôt, et il leur suffit d'un mois pour parvenir à leur entier dé- veloppement, car de nombreux vaisseaux sanguins leur apportent une nourriture abondante. Ils sont d'abord d'une consistance molle, puis cartilagineuse, et bientôt ils prennent l'aspect et la dureté des os. Pendant que ces changements s'opèrent, les bois sont re- couverts d'une peau velue , qui ne tombe que vers l'automne. Chez beaucoup d'espèces de cette tribu , le nombre des ramifi- cations ou cors augmente , d'après certaines règles, jusqu'à un certain âge; mais plus tard, les bois se reproduisent exactement, chaque année, avec le même nombre d'andouillers que l'année précédente ; ainsi le cerf commun porte , la septième année , des bois à dix ramifications , et, quelque soit son âge, il est infini- ment rare d'en trouver en plus grand nombre. Cependant, on cite un de ces animaux tué en Prusse, en 1696, qui avait trente-trois andouillers à chaque bois. La tribu de Ruminants à cornes pleines ne se compose que du genre *Cerf*.

§ 243. CERFS (Олени). Les Cerfs sont tous remarquables par l'élégance de leurs formes et la beauté de leurs proportions: leur corps est svelte, sans être mince; leurs jambes fines, sans être grêles; leur poil court, propre et luisant; les bois qui ornent le front de ces animaux ajoutent à leur beauté; et les Antilopes seules l'emportent sur eux en légèreté. Nous signalerons parmi les espèces les plus remarquables :

§ 244. Le *Cerf commun* (Олень настоящій), qui habite toutes les parties froides et tempérées de l'Ancien-Continent. Sa femelle se nomme *Biche*, et le petit s'appelle *Faon*. C'est un animal timide, mais, qui réduit aux abois, se défend vigoureusement avec ses cornes. On a prétendu pendant longtemps que le Cerf jouit d'une très longue vie; c'est une erreur, car elle ne dure guère au delà de vingt-cinq ans.

§ 245. L'*Elan* (Лось), qu'on rencontre dans le nord de l'Europe, de l'Asie et de l'Amérique, est le plus volumineux de tous les cerfs, mais le moins beau. Sa tête est couverte de bois de forme palmée, inclinés vers le dos, et d'une pesanteur très considérable. C'est un animal paisible, facile à apprivoiser; il est employé par les peuples sauvages du nord de l'Amérique qui l'attèlent à leurs traineaux.

§ 246. Le *Renne* (Олень сѣверный), dont la taille est à peu près égale à celle du cerf, paraît cependant plus petit, parce que ses jambes sont plus basses. C'est la seule espèce de cerf dont la femelle ait la tête surmontée d'un bois. Son pelage, qui est composé d'une sorte de laine et de poils longs et soyeux, est gris brun en été, et devient presque blanc en hiver. Le Renne habite les contrées les plus froides des deux continents, et le climat de Saint-Pétersbourg est déjà trop chaud pour lui. Il vit à l'état sauvage et à l'état domestique.

Les *Rennes sauvages* forment de grandes bandes sans cesse poursuivies par les chasseurs. Les *Rennes domestiques* constituent des troupeaux nombreux, qui font la principale fortune des peuples septentrionaux. «En comparant, dit Buffon, les avantages que les «Lapons tirent du Renne apprivoisé avec ceux que nous tirons

« des animaux domestiques , on verra que cet animal en vaut à
«lui seul deux ou trois. On s'en sert comme de cheval pour
«traîner des voitures et des traîneaux ; il marche avec bien plus
«de diligence et de légèreté, fait aisément trente lieues par jour,
«et court avec autant d'assurance sur la neige que sur une
«pelouse. Sa femelle donne du lait plus nourrissant, plus substan-
«tiel que celui de la vache. La chair de cet animal est très bonne
«à manger, son poil fait une excellente fourrure, et la peau pré-
«parée devient un cuir très souple et très durable; ainsi le Renne
«donne seul tout ce que nous tirons du cheval, du bœuf et de la
«brebis.» Ajoutons à cet admirable tableau, que les pieds du Renne
sont parfaitement disposés pour courir sur la neige sans s'y enfoncer ; que sa sobriété extrême lui permet de se contenter ,
pendant l'hiver , d'une sorte de mousse , qu'il sait découvrir, à
l'aide de ses pieds et de ses cornes, sous l'épaisse couche de neige
qui recouvre le sol.

§ 247. Le *Daim* (Лань) est plus petit que le cerf commun,
et s'en distingue par ses bois qui sont larges et palmés , au lieu
d'être rameux et arrondis. Son pelage est fauve, tacheté de blanc
en été, et devient uniformement d'un brun sale pendant l'hiver.
Les Daims se trouvent presque dans toute l'Europe ; mais ils ne
se rencontrent guère que dans les parcs, où ils sont nourris, soit
comme ornement , soit à cause de leur chair qui est très
estimée.

§ 248. Le *Chevreuil* (Козуля) est le plus petit des cerfs de
l'Europe. Ses bois sont petits et fourchus , et son pelage gris
fauve plus ou moins foncé. Il vit par petites familles très unies;
la *Chevrette* montre pour ses faons la plus touchante sollicitude
maternelle. Ces charmants animaux, dont la chair est excellente,
habitent les forêts de l'Europe et de l'Asie.

TRIBU DES RUMINANTS A CORNES CREUSES.

§ 249. Tribu des ruminants a cornes creuses. Les animaux de
cette tribu ont les cornes creuses, coniques, permanentes, et portées par une protubérance osseuse. Ils forment plusieurs genres
caractérisés par la direction et la forme des cornes. Cette section

contient un grand nombre d'animaux utiles , devenus depuis si longtemps domestiques, qu'il suffira de les nommer, sans qu'il soit nécessaire de les décrire. Nous y trouvons:les *Antilopes*, les *Chèvres*, les *Moutons* et les *Bœufs*.

§ 250. Les Antilopes (Антилопы). Les Antilopes ont les cornes cylindriques et marquées d'anneaux plus ou moins ronds, qui peuvent, jusqu'à un certain point, indiquer l'âge de l'animal. Elles ressemblent beaucoup aux cerfs, mais l'emportent, même sur eux, par la légèreté de leur course. On découvre des animaux de ce genre dans tout l'Ancien-Continent; mais c'est surtout en Afrique qu'ils sont répandus ; on n'en connait que deux espèces en Europe:

§ 251. Le *Saïga* (Сайга), reconnaissable à son nez bombé, est de la taille du daim; il a le pelage fauve sur le dos et les flancs, et blanc sous le ventre. Ces animaux vivent en troupes immenses, dans le vaste espace compris entre le lac Baïkal, la mer Caspienne, et le Danube ; ils aiment l'eau de source , et recherchent les plantes salines. Quoique leur chair soit très mauvaise , les Kosaks les chassent dans les steppes, pour se procurer leur peau et leurs cornes, qui se vendent aux Chinois.

§ 252. Le *Chamois* (Серна) est de la taille d'une grande chèvre; il habite les sommets les plus inaccessibles et les plus sauvages de l'Ancien-Continent, où il erre par petites bandes d'une vingtaine d'individus. Il se distingue des autres Antilopes par ses cornes, dont la pointe se recourbe en bas en forme d'hameçon. La chair des Chamois est fort estimée; leur peau fournit un cuir très recherché; aussi ces mammifères sont–ils l'objet d'une chasse très active, mais très périlleuse , à cause de l'aspérité des lieux qu'ils habitent , de la perfection de leurs sens , de leur défiance et de leur agilité.

§ 253. La *Gazelle* (Газель) est une espèce africaine de la grandeur de notre chevreuil; son poil est fauve sur le dos et blanc sous le ventre , avec une raie brune sur les flancs. Ses cornes sont noires , rondes et assez grosses. La grâce et la légèreté de cet animal , la douceur et la beauté de ses yeux , sont l'objet de fréquentes comparaisons dans les poésies orientales. Les Gazelles vivent en troupes de plusieurs milliers d'individus, sans cesse poursuivis par les animaux carnassiers et par les hommes, car leur chasse est un des plus grands plaisirs des Arabes.

VINGT-CINQUIÈME LEÇON.

Suite de la tribu des Ruminants à cornes creuses. Chèvres. Moutons. Bœufs.

§ 254. CHÈVRES (Козлы). Les Chèvres' ont les cornes comprimées, dirigées en arrière, simplement arquées et le menton barbu; elles sont indigènes de l'Europe et de l'Asie, et vivent par petites familles dans les lieux les plus escarpés.

L'*OEgagre* ou *Chèvre sauvage* (Козелъ безоаровый) a le pelage fauve un peu cendré, avec une ligne noire sur le dos; ses cornes sont tranchantes en avant, et très grandes chez le mâle. Elle habite en troupes dans les montagnes de la Perse. C'est elle qui produit le fameux *Bézoard oriental.* Cette substance, qui a joui d'une grande réputation médicale, n'est autre chose qu'une concrétion qui se trouve dans les intestins de l'animal.

§ 255. Le *Bouquetin* (Козелъ каменный) est une autre espèce de Chèvre sauvage, remarquable par ses cornes carrées en avant, marquées de gros nœuds saillants et longues de plus d'une archine. Il existe des Bouquetins dans les Alpes , au Caucase et en Sibérie; et il est probable que chacune de ces contrées possède une espèce particulière.

La *Chèvre commune* (Коза домашняя) paraît tirer son origine de l'OEgagre ; elle est depuis longtemps domestique, et, dans les contrées un peu chaudes et montagneuses , où elle prospère très bien , elle donne par son lait, sa chair et son cuir, des revenus considérables. La variété la plus remarquable de cette espèce est la *Chèvre du Thibet* ou *Chèvre du Cachemire,* dont les poils longs et soyeux servent à la fabrication des magnifiques châles de l'Inde.

§ 256. MOUTONS (Бараны). Les Moutons ressemblent beaucoup aux chèvres par leur organisation ; ils s'en distinguent cependant par l'absence de barbe au menton, et par des cornes tournées en spirale. Il existe plusieurs espèces de Moutons sauvages , qui ont absolument les mêmes mœurs que les chèvres ; nous signalerons le *Moufflon* et l'*Argali*, que l'on regarde comme la souche de nos Moutons domestiques.

Le *Moufflon* (Баранъ степной) se trouve particulièrement dans l'île de Corse ; mais se rencontre également dans la Sardaigne et dans quelques parties de l'Espagne. Il a deux sortes de poils: les uns soyeux et les autres laineux. On comprend aisément que, par la domesticité, les seconds aient augmenté, tandis que les premiers ont disparu. Sa taille dépasse un peu celle de notre Mouton domestique.

L'*Argali* (Баранъ каменный), qu'on a souvent confondu avec le Moufflon, s'en distingue par une taille plus considérable et par l'énorme développement des cornes , qui pèsent souvent un poud. Il habite le Kamtschatka et les montagnes arides du centre de l'Asie.

§ 257. Le *Mouton domestique* (Баранъ домашній), a été tellement modifié par l'influence du climat et la puissance de l'homme, qu'évidemment il ne pourrait subsister maintenant sans notre protection et nos soins. Il présente un grand nombre de variétés; les plus remarquables sont: le *Mouton mérinos* (Баранъ мериносъ), introduit de Barbarie en Espagne, et de là, depuis une soixantaine d'années, dans les autres contrées de l'Europe. Il est remarquable par la finesse et la beauté de sa laine et par l'épaisseur de sa toison, qui pèse de huit à douze livres; tandis qu'elle n'en pèse que deux à cinq dans le Mouton commun.

§ 258. Le *Mouton à grosse queue*, (Баранъ широкохвостый), qui se rencontre dans plusieurs parties de l'Afrique et de l'Asie , est caractérisé par l'énorme développement de sa queue, dont le poids s'élève quelquefois à trente livres ; quoique l'animal ne soit lui même que de la taille du Mouton ordinaire. Cette excroissance de la queue est due à un amas de graisse répandue dans tout le tissu cellulaire.

Le *Mouton d'Astrakhan* (Баранъ Киргизскій), qu'on rencontre quelquefois à Moscou , paraît être une variété de l'espèce précédente.

§ 259. Bœufs (Быки). Les Bœufs sont caractérisés par un mufle large, des cornes lisses, et la peau du cou formant un fanon. Ces ruminants sont d'une taille et d'une force qui leur permettent de repousser les attaques des animaux carnassiers:

ils les éventrent souvent d'un coup de corne. Ces armes sont quelquefois si développées, qu'il existe, à l'université de Gröningue, une paire de cornes qui a dix pieds de longueur. Parmi les différentes espèces de ce genre, nous citerons:

§ 260. Le *Bœuf domestique* (Быкъ домашній) l'utile compagnon du laboureur. Cet animal, après une vie de travail , nous donne une chair nourrissante et succulente ; sa peau fournit un cuir estimé; sa graisse est employée d'une foule de manières; son sang sert à la fabrication du *bleu de Prusse*; ses os brulés forment du *noir animal*, ou servent, comme ses cornes , à différents usages de tableterie; ses poils mêlés constituent la *bourre ;* enfin , la membrane qui couvre ses intestins devient la *baudruche* , employée à revêtir les ballons et à battre l'or en feuilles très minces. Chacun connait les nombreux produits que nous donne la *Vache:* le lait, la crème, le fromage, le beurre, qui. modifiés de mille manières, entrent dans presque tous nos aliments.

§ 261. L'*Aurochs* (Зубръ), le plus grand des Bœufs, a toute la partie antérieure du corps couverte d'un poil touffu, et parait avoir les épaules chargées d'une bosse. On l'a considéré pendant longtemps comme la souche de nos Bœufs domestiques; mais c'est à tort, car il a quatorze paires de côtes; et ceux-ci n'en ont que treize. Ce mammifère , autrefois répandu dans toute l'Europe , a été détruit presque partout, et ne se trouve plus maintenant que dans la forêt de Bélovège , en Lithuanie. Il parait que malgré tous les soins que l'on donne à cette espèce , malgré toutes les précautions que l'on prend pour sa conservation , le nombre des individus a diminué de plus du tiers depuis quarante ans.

§ 262. Le *Buffle* (Буйволъ), originaire de l'Inde , où il vit encore à l'état sauvage, se trouve maintenant dans plusieurs régions de l'Asie, en Egypte, et dans quelques contrées chaudes de l'Europe. Il a le front bombé, les cornes marquées en avant d'une arête longitudinale, la peau noire et presque nue. Le Buffle , malgré son aspect farouche, est un animal docile, que son extrême sobriété et sa force rendent très utile en agriculture: on l'emploie comme bête de somme et de labour, et, dans plusieurs pays, on le préfère au bœuf lui-même. Sa viande, quoique un peu dure, est d'un goût agréable. Le lait des *Bufflesses* est gras , d'un goût un peu musqué, mais donne de bon beurre. Ces animaux sont à demi aquatiques, ils aiment les endroits marécageux; cependant ils sont loin d'être aussi sales qu'on le prétend généralement.

§ 263. Les *Zébus* sont reconnaissables à une grosse bosse qu'ils portent sur le dos; ils sont à peu près les seuls Bœufs de l'Asie et de l'Afrique ; ils sont plus doux et plus intelligents que les nôtres, et rendent plus de services , car ils remplissent en outre les fonctions d'un cheval. Cette espèce présente un grand nombre de variétés: quelques Zébus ont des cornes très longues; les autres les ont très petites, et seulement attachées à la peau; il en est de gros comme nos plus grands Bœufs, et d'autres à peu près de la taille de nos Chèvres.

§ 264. L'*Yack* (Длинношерстый быкъ) appelé aussi *Vache grognante*, à cause de sa voix qui rappelle les grognements du cochon, est une espèce originaire du Thibet. Il porte sur le dos une longue crinière, et sa queue, qui lui a fait donner le nom de *Bœuf à queue de cheval*, est garnie de longs poils soyeux. Ce mammifère est d'un caractère farouche, cependant les Tatars et les Chinois, l'ont réduit en domesticité , et ils tirent de grands avantages de sa chair, de son poil, et surtout de sa queue, qui a servi longtemps à faire des marques distinctives, pour les officiers supérieurs , chez les Turcs et chez les Persans.

§ 265. Enfin, le *Bison d'Amérique* (Бизонъ) qui ressemble beaucoup à l'Aurochs, et Buffon le considère comme une variété de cette espèce. Il en diffère cependant par une taille plus petite, et surtout par la présence d'une loupe graisseuse sur les épaules; cette loupe est considérée comme un mêts exquis. Cet animal d'un caractère farouche et sauvage, d'un aspect terrible , se rencontre en troupes immenses dans les vastes savanes de l'Amérique septentrionale ; il est l'objet d'une chasse acharnée , surtout de la part des Indiens, dont il est une des plus précieuses ressources ; mais cette chasse n'est pas toujours sans danger.

VINGT-SIXIÈME LEÇON.

Caractères généraux des Cétacés. Division. Lamantins. Cétacés souffleurs. Dauphins. Marsouins. Narvals. Cachalots. Baleines. Pêche
de la Baleine.

ORDRE DES CÉTACÉS.

§ 266. Caractères généraux. Les Cétacés (Рыбаобразныя) sont
des mammifères caractérisés par un corps semblable à celui des
poissons, par les membres antérieurs et la queue disposée en nageoires, enfin, par l'absence complète de membres postérieurs. Ces
animaux ont la tête grosse, le cou très court et très gros, une
peau épaisse, dépourvue de poils apparents, au dessous de laquelle
existe une couche de graisse très développée. Ils vivent continuellement dans l'eau, mais ils sont obligés de venir à la surface
pour respirer l'air. Enfin, comme tous les animaux de leur classe,
ils nourrissent leurs petits avec du lait.

§ 267. Les Cétacés paraissent avoir les sens très obtus : les
narines ne reçoivent que peu de nerfs, et doivent être peu sensibles aux odeurs; mais c'est par elles que sortent les jets d'eau,
que les Cétacés lancent dans l'air, souvent à de grandes distances.
L'eau pénètre dans la bouche ouverte, et, quand l'animal vient à
refermer celle-ci, le liquide comprimé jaillit par les narines. Ces
narines portent le nom d'*évents*. Les Cétacés ont les yeux analogues à ceux des poissons, et privés de larmes qui leur seraient
inutiles. Le goût est nécessairement très imparfait; car la langue
est en partie immobile et reçoit peu de nerfs. L'ouïe est également peu sensible ; puisqu'il n'y a point de conques auditives.
Enfin, la couche de graisse située sous la peau doit rendre le
toucher peu délicat. La peau est formée par des poils très courts,
agglutinés, recouverts d'une sorte d'épiderme, et qui ne sont guère
reconnaissables qu'au moyen du microscope.

Division. On divise les Cétacés en deux familles: les *Cétacés herbivores* et les *Cétacés souffleurs*.

FAMILLE DES CÉTACÉS HERBIVORES.

§ 268. Famille des Cétacés herbivores. Les Cétacés herbivores (Травоядныя), se nourrissent d'herbes marines, ainsi que l'indique leur nom. Ils ont des dents à couronne plate, portent des moustaches, et sont moins aquatiques que les souffleurs; puisqu'ils viennent souvent paitre et ramper sur le rivage de la mer. Le genre plus remarquable de cette famille est celui des *Lamantins*.

§ 269 Lamantins. Les Lamantins (Ламантини) ont été placés par de Blainville à la suite de la famille des Proboscidiens; sans doute par ce que leurs mœurs ne sont pas tout-à-fait aquatiques, et que leurs membres présentent des vestiges d'ongles; cependant ils ont le corps terminé par une nageoire. Ces mammifères habitent les parties les plus chaudes de l'océan Atlantique, à l'embouchure des fleuves, qu'ils remontent quelquefois assez loin; ils parviennent à une taille considérable; leur chair, sans être délicate, peut se manger; et ils produisent en grande quantité une huile assez estimée Les Lamantins sont connus sous les noms vulgaires de *Bœufs-marins* et de *Vaches-marines*.

FAMILLE DES CÉTACÉS SOUFFLEURS.

§ 270 Famille des Cétacés souffleurs. Les Cétacés souffleurs (Сопуны) doivent leur nom a un jet d'eau qu'ils font sortir par leurs évents. Cette famille se divise en plusieurs genres caractérisés par leur dentition. Nous signalerons les *Dauphins*, les *Marsouins*, les *Narvals*, les *Cachalots* et les *Baleines*.

§ 271 Dauphins. Les Dauphins (Дельфины) ont des dents aux deux mâchoires, un seul évent, et le museau mince et aplati; ce sont les plus carnassiers de tous les Cétacés. L'extrême développement de leur cerveau et ses circonvolutions très profondes donnent lieu de croire que ces animaux sont doués d'une grande intelligence; mais on n'a pu étudier assez leurs mœurs. pour qu'il soit possible de l'apprécier. Les Grecs attribuaient aux Dauphins un grand attachement pour l'homme, le goût de la musique et beaucoup de rares qualités. Leurs écrits sont remplis d'histoires merveilleuses sur l'intelligence et la sensibilité de ces animaux. En réalité, les Dauphins, qui nagent très bien, suivent les navires, non pour secourir les hommes qui tombent à la mer , mais pour dévorer les petits poissons , qui se nourrissent des débris qu'on jette à l'eau. Ces animaux vivent dans toutes les mers, et remontent les fleuves jusqu'à plusieurs centaines de verstes de leur embouchure.

Le *Dauphin gladiateur* ou *Epaulard* (Косатка) est célèbre par les combats qu'il livre à la Baleine , dont il dévore , dit-on , la langue, lorsque cet animal, épuisé par la poursuite d'une bande de ses ennemis , vient à ouvrir la gueule. L'Épaulard est long de vingt à vingt-cinq pieds, et vit spécialement dans les mers du Nord.

§ 272. Marsouins. Les Marsouins (Морския свиньи) ont les mêmes mœurs que les Dauphins, dont ils ne se distinguent que par leur museau court et bombé. Le *Marsouin commun*, qui est long de quatre pieds, est le plus petit de tous les Cétacés. Il abonde dans toutes les mers, et se fait remarquer par la rapidité de ses mouvements. La pêche de ce mammifère, maintenant peu importante, car sa chair est mauvaise et huileuse , a été autrefois très considérable.

Narvals. Les Narvals (Нарвалы) ont la bouche privée de dents proprement dites; mais leur mâchoire supérieure est armée de deux défenses, dont une seule est développée. Quand elles sortent toutes les deux , ce qui a lieu chez les femelles , elles prennent toujours peu d'extension. Ces défenses , longues de dix à quinze pieds , sont horizontales , légèrement tordues et plus dures que l'ivoire ; elles sont comme lui employées à la fabrication de différents objets. Ce sont ces mêmes défenses, qu'on a longtemps regardées comme des cornes de *Licorne,* animal qui n'a jamais probablement existé. Les Narvals vivent en bandes nombreuses dans les mers du Nord.

§ 273. Cachalots (Кашалоты). Les Cachalots ont été longtemps confondus avec les Baleines, dont ils diffèrent cependant par la présence de dents à la mâchoire inférieure. Ces mammifères habitent toutes les mers, mais paraissent préférer celles des latitudes brulantes. Ils se nourrissent de mollusques et de petits poissons; cependant ils peuvent engloutir des Amphibies de grande taille. Ils se défendent contre des attaques des pêcheurs avec plus d'énergie que les Baleines. Les Cachalots fournissent, comme celles-ci, une huile fort abondante; ils donnent de plus l'*ambre gris*, substance odorante, résultat probable d'une maladie, qu'on trouve en masses souvent considérables, soit dans les intestins, soit flottant à la surface de la mer. La partie supérieure de leur énorme tête contient une espèce d'huile, qui en se refroidissant devient blanche et solide. Cette substance connue sous le nom de *blanc de Baleine* et *d'adipocire* est employée à différents usages, particulièrement à la fabrication de certains savons et de bougies transparentes. On ne connait bien qu'une espèce de Cachalot : c'est le *Cachalot macrocéphale* (Головачь) ou à grosse tête, qui a quelquefois soixante-dix pieds de longueur. Il doit son nom à l'énorme volume de sa tête, qui forme presque la moitié de son corps.

§ 274. BALEINES. Les Baleines (Киты) ont les mâchoires complètement privées de dents; mais à leur place, on trouve, attachées au palais, une multitude de grandes lames cornées appelées *fanons*. Leur tête présente un évent double; elle n'est point renflée comme celle du Cachalot, et ne contient point d'adipocire.

Les Baleines sont d'énormes mammifères, dont le corps parvient à plus de quatre-vingts pieds; et Lacépède dit, qu'on ne peut douter qu'il en existe de cent mètres; ce qui paraît peu probable. Le même naturaliste assure que leur poids s'élève à plus de 300,000 livres; ce qui égale celui de 115,000,000 de certains rongeurs. On comprend facilement, qu'avec une telle masse, la force des Baleines soit prodigieuse ; mais on s'étonne de leur vitesse qui est telle, que l'animal peut parcourir trente-quatre pieds en une seconde; et qu'il lui suffirait de vingt-trois jours et demi pour faire le tour de la terre, s'il nageait toujours de toute sa vitesse. On devrait croire que les Baleines, si prodigieusement grosses, ne doivent se nourrir que des plus grands animaux ; cependant elles ne mangent que les plus petits habitants de la mer, il est vrai, qu'elles les engloutissent par milliers à la fois. Ceux-ci, lorsque l'eau, qui a été absorbée en même temps qu'eux, vient à ressortir, sont retenus par les fanons, qui sont disposés comme les dents d'un peigne. Elles dévorent une grande quantité de petits crustacés et des milliers de harengs. Les Baleines, quoique respirant assez fréquemment, peuvent cependant rester sous l'eau pendant un temps assez long. Pendant la respiration , il ne sort par les évents qu'un nuage de vapeurs; c'est lorsqu'elles mangent, ou que quelque circonstance extraordinaire les anime, que l'eau, comprimée dans la bouche , jaillit en colonne par les narines. Quoique les Baleines vivent dans l'eau , elles ont une chaleur propre très considérable , s'élevant probablement à plus de 38 dégrès Réaumur.

§ 275. Pêche de la Baleine. La grande valeur des produits de la Baleine a donné à la pêche de cet animal une haute importance, depuis une époque très reculée. Les Normands , au nord de l'Europe, les Basques, à l'ouest , furent les premiers peuples qui s'occupèrent de cette exploitation. De nos jours, les Américains , les Anglais et les Français vont poursuivre, dans les mers les plus reculées , ces animaux qui se sont éloignés des rivages de l'Europe. La pêche de la Baleine , pour laquelle on emploie de grands navires et de nombreux équipages, est souvent périlleuse, malgré la timidité de ce mammifère. Les produits les plus importants sont les fanons , qui sont au nombre de sept à neuf cents. Ce sont eux , qui fendus et divisés, sont employés sous le nom de *baleines*, et servent à la fabrication des parapluies et à un grand nombre d'usages. L'huile , qui peut être quelquefois, selon F. Cuvier , de deux cents barils dans un seul animal , est surtout d'une très grande valeur. Il paraît certain que les Européens mangeaient autrefois la chair de ces Cétacés; les Groënlandais et les Japonais en font encore usage maintenant. Les premiers , en outre , se servent des intestins étendus, en guise de vitres pour leurs habitations. Les auteurs décrivent un nombre assez considérable d'espèces de Baleines. Les plus remarquables sont : la *Baleine franche* (Китъ обыкновенный) qui n'a point de nageoire dorsale , et dont la taille ne dépasse guère 70 pieds ; et le *Rorqual* (Рорквалъ) qui porte une nageoire sur le dos, et peut atteindre parfois 100 pieds de longueur.

OISEAUX.

VINGT-SEPTIÈME LEÇON.

CLASSE DES OISEAUX.

GÉNÉRALITÉS.

Caractères généraux des Oiseaux. Particularités de leur organisation. Squelette. Tête. Cou. Tronc. Membres antérieurs. Ailes. Membres postérieurs. Vol.

§ 1. Caractères généraux des Oiseaux. (Птицы). La classe des Oiseaux comprend les animaux les mieux organisés pour le vol; c'est de toutes les divisions du règne animal la plus nettement caractérisée. Ce sont des animaux vertébrés, ovipares, recouverts de plumes, à circulation double (*) et complète, et à sang chaud. La forme générale des Oiseaux ne varie que très peu; et les va-

---

(*) La circulation est double, parce qu'au lieu de s'effectuer par les poumons seulement, elle s'opère aussi dans la profondeur des diverses parties du corps.

riations qu'on y remarque, ne sont surtout importantes que par le développement du cou et des membres. Mais les Oiseaux sont destinés à voler, et quoique leur corps nous offre à peu près les mêmes parties que celui des mammifères, ces parties nous présentent une structure bien différente de celle des animaux de la première classe des vertébrés.

§ 2. Particularités de l'organisation. Les os des Oiseaux, au lieu d'être remplis de moelle, sont creux et perméables à l'air. Cette perméabilité varie selon les différentes espèces: Les Oiseaux de proie, qui volent très bien, sont pénétrés par l'air jusque dans les doigts; les gallinacés, qui volent au contraire très mal, et les palmipèdes, qui plongent, n'ont qu'une pneumaticité peu étendue, car trop de légèreté eut gêné leurs habitudes.

§ 3. Squelette. Tête. Le squelette des Oiseaux est composé à peu-près des mêmes os et des mêmes parties que celui des mammifères; mais avec des différences importantes dans leur conformation. Voici les plus remarquables: la tête est, en général, petite; les os qui la composent se soudent de la manière la plus intime; elle présente deux mandibules cornées de forme très variable, auxquelles on a donné le nom de *bec*. Quelquefois on voit, à la racine de la mandibule supérieure, une caroncule charnue ou membraneuse qui porte le nom de *cire*. Ordinairement les deux parties du bec sont mobiles; ce caractère anatomique distingue même parfaitement les mâchoires des Oiseaux de celles des mammifères. Le bec des Oiseaux fournit de bons caractères pour la classification de ces animaux, car il est toujours en rapport avec les mœurs et la nourriture. Il est assez court, crochu et très tranchant, chez les Oiseaux qui se nourrissent de chair; court et gros, chez ceux qui mangent des grains; très fendu, chez ceux qui vivent d'insectes; long, droit, souvent large, chez ceux qui cherchent leur nourriture dans les marais.

§ 4. Cou. Le cou des Oiseaux est, en général, beaucoup plus long que celui des mammifères. Le nombre des vertèbres qui le composent varie depuis neuf, comme chez les moineaux, jusqu'à vingt-trois, comme dans les cygnes. Il est d'autant plus long que l'animal est plus élevé sur ses pattes, ou qu'il est essentiellement nageur, et doit plonger sa tête dans l'eau pour saisir sa proie. La manière dont les vertèbres sont articulées entre elles permet au cou de se courber en *S*; et, par conséquent, de se racourcir ou de s'alonger, suivant que ses courbures augmentent ou diminuent.

§ 5. Tronc. La partie de la colonne vertébrale qui correspond au dos est absolument immobile ; ce qui lui donne une grande solidité. Cette disposition a pour but de donner un point d'appui aux ailes; et l'on voit que tel est bien le dessein de la Providence, puisque, dans les Oiseaux qui ne volent point, les vertèbres dorsales conservent quelque flexibilité. Le Sternum est un des os les plus essentiels à considérer dans cette classe d'animaux; car il sert à attacher les principaux muscles du vol. Il forme une surface bombée qui s'étend très loin en arrière, et présente une espèce de carène plus ou moins saillante, qu'on nomme *bréchet*. Le Sternum est d'autant plus grand et le bréchet en est d'autant plus élevé que l'oiseau vole mieux. Les dimensions de cet os diminuent, au contraire, chez les Oiseaux qui volent peu, au point que, chez les Autruches, il n'y a plus de bréchet à la surface. Les Côtes présentent aussi quelques particularités: elles sont comme brisées au milieu, de manière qu'elles forment deux parties ; et l'on trouve, à la partie moyenne de la plupart, une saillie qui s'appuie sur la côte suivante, et augmente la solidité de la boîte osseuse du corps.

§ 6. Membres antérieurs. Les os de l'épaule sont disposés de la manière la plus favorable aux efforts que nécessite le vol: on y remarque une omoplate très alongée; et les clavicules, qui sont vulgairement nommées *fourchette*, se soudent entr'elles, par une de leurs extremités, et forment une espèce de *V.* osseux, qu'on trouve au dessus du Sternum. Elles maintiennent les épaules écartées, agissent, comme une espèce de ressort, en sens contraire des efforts que le vol exige, et sont d'autant plus fortes que le vol est lui-même plus puissant.

§ 7. Ailes. L'aile de l'Oiseau correspond aux membres antérieurs des mammifères; mais elle ne sert jamais ni à saisir, ni à toucher, ni à marcher. Elle se compose de trois parties: le bras, l'avant-bras et la main. Le bras et l'avant-bras diffèrent peu, par leur conformation, des mêmes parties chez l'homme ; cependant l'avant-bras est d'autant plus long que l'Oiseau vole mieux. La main, qui sert à porter les grandes plumes de l'aile, offre un pouce rudimentaire, un doigt médium à deux phalanges, et un petit os qui représente le doigt externe.

§ 8. **Membres postérieurs.** Les membres postérieurs des Oiseaux sont destinés à la station, à la marche et quelquefois à la natation. Leur particularité la plus remarquable est que le tarse et le métatarse ne forment qu'un seul os, dont la longueur détermine la hauteur de l'Oiseau sur les jambes. Le nombre des doigts varie depuis deux jusqu'à quatre, et presque toujours il n'y en a qu'un seul en arrière.

La Station, chez les Oiseaux, offre des difficultés, à cause du poids du corps qui est plus considérable dans la partie antérieure ; mais cet inconvénient trouve une compensation dans la faculté, dont jouissent ces animaux, de pouvoir renverser leur cou en arrière, ou de cacher leur tête sous leur aile pendant le sommeil. D'autre part, l'extrême longueur des pattes et des doigts qui s'avancent jusque sous la poitrine, donne de nouvelles facilités à l'Oiseau pour se tenir en équilibre. Il existe en outre, chez tous les Oiseaux, quelques palmipèdes exceptés, un mécanisme particulier à l'aide duquel, l'animal saisit en dormant et sans effort, la branche sur laquelle il repose. Chez ceux dont les pattes sont fort longues, tels que le Héron, la Grue, la station, pendant le repos, est rendue facile par une particularité dans la structure de l'articulation du genou. L'homme se fatigue de rester longtemps debout, par la nécessité de contracter fortement les muscles extenseurs ; il en est de même chez tous les mammifères ; mais chez la Cigogne, par exemple, il en est tout autrement: l'os supérieur peut s'emboîter dans l'os inférieur, et la jambe, une fois dressée, peut rester tendue sans qu'il en résulte aucune fatigue.

§ 9. La progression des Oiseaux tient plus du saut que de la marche. Chez ceux dont l'allure est rapide, les pattes sont robustes et très longues, et le pied comparativement petit ; comme on peut le remarquer chez l'Autruche, dont la course égale au moins celle d'un Cheval. Quand les Oiseaux sont nageurs, les membres postérieurs sont situés très en arrière; ils sont courts, afin d'être forts et d'opposer plus de résistance à l'eau; les doigts, très écartés, sont réunis par une membrane ou palmure. et disposés de manière que, dans le mouvement en avant, ils se rapprochent et offrent peu de surface; mais, quand ils frappent l'eau, ils s'écartent et se développent, ainsi que la membrane qu'ils soutiennent dans toute leur étendue.

§ 10. Vol. Lorsque l'Oiseau est à terre et veut prendre son vol, il s'élance en l'air, en faisant un saut; s'il repose sur un lieu élevé, il se laisse tomber, et, après ce premier mouvement, il étend les ailes et frappe l'air, qui résiste en partie, et sert de point d'appui au corps de l'animal. Les ailes se trouvant alors fermées, la surface de l'Oiseau diminue le plus possible; et, comme la force d'élasticité de l'air frappé est plus grande que celle de la pesanteur du corps de l'animal, celui-ci exécute son mouvement d'ascension. Lorsque la force d'impulsion est épuisée, et que l'Oiseau est sur le point de descendre à cause de sa pesanteur; il étend de nouveau les ailes, frappe l'air, et franchit un nouvel espace.

L'Oiseau se dirige dans son vol par le mouvement inégal de ses ailes, et par les diverses situations qu'il fait prendre à sa queue : quand il veut aller à droite, il meut l'aile gauche avec plus de force ou de vitesse. La queue agit comme une sorte de gouvernail, qu'il porte en haut, quand il veut s'élever, qu'il abaisse, quand il veut descendre.

§ 11. Toute l'organisation des Oiseaux favorise le vol: la petitesse de leur tête, la forme ovale de leur corps, la disposition et la puissance des muscles, l'énorme quantité d'air répandue dans toutes leurs cavités, même dans les os, la direction, la légèreté et la force des plumes, tout enfin concourt au même but.

On comprend que la résistance de l'air dans le vol est d'autant plus grande, que ce fluide est frappé à la fois par des ailes dont l'étendue est plus considérable; il résulte de là, que la puissance du vol est proportionnée au développement de ces organes. En effet, les ailes sont très grandes, chez les Oiseaux remarquables par leur vol, comme les Frégates, les Albatros; elles sont moyennes, chez les Oiseaux qui marchent bien, comme la plupart des Passereaux; elles sont presque nulles, chez ceux qui sont essentiellement coureurs, comme les Autruches, ou dont les mœurs sont tout-à-fait aquatiques, comme les Pingouins et les Manchots.

VINGT-HUITIÈME LEÇON.

Plumes. Sens. Voix. OEufs. Incubation. Nids. Migrations.

§ 12. PLUMES. Les plumes, qui couvrent le corps des Oiseaux, sont des productions qui ne se trouvent que dans les animaux de cette classe, et sur tous les animaux qu'elle renferme. Elles sont analogues aux poils des mammifères, mais d'une structure plus compliquée. Les plumes sont des organes cornés, surtout à la partie inférieure, composés d'une tige, des côtés de laquelle sortent des appendices nommés *barbes*, dont les bords sont eux-mêmes garnis de *barbules*, lesquelles paraissent quelquefois frangées à leur tour. La forme des plumes varie beaucoup: on en trouve qui manquent de barbes et ressemblent à des piquants, comme on en voit quatre ou cinq à l'aile du Casoar; d'autres ont l'aspect de poils, tels que ceux qui forment une touffe au bas du cou du Dinde. Souvent les barbes sont croisées les unes dans les autres, de manière à ne point laisser passer l'air, comme on le voit dans les plumes des ailes de tous les Oiseaux qui volent bien; d'autres sont longues, fléxibles, molles et légères, comme celles de la queue et des ailes de l'Autruche.

§ 13. Les plumes varient également, relativement à leur abondance et à leur coloration, selon les climats, selon l'âge et le sexe des Oiseaux. En général, elles sont d'autant plus nombreuses, que l'animal vit dans un climat plus froid, ou qu'il fréquente des régions plus élevées de l'atmosphère. On remarque qu'elles sont également abondantes chez les Oiseaux qui plongent souvent dans l'eau. Les couleurs sont variées à l'infini, et on est frappé, en étudiant les plumes, des brillantes couleurs qu'elles offrent à nos yeux, de la richesse de leurs reflets, qui surpassent quelquefois en beauté l'éclat des métaux et des pierres précieuses. Cependant tous les Oiseaux ne sont pas également parés : ceux qui habitent des climats froids ont des couleurs plus ternes que ceux qui habitent les zônes brûlantes; les femelles ont, en général, un plumage moins riche que les mâles; et les jeunes oiseaux que celui qu'ils auront dans un âge plus avancé.

Enfin, les plumes, considérées relativement à la position qu'elles occupent, ont reçu différents noms: on appelle *pennes* ou *rémiges*, les grandes plumes des ailes ; *rectrices* , les grandes plumes de la queue; *tectrices* , les plumes de la queue ou des ailes qui se recouvrent comme les tuiles d'un toit ; enfin , *duvet* , les plumes soyeuses , fines et déliées , placées sous les plumes ordinaires et formant une sorte de fourrure,

§ 14. Sens. Le toucher doit être peu sensible chez les Oiseaux, malgré la grande finesse du derme de la peau, parcequ'il est recouvert par les plumes , qui empêchent l'action immédiate des corps; et que les parties où les plumes manquent, sont ou cornées, ou protégées par des écailles. L'odorat , au contraire , est très délicat ; mais il varie beaucoup de finesse , selon les différentes espèces: en effet, les nerfs olfactifs sont très développés chez les rapaces , et très faibles chez les gallinacés et les passereaux. Il est certain que les Oiseaux de proie se dirigent vers des cadavres, placés trop loin d'eux pour qu'ils puissent les apercevoir. Cependant nous devons ajouter, qu'il paraît résulter de diverses expériences, que les Vautours , auxquels on attribue l'odorat le plus fin, ont ce sens très peu développé ou même nul.

§ 15. La vue paraît être celui de tous les sens qui acquiert le plus de perfection chez les Oiseaux. On remarque que l'œil est toujours protégé par trois paupières: deux horizontales et une verticale. Cette dernière s'étend comme un rideau à la surface du globe. L'œil des Oiseaux est, proportionnellement, beaucoup plus grand que celui des mammifères et plus parfait encore: ces animaux peuvent apercevoir leur proie qui fuit dans les nuages ; ou, des régions élévées de l'atmosphère, découvrir les insectes et les reptiles qui s'agitent sur le sol.

Si l'on étudie avec soin l'organe de la vue, on voit qu'il présente des modifications en rapport avec le genre de vie des Oiseaux. Il est surtout très développé, chez ceux qui se nourrissent de chair et qui volent haut; plus petit, chez ceux qui mangent des graines et restent sur le sol ; analogue à celui des poissons , chez ceux qui ont une vie aquatique.

§ 16. Le goût est excessivement obtus chez la plupart des animaux de cette classe : leur langue de forme extrêmement variée n'est jamais disposée favorablement pour opérer la gustation ; de plus elle est toujours dure et cornée. D'autre part, les Oiseaux ne mâchent point leur nourriture et se contentent de l'avaler; cependant, il est vrai que certaines espèces se laissent mourir de faim, à côté d'aliments que d'autres mangent avec délices.

§ 17. L'ouie paraît très sensible : l'audition s'opère d'une manière parfaite, surtout dans les espèces nocturnes, qui ont besoin de suppléer , par la perfection de ce sens , à l'imperfection de celui de la vue. Cependant, à l'exception de plusieurs Chouettes, les Oiseaux n'ont point de pavillon extérieur pour recueillir les ondes sonores.

§ 18. Voix. L'organe de la voix est chez les Oiseaux, comme chez les mammifères , une dépendance de l'appareil respiratoire. Il est presque toujours composé de deux larynx : l'un qui est situé à l'orifice de la trachée , et ne sert que très peu à la production des sons ; l'autre , que l'on nomme larynx inférieur , est situé à l'extrémité inférieure , et d'une structure d'autant plus compliquée que le chant de l'Oiseau est mieux modulé. Le nombre des muscles qui agissent sur cet organe est en rapport avec la perfection de la voix: on en compte trois ou cinq paires, chez les Oiseaux qui ont un chant varié; tandis qu'il n'y en a qu'une seule, chez ceux qui ne chantent point.

§ 19. Oeufs. Les Oiseaux sont *ovipares*, c'est-à-dire qu'ils pondent des œufs, d'où sortent leurs petits. Le volume de ces œufs, varie selon les proportions de l'Oiseau, mais leur composition est toujours la même. On trouve d'abord une enveloppe calcaire souvent blanche , mais qui offre parfois les plus belles teintes, vertes , bleues, les marbrures les mieux nuancées; ensuite une membrane très résistante , sur laquelle la concrétion s'est opérée ; puis un liquide plus ou moins transparent et visqueux, qu'on nomme *glaire*, *blanc d'œuf*, ou mieux *albumine*; enfin, on voit au centre une boule d'un jaune plus ou moins foncé , qui se durcit et devient friable par l'action du feu.

On remarque que les petites espèces ou les plus utiles produisent, en général , le plus d'œufs : la Perdrix rouge , la Caille en ont jusqu'à seize; le Faisan, six ou huit; la Poule au moins une douzaine; tandis que, par une sage loi de la Providence, les Oiseaux de proie n'en ont souvent que deux, et rarement quatre.

§ 20. INCUBATION. Pour que le jeune Oiseau puisse se développer dans l'œuf, il a besoin d'éprouver, pendant un temps plus ou moins long, une température de près de trente degrés du thermomètre de Réaumur. On dit que les Oiseaux, qui vivent dans un climat où le sable reste presque constamment élevé à cette température, se contentent d'y déposer leurs œufs, et les abandonnent à la chaleur du soleil; mais, en général il en est autrement: les Oiseaux échauffent eux-mêmes leurs petits; et, pendant cette incubation, ils éprouvent une sorte de fièvre produite par l'amour maternel, qui élève leur température jusqu'à quarante cinq degrés. Le temps de l'incubation varie dans les différentes espèces: elle est de douze jours seulement dans l'Oiseau mouche, le plus petit des animaux de cette classe; de vingt-un pour les Poules; de vingt-cinq pour les Canards; et de quarante à quarante cinq pour les Cygnes.

§ 21. NIDS. La plupart des Oiseaux construisent un nid, pour recevoir les œufs pendant l'incubation, et servir d'asile, après leur naissance, à leurs petits encore nuds, faibles et délicats. Ces nids sont, en général, construits avec un art merveilleux. Ils ont souvent la forme d'une coupe; quelquefois celle d'une bourse suspendue à une branche élastique. Ils présentent, dans les matériaux qui les composent, une étonnante diversité : quelques uns n'emploient que des branches fines et flexibles d'autres, des brins d'herbes, de paille ou de mousse. L'Hirondelle maçonne son nid aux angles des fenêtres; la Salangane la compose d'une substance gélatineuse préparée avec certains fucus; le Sylvia sutoria le fait lui-même en cousant plusieurs feuilles ensemble. Le lieu, où les nids sont déposés, ne varie pas moins selon les espèces: les uns choisissent le bord des eaux, parcequ'ils y trouvent leur nourriture ; d'autres cachent leur nid dans l'herbe des prairies, au milieu des sillons de blé, ou le déposent simplement sur le sol. Les Oiseaux de proie construisent au sommet des arbres, sur les aspérités des rochers, ou dans les tours en ruine un aire capable de résister à tous les efforts de la tempête; et, presque toujours, on observe, dans l'habitation des Oiseaux, des caractères qui annoncent leurs mœurs et leurs habitudes. Quand le jeune Oiseau est sorti de l'œuf, sa mère lui prodigue les soins les plus tendres, les plus

assidus: elle le couvre de ses ailes pour les préserver du froid ,
devient infatigable pour lui fournir une nourriture choisie, intrépide pour le défendre contre les dangers qui le menacent,
ingénieuse pour subvenir à ses besoins, et dévouée jusqu'à braver
la mort.

§ 22. MIGRATIONS. La constance avec laquelle les Oiseaux
couvent leurs œufs , les soins qu'ils donnent à leur famille , ne
sont pas les seuls faits remarquables de la vie de ces animaux.
Nous devons signaler cet instinct singulier qui pousse , chaque
année, certaines espèces à ces étonnantes migrations, qui leur font
abandonner le climat où ils vivent, pour aller dans d'autres contrées. L'époque de leur départ , la route qu'ils suivent en voya-
geant , la patrie qu'ils visitent , sont presque constamment les
mêmes. Les uns quittent le Nord aux approches de l'hiver , pour
aller chercher vers le Sud des climats plus doux; d'autres disparaissent avec les insectes qui font leur nourriture , et reviennent
avec eux. Il en est qui émigrent pour chercher des contrées moins
brûlantes que celles qu'ils habitent. Enfin , dans quelques circonstances , leurs voyages ne semblent déterminés que par leurs
caprices.

§ 23. Pour entreprendre leurs longues courses , les Oiseaux
voyageurs se réunissent ordinairement en troupes ou familles ,
sous la conduite de certains chefs plus forts que les autres. Ces
troupes sont disposées dans un ordre qui atteste l'intelligence de
ces animaux ; et quelquefois elles offrent un arrangement ingé-
nieusement calculé pour fendre l'air avec moins d'effort. Quelques
jours avant le départ, l'instinct les porte à se réunir vers un point
fixé, d'où, suivant Temmink, les plus forts partent les premiers;
puis ensuite les jeunes ; ce qui paraît tenir à ce que ceux - ci ,
ayant fait leur *mue*, c'est à dire le changement de plumes que
les Oiseaux éprouvent chaque année , dans une saison plus avan-
cée , ne sont pas aussitôt rétablis de l'espèce de maladie qui
accompagne ce phénomène.

VINGT-NEUVIÈME LEÇON.

Classification, Ordre des Rapaces, Caractères généraux. Division. Famille des Rapaces diurnes. Genre Faucon, Oiseaux de proie nobles, Oiseaux de proie ignobles. Faucons proprement dits.

§ 24. CLASSIFICATION. Les Oiseaux présentent environ cinq mille espèces connues ; et comme leur organisation offre peu de différences importantes, leur classification est très difficile. Cette classification repose, comme celle des mammifères, sur la structure des membres et sur l'appareil de la manducation, c'est-à-dire du bec et des pattes, organes qui sont généralement en rapport avec le régime alimentaire de ces animaux. Cuvier partage la classe des Oiseaux en six ordres, savoir :

1° Les *Rapaces* ou *Oiseaux de proie*,
2° Les *Passereaux*,
3° Les *Grimpeurs*,
4° Les *Gallinacés*,
5° Les *Échassiers* ou *Oiseaux de rivage*,
6° Les *Palmipèdes* ou *Oiseaux nageurs*.

ORDRE DES RAPACES.

§ 25. CARACTÈRES GÉNÉRAUX DES RAPACES (Хищныя). Tous les Rapaces se reconnaissent à leur bec robuste, crochu, terminé par une pointe aiguë, recourbée en bas, à leurs pieds vigoureux, armés d'ongles tranchants, à trois doigts en avant et un en arrière. Toutes les parties de leur corps annoncent une force considérable, en rapport avec leurs mœurs farouches. Ces oiseaux, nommés *Accipitres* par Linné, représentent, dans leur classe, les carnassiers de la classe précédente. Ils se nourrissent de chairs palpitantes, poursuivent les autres espèces plus faibles qu'eux, ne craignent pas les mammifères et les reptiles, qu'ils combattent avec avantage, à l'aide de leur bec redoutable et de leurs serres robustes. Ce sont des animaux sauvages, farouches, qui vivent seuls en véritables brigands des airs, isolés des animaux de leur espèce. Ils placent leur habitation sur des rocs escarpés, des montagnes inaccessibles, ou sur le sommet des édifices ruinés. Les petits naissent, en général, les yeux fermés et privés de plumes; ils ne peuvent vivre sans le secours de leurs parents, qui les chassent souvent loin d'eux, avant qu'ils puissent pourvoir complètement à leurs besoins.

§ 26. DIVISION. L'ordre des Rapaces se partage en deux familles : les *Diurnes* qui ont la tête et le cou bien proportionnés, les narines entourées d'une *cire*, le plumage serré, les yeux dirigés de côté, le doigt externe en avant et uni par une petite membrane au doigt médium ; les *Nocturnes* qui ont la tête grosse, le cou court, les plumes lâches et molles, les yeux très grands et dirigés en avant, les doigts entièrement séparés, et l'externe pouvant se diriger à la volonté de l'animal, soit en avant, soit en arrière.

FAMILLE DES RAPACES DIURNES.

§ 27. FAMILLE DES RAPACES DIURNES. (Хищныя дневныя). Tous les oiseaux de cette famille ont les ailes puissantes, le vol rapide et élevé ; ils aiment la lumière, et ce n'est que pendant le jour qu'ils poursuivent leur proie ; de là leur est venu le nom de Diurnes. Nous signalerons parmi les genres et les espèces les plus remarquables:

§ 28. FAUCONS (Соколы). Les Faucons, qui ont pour caractères distinctifs la tête et le cou couverts de plumes, le bec fort et ordinairement courbé à partir de sa base, des sourcils saillants, qui font paraître les yeux comme enfoncés, des ongles très robustes crochus et rétractiles. Presque tous les Faucons se font remarquer par leur attitude fière, noble et hardie, par la finesse de leurs sens, surtout de celui de la vue, qui est plus parfait que chez aucun autre animal, et d'une puissance telle, que, planant dans les airs, ils aperçoivent les mammifères, les reptiles les plus petits s'agitant à la surface du sol. Courageux et cruels, leur vie est un combat continuel, car ils ne se repaissent que de chairs palpitantes, et dédaignent les cadavres, sur lesquels ils ne se jettent que pressés par une faim excessive. Les grands oiseaux, les mammifères vigoureux sont les proies des grandes espèces; les plus petites attaquent des Alouettes, des Moineaux, tuent les oiseaux faibles, et même quelquefois des insectes. Enfin, il en est qui se nourrissent de poissons, qu'ils pêchent avec beaucoup d'adresse. Les Faucons sont des animaux farouches, difficiles à apprivoiser, toujours prêts à saisir l'occasion de recouvrer leur liberté. Ils affectionnent les gorges des montagnes, les lieux élevés et déserts, et les monuments en ruine. Les grosses espèces ne pondent que deux ou trois œufs; tandis que les petites en produisent six ou sept. Ils n'élèvent point leurs petits avec cette tendresse qu'on admire chez les autres oiseaux: ils les chassent souvent du nid paternel, avant qu'ils puissent pourvoir facilement à leurs besoins, parfois même ils les dévorent.

Le nombre considérable d'espèces renfermées dans ce grand genre, a porté les naturalistes à y faire plusieurs coupes; on les partage d'abord en deux grandes sections : les *Oiseaux de proie nobles* et les *Oiseaux de proie ignobles*.

§ 29. Oiseaux de proie nobles. Les Oiseaux de proie nobles ont été ainsi nommés, parcequ'ils sont les plus dociles, les plus susceptibles d'éducation, et propres à être employés dans la fauconnerie. Ils sont faciles à reconnaître, en ce que la première plume de l'aile est presque aussi longue que la seconde, qui est la plus étendue, ce qui donne à ce membre une forme aiguë. L'éducation des Faucons est longue et difficile : il faut dompter l'oiseau, lui faire comprendre sa dépendance et l'inutilité de la révolte, par la privation des aliments et les entraves. On l'accable de fatigue, on le prive de sommeil, on ne lui donne à manger, que lorsqu'il vient lui-même chercher sa nourriture, qu'on lui déguise sous toutes sortes de formes. Enfin, l'oiseau est esclave : il reconnait son maître, obéit à sa voix, et s'attache à sa personne. On l'accoutume peu à peu à connaître le gibier, à la chasse duquel on le destine; cependant on ne le fait chasser, que lorsqu'il est parfaitement dressé, et qu'il ne veut plus fuir; alors on le porte sur le poing, la tête couverte d'un chaperon, et on ne lui rend la lumière, que lorsqu'on veut le lancer sur le gibier. Aussitôt que le Faucon se sent délivré, il s'envole, fond sur sa proie, s'en empare, et l'apporte à la voix du chasseur. Du reste, la chasse au vol, si usitée pendant plusieurs siècles, regardée comme si noble que plusieurs souverains ont écrit des traités de fauconnerie , est tout-à-fait tombée en désuétude en Europe ; quoiqu'elle soit encore un des plus vifs plaisirs de quelques peuples asiatiques.

§ 30. Oiseaux de proie ignobles. Les Oiseaux de proie ignobles, qu'on a injustement flétris de ce nom, sont ceux que leur indépendance et leur indocilité rendent impropres à la fauconnerie. Cette section, beaucoup plus nombreuse que la précédente, se reconnait en ce que la première penne est très courte , tandis que la quatrième est presque toujours la plus longue, de manière que, si l'on considère la forme de l'aile, celle-ci semble avoir été tronquée par le bout.

Le genre faucon a été divisé en plusieurs groupes , dont voici les plus importants : les *Faucons proprement dits*, les *Aigles*, les *Autours*, les *Buses* et les *Milans*.

§ 31. Faucons proprement dits. Les Faucons proprement dits ont la mandibule supérieure armée d'une forte dent de chaque côté. La force de leur bec, la puissance de leur vol, influent sur leurs habitudes; comme ils sont les mieux armés des oiseaux, ils en sont aussi les plus courageux. Tous appartiennent à la section des Oiseaux nobles, car ils sont de tous les Oiseaux de proie les plus susceptibles d'éducation.

§ 32. Le *Faucon commun* (Соколъ настоящiй) est de la grosseur d'une poule ; et, malgré les variations de couleur qu'il présente dans son plumage , il se reconnait toujours à une large moustache noire de forme triangulaire , qu'il porte sur la joue. Son vol rapide et puissant le porte dans toutes les contrées; quoiqu'il se rencontre particulièrement dans le Nord. Il se nourrit de gros oiseaux , et fond sur eux avec tant d'impétuosité , qu'il ne peut les saisir sur la terre, car il se briserait dans sa chute. Il semblerait que cet oiseau peut parvenir à un âge très avancé ; car on rapporte, qu'un habitant du cap de Bonne Espérance , prit , en 1793, un individu qui portait au cou un anneau d'or, sur lequel était une inscription, apprenant qu'il appartenait,en 1610, au roi d'Angleterre Jacques 1-er.

§ 33. Le *Hobereau* , (Чеглокъ) qu'on rencontre depuis la France jusqu'en Sibérie, est la moitié plus petit que le Faucon commun ; aussi ne se nourrit-il que de petits oiseaux. Son pelage est brun foncé en dessus, blanchâtre en dessous, avec des taches brunes.

§ 34. L'*Emérillon* (Дербникъ), est le plus petit des Faucons, car sa taille ne depasse guère celle d'une grosse Grive. Son extrême docilité le faisait rechercher pour la chasse des petits oiseaux. Il est cendré en dessus et taché de noir. On le trouve particulièrement dans les montagnes boisées de l'Europe.

§ 35. La *Cresserelle* (Кобецъ), ou vulgairement *Emouchet*, doit son nom à son cri aigre et plus désagréable encore que celui des autres oiseaux de proie. Ce rapace dont le plumage est roux, taché de noir, se trouve communément dans les parties tempérées de l'Europe, et rend quelques services, en détruisant les Rats, les Souris , les Mulots et quelques reptiles ; il est vrai qu'il attaque egalement les oiseaux les plus faibles.

§ 36. Le *Gerfault* ou *Faucon d'Islande*, (Кречетъ) qui habite dans le nord de l'Europe , était le plus estimé de tous les oiseaux de fauconnerie; et, quand il était bien dressé, on le regardait comme un présent digne d'un souverain. Sa taille est à peu près d'un quart plus forte que celle du Faucon commun. On le dressait surtout pour attaquer les gros oiseaux de marais: La chasse du Héron par le Gerfault était un des plaisirs les plus recherchés des temps de la féodalité.

TRENTIÈME LEÇON.

Suite des Oiseaux de proie diurnes. Aigles. Espèces remarquables. Autours. Buses. Milans. Vautours. Vautours proprement dits. Gypaétes. Percnoptères.

§ 37. AIGLES. (Орлы). Les Aigles ont un bec alongé , crochu seulement à l'extrémité et sans dentelures, les tarses courts et emplumés jusqu'à la racine des doigts. Ces oiseaux, remarquables par la noblesse de leur port qui répond à la noblesse de leur naturel, par leur attitude fière et hardie, par l'audace qui brille dans leur regard, par leur force et leur courage, ont été choisis par les peuples anciens comme le symbole de la valeur ; et de nos jours encore, plusieurs souverains les portent dans leurs armoiries. Cependant ce n'est point, ainsi qu'on l'a prétendu, par générosité qu'ils n'attaquent point les petits oiseaux; mais parce qu'ils n'offrent point à leur voracité une proie suffisante; et qu'ils échappent facilement à leur poursuite, en se cachant parmi les buissons. Ils font leur proie ordinaire de Lièvres, d'Agneaux, de Chevreuils, de Daims, et même de jeunes Cerfs. Après avoir terrassé leur proie, ils la saisissent ordinairement dans leurs griffes puissantes, et la transportent dans leur aire, pour la déchirer en lambeaux et s'en repaître à loisir. Il est prouvé que l'Aigle royal a quelquefois enlevé des enfants ; voici, à l'appui de cette opinion, un événement douloureux et malheureusement authentique. Le 18 Juin 1838, deux enfants, Marie Délex, agée de cinq ans, et Marie Lombard, qui n'en avait que trois, jouaient ensemble dans un hameau du canton du Valais. Tout-à-coup un Aigle royal se précipita sur Marie Délex, et l'enleva dans les airs. Aux cris de sa petite compagne, des paysans accoururent, et on chercha partout, mais inutilement, la pauvre enfant. On finit, après beaucoup de recherches, par découvrir le nid de l'Aigle, dans lequel étaient deux petits Aiglons, au milieu d'ossements d'animaux ; mais sans nul vestige de la petite Marie. Son cadavre horriblement mutilé ne fut retrouvé que le 13 Août, à une demi lieue de l'endroit, où elle avait été enlevée.

Ces oiseaux placent ordinairement leur nid parmi les rochers. Ce nid, auquel on donne le nom d'*aire*, est large de près de cinq pieds, et formé de branches d'arbres entrecroisées. Il présente l'aspect d'un charnier infect ; car il sert pendant toute la vie, souvent fort longue, de celui qui l'a construit, et les ossements des animaux qu'il dévore, s'entassent dans cette retraite.

§ 38. Les Aigles se trouvent dans toutes les parties de l'Ancien Continent et dans les latitudes les plus diverses ; on en connait quelques espèces qui sont propres à la Nouvelle-Hollande ; on en trouve rarement dans les îles, où ils ne pourraient se procurer une nourriture assez abondante, excepté les *Aigles Pêcheurs*, qui se fixent constamment sur les rivages de la mer, ou à l'embouchure des fleuves. Les femelles sont d'environ un tiers plus grandes que le mâle ; il parait qu'elles sont aussi plus courageuses. Elles pondent deux ou trois œufs; mais on a lieu de croire qu'elles n'élèvent souvent qu'un petit Aiglon à la fois. Pris jeunes, les Aigles s'apprivoisent assez facilement ; mais leur caractère est triste ; adultes, ils sont ordinairement méchants; et, quand ils sont vieux, il n'est plus possible de les approcher. La durée de la vie des Aigles n'est pas connue ; elle est probablement très longue, car, parmi d'autres faits, Klein assure qu'on garda un Aigle à Vienne pendant cent-quatre ans.

§ 39. L'*Aigle commun* ou *Aigle fauve* (Орелъ обыкновенный) habite toutes les grandes forêts de l'Europe ; mais surtout celles qui sont un peu froides. Il ne diffère que par l'âge de l'*Aigle royal*. Il se nourrit d'Agneaux et de Faons qu'il enlève avec beaucoup d'audace. Cet oiseau est reconnaissable à sa queue arrondie et plus longue que les ailes ; le sommet de sa tête est d'un roux vif doré, et toutes les autres parties du corps d'un brun obscur plus ou moins noirâtre, suivant l'âge; sa queue est d'un brun foncé, rayée assez régulièrement de brun noirâtre.

§ 40. L'*Aigle impérial*, (Орелъ Царскій) qui est un peu plus trapu que le précédent, réside en Afrique, et dans les hautes montagnes du midi de l'Europe. Il fait la chasse aux Daims, aux Chevreuils et aux autres mammifères, qu'il enlève avec une force incroyable. Il est d'un brun assez foncé sur le dos, avec quelques plumes d'un blanc pur. C'est l'*Aigle doré* des anciens ; et c'est à lui que se rapportent les récits fabuleux qu'ils faisaient de la force, du courage et de la magnanimité de l'Aigle: il était presque déifié, et considéré par les anciens comme le messager des Dieux.

§ 41. Les *Aigles pêcheurs* (Орлы рыболовы) diffèrent des espèces précédentes par leurs tarses, qui ne sont emplumées que dans leur moitié supérieure, et par des mœurs un peu aquatiques. En effet, ils se nourrissent principalement de poissons qu'ils saisissent avec beaucoup d'adresse, et même souvent de Phoques ou d'oiseaux de mer, les Aigles pêcheurs présentent deux espèces remarquables:

L'*Orfraie* ou *Pygargue*, (Бѣлохвостъ) car ce n'est qu'un même oiseau, dans un âge différent, se trouve dans le nord de l'Europe; mais il est aussi assez commun dans les régions tempérées. Il chasse le jour; cependant il voit mieux dans les ténèbres que les autres oiseaux diurnes.

La *Grande Harpie* (Гарпія) aussi nommée *Aigle destructeur*, qui vit dans l'Amérique méridionale, a l'aspect des oiseaux de proie nocturnes. Son plumage est cendré au cou et à la tête, qui est surmontée d'une petite huppe noire, que l'oiseau hérisse, quand il est en colère. Ses serres sont très fortes, et son bec si puissant, qu'on prétend, mais probablement à tort, qu'il lui est arrivé quelquefois de briser le crâne des hommes.

§ 42. Autours. (Ястребы). Les Autours se font remarquer par la grande longueur de leurs tarses et par la brièveté de leurs doigts. L'espèce la plus remarquable est l'*Epervier commun*, (Голубятникъ) qui a les ailes plus courtes que la queue, et le bec courbé dès la base ; il a le plumage brun en dessus et blanc en dessous, avec des raies foncées entravers. L'Epervier était sacré pour les Egyptiens; et, selon Hérodote, si quelqu'un tuait par mégarde un de ces oiseaux, son crime involontaire était puni de mort. Ils représentaient Osiris, une de leurs divinités, tantôt sous la figure d'un Epervier, tantôt sous celle d'un homme portant une tête de cet animal. Enfin, suivant Homère, cet oiseau était consacré à Apollon, et on le vénérait comme le messager des Dieux, parcequ'il peut fixer le soleil.

§ 43. Buses. (Сарычи). Les Buses offrént une tête grosse, un bec arqué dès la base, l'espace entre l'œil et les narines dénué de plumes et couvert de poils. Quoique ces oiseaux diffèrent peu des Aigles, ils n'en ont ni la force, ni l'air audacieux. Ils sont sédentaires, paresseux, et restent des heures entières immobiles sur la même branche. Les Buses ne prennent point leur proie en volant comme la plupart des autres rapaces, car leur vol est lent et pesant; mais ils la guettent avec une patiente immobilité, qui leur a valu la qualification de stupides. Elles détruisent beaucoup de gibier, sur lequel elles fondent à l'improviste, quand il vient à passer. Nous n'avons en Europe qu'une seule espèce de Buse, la *Buse commune*, (Сарычь обыкновенный), qui est brune et plus ou moins ondée de blanc sous le ventre. Cet oiseau soigne ses petits plus tendrement que les autres rapaces, et ne les chasse du nid, que lorsqu'ils peuvent se passer tout-à-fait du secours de leur mère.

§ 44. Milans (Коршуны). Les Milans se font remarquer par des ailes extrêmement longues et une queue fourchue. Leur vol est puissant et rapide; mais, comme ils sont moins bien armés que les autres Faucons, ils sont les moins courageux de cette tribu, et la colère d'une poule suffit pour les éloigner des poussins. Ils ne se nourrissent que de faibles proies, et souvent même se jettent sur des débris d'animaux. Le *Milan commun*, qui habite l'Europe et l'Amérique, est fauve avec les pennes des ailes noires. C'est celui de tous les oiseaux qui se soutient le plus long-temps dans l'air, et avec le plus de calme et de facilité. Il plane en décrivant des cercles immenses, et il semble, comme dit Buffon, que le vol soit son état naturel. Cependant il ne poursuit pas sa proie en volant, mais fond sur elle quand elle est en repos.

§ 45. Vautours. (Грифы). Les Vautours se reconnaissent à la nudité de la tête et même d'une partie du cou, à la forme du bec qui n'est courbé qu'à son extrémité, et à des ongles peu crochus. Leur attitude n'est point relevée et fière, comme celle des Faucons, mais presque toujours horizontale et sans noblesse. Ces oiseaux ont un aspect désagréable ; l'odeur infecte qu'ils répandent, leurs habitudes sales, la gloutonnerie avec laquelle ils se jettent sur des chairs en putréfaction, tout contribue à les rendre dégoûtants. Cependant, quelques espèces, qui semblent former le passage aux Faucons, possèdent un peu de leurs habitudes et de leur courage. La dissection des organes de l'odorat annonce que ce sens est très développé; et, quoique quelques expériences aient pu faire croire le contraire, l'observation de ces oiseaux en liberté prouve, qu'ils peuvent être amenés de fort loin, dirigés par ce seul organe. Comme la nécessité ne les oblige pas à vivre solitaires, comme les oiseaux chasseurs, ils se réunissent ordinairement par bandes considérables. Dans plusieurs villes de l'Orient et de l'Amérique méridionale, les Vautours sont protégés par les lois ou par une sorte de respect religieux, à cause des services qu'ils rendent, en purgeant les rues des matières animales et putrescibles.

On peut partager les Vautours en trois sous-genres: Les *Vautours proprement dits*, les *Gypaètes* et les *Percnoptères*.

§ 46. Vautours proprement dits. Les Vautours proprement dits ont la tête et le cou dépourvus de plumes, et une sorte de collerette, formée par de long duvet, à la partie inférieure du cou. Ils appartiennent aux contrées montagneuses, soit de l'Ancien, soit du Nouveau-continent. Les espèces les plus remarquables sont :

Le *Vautour fauve* (Гриф бѣлоголовый), qui doit son nom à la couleur de son plumage. Il est de la grosseur d'un Cygne, et se trouve sur toutes les montagnes de l'Ancien-Continent.

Le *Condor*, (Кондор) appelé aussi *Grand Vautour des Andes*, qui habite les endroits les plus solitaires des hautes montagnes de l'Amérique méridionale. Il se distingue du Vautour fauve par l'existence, chez le mâle, de caroncules charnus sur la tête. Il est presque complètement noir, avec une collerette blanche. La taille de cet oiseau, quoique fort extraordinaire, puisqu'il peut parvenir à près de dix pieds d'envergure, a été pendant long-temps fort exagérée; il en est de même de la force qu'on lui attribue. Ces animaux se nourrissent principalement de charognes; quoiqu'ils attaquent quelquefois de petits mammifères. On a prétendu qu'ils enlèvent des Lamas, des Vigognes, et les transportent à dé prodigieuses hauteurs pour les dévorer; mais la disposition de leurs pattes ne leur permettrait pas de saisir leur proie assez fortement. Il est vrai, cependant, que la force de leur vol dépasse celle de tous les oiseaux : le Condor s'élève quelquefois à une si grande hauteur, qu'il disparait à la vue; et qu'on ne peut s'expliquer, comment il vit dans une atmosphère aussi raréfiée.

§ 47. Gypaëtes. (Ягнятники). Les Gypaëtes ont sur la tête quelques plumes courtes. Ce sont les plus courageux des Vautours; et ils se rapprochent un peu des Aigles par leur force et par leur audace; de là est venu leur nom, qui est d'origine grecque et veut dire *Vautour-Aigle.*

Il n'existe probablement qu'une seule espèce de ce genre, le *Gypaëte barbu,* (Ягнятникъ или Бородачь), ainsi nommé à cause d'un pinceau de soies rudes situées sous le bec. C'est le plus grand des oiseaux de proie de l'Ancien-Continent; on en cite un, tué en Egypte, qui avait quatorze pieds de l'extrémité d'une aile à l'autre extrémité de l'aile opposée. Il attaque les Chamois, les Chèvres, les Agneaux, et même, dit-on, les hommes endormis. Les Gypaëtes, appelés aussi *Vautours des agneaux,* vivent par paire sur les sommets les plus inaccessibles des hautes montagnes.

§ 48. Percnoptères. (Сипы). Les Percnoptères ont la tête nue, le bec grêle et le cou emplumé. Ce sont les plus faibles des Vautours, et leur existence est la plus abjecte, puisqu'ils se contentent des immondices les plus dégoûtants.

Le *Percnoptère d'Egypte,* (Коршунъ Египетскій), qui est de la taille d'un Corbeau, est surtout abondant en Egypte et en Arabie. Il suit, en grandes troupes, les caravanes dans les déserts, pour dévorer tout ce qu'elles laissent sur leur passage. Les Egyp-

tiens les révéraient par reconnaissance pour leurs services, et
les ont représentés souvent sur leurs monuments ; de nos jours,
les Orientaux les protègent, et quelquefois même, selon Cuvier, les
dévots musulmans lèguent une somme, pour entretenir un certain
nombre de ces oiseaux.

TRENTE-UNIÈME LEÇON.

Famille des Oiseaux de proie nocturnes. Sous-genres les plus remarquables. Ordre des Passereaux. Caractères généraux. Division, Famille des Passereaux dentirostres : Pies-Grièches. Merles. Gobe-
Mouches. Tangaras. Cotingas. Loriots. Lyres. Becs-fins.

FAMILLE DES OISEAUX DE PROIE NOCTURNES.

§ 49. FAMILLE DES OISEAUX DE PROIE NOCTURNES. (Хищныя ночныя).
Dans les oiseaux de cette famille, le bec est court, recourbé dès
la base, et entouré d'une cire recouverte de plumes raides et sans
barbes ; la face est environnée d'une sorte de collerette de
plumes très molles. Ils ont le vol peu puissant ; mais plusieurs
de leurs sens atteignent une grande perfection, favorable à leur
vie nocturne. Leurs yeux sont très volumineux, et présentent un iris
fort mobile ; afin de les garantir de l'impression de la lumière ;
quand, par hasard, elle vient à les frapper. Dans beaucoup d'espèces, on remarque une sorte de conque auditive, destinée sans
doute à recueillir les sons.

Les Rapaces nocturnes ne chassent que pendant le crépuscule,
ou lorsque la nuit n'est pas très sombre ; leur nourriture se
compose de petits oiseaux et de petits mammifères, sur lesquels
ils fondent à l'improviste ; car leurs ailes sont garnies de plumes molles, qui leur permettent de voler sans bruit. Ces animaux redoutent tellement la lumière, que leurs nids, dans lesquels ils passent le jour, sont construits dans les lieux obscurs.
Rarement ils se tiennent parmi les branches des arbres ; quand
les petits oiseaux, dont ils sont la terreur pendant la nuit, parvien-

nent à les y découvrir ; ils viennent les assaillir en masse ; et ,
pendant cette attaque, les malheureux , incapables de se défendre,
prennent les positions les plus singulières et les plus grotesques;
ce qui leur a fait donner, par Aristote , le nom *de Batteleurs* ou
Bouffons,

§ 50. Les Rapaces nocturnes ne pondent qu'un petit nombre
d'œufs , dans des nids fort grossièrement faits; quelquefois même,
ils les déposent sur la poussière qui s'accumule dans les édifices
ruinés. Au lieu de déchirer leur proie comme les oiseaux diurnes,
ils l'avalent ordinairement toute entière ; et ils rejettent par le
bec, sous forme de pelotte arrondie , les os , les plumes ou les
poils. Les Hiboux font entendre pendant la nuit des cris plaintifs,
considérés dans beaucoup de pays, par la superstition populaire ,
comme de funeste présage ; ce qui fait que souvent on les persé-
cute; cependant ils rendent de grands services, en détruisant un
nombre considérable de mammifères nuisibles.

Cette famille ne se compose que du seul genre *Hibou* , qu'on
divise en plusieurs sous-genres , d'après des caractères peu
importants , savoir : les *Chevèches* , les *Ducs* , les *Chouettes* et les
Effrayes.

§ 51. Chevèches. (Сычи). Les Chevèches ont le bec courbé
dès la base , et la tête dépourvue d'aigrettes. On remarque parmi ces oiseaux, le *Harfang* (Бѣлянки) qui semble pouvoir mieux
supporter la lumière que les autres Hiboux. Son plumage est
blanc , bigarré de taches noirâtres. Il habite les contrées septentrionales de l'Europe ; il se retire le jour dans les bois, et passe
la nuit au bord des rivières ; car il se nourrit , au moins en
partie, de poissons, qu'il pêche avec beaucoup d'adresse.

§ 52. Ducs. (Филины). Les Ducs diffèrent des Chevèches par
des aigrettes qui surmontent la tête. Le *Grand Duc* (Пугачь),
est l'oiseau le plus volumineux de toute la famille ; il habite
dans la plus grande partie de l'Europe, et fait son nid dans les
cavernes et les monuments abandonnés. Il se nourrit de Lièvres,
de Lapins, d'oiseaux et quelquefois de reptiles et d'insectes.

§ 53. Chouettes. (Лапланки). Les Chouettes ont aussi des
aigrettes, comme les Ducs ; mais elles se distinguent en outre par
la grandeur des oreilles, qui possèdent un pavillon extérieur. C'est
à ce groupe qu'appartient le *Moyen Duc* ou *Hibou commun* (Ла-

планка ушастая) qui rend de véritables services, en détruisant des quantités considérables de rongeurs et d'insectes.

§ 54. EFFRAYES. (Совы). Les Effrayes n'ont point d'aigrettes; mais on ne peut les confondre avec les Chevêches , puisque le bec est d'abord droit, et ne se courbe qu'à son extrémité.

L'*Effraye commune* (Сова обыкновенная), est répandue sur tout le Globe. C'est elle qui est spécialement l'objet des frayeurs superstitieuses; elle niche ordinairement dans les clochers.

ORDRE DES PASSEREAUX.

§ 55. CARACTÈRES GÉNÉRAUX. L'ordre des Passereaux (Воробьи-ныя) réunit des oiseaux de forme, de régime et de mœurs diffé-rentes, qui n'ont pas de caractères communs fort nombreux; on y renferme une foule d'espèces qu'on ne saurait placer dans d'au-tres groupes, aussi est-il peu naturel. Voici cependant quelques signes qui peuvent faire connaître les oiseaux qui lui appartien-nent : ils ont quatre doigts, trois en avant et deux en arrière; ce qui les distingue des grimpeurs; leurs jambes sont courtes, ce qui les sépare des échassiers ; leurs pieds ne sont jamais palmés , ce qui les éloigne des palmipèdes ; leurs ongles faibles et leur bec droit ne permettent pas de les confondre avec les rapaces. Enfin, les doigts externes seulement sont unis par une courte membrane ; tandis qu'on retrouve cette petite membrane, entre les autres doigts des gallinacés. Nous pouvons ajouter que les Passereaux vivent par paires, et que leurs petits naissent aveugles et complètement nuds. C'est dans cet ordre que se trouvent les nombreux oiseaux chanteurs, dont les concerts charment si souvent nos oreilles. Les Passereaux se nourrissent d'aliments très variés : de graines , de fruits, d'insectes ou de vers.

§ 56. DIVISION. Cet ordre se partage en cinq familles , recon-naissables aux caractères suivants :

1º Les *Dentirostres*, dont la mandibule supérieure porte des échan-crures ou dents plus ou moins fortes ;

2º Les *Fissirostres*, qui ont le bec sans échancrures, court, large, aplati et très fendu ;

3º Les *Conirostres* , qui ont également le bec sans échancrures , mais fort, et plus ou moins conique ;

4° Les *Ténuirostres*, qui ont le bec long, effilé, grêle, arqué ou droit, ordinairement sans échancrures, ou très faiblement échancré.

5° Les *Syndactyles*, dont le doigt externe est presque aussi long que celui du milieu et lui est uni jusqu'à l'avant dernière articulation.

FAMILLE DES PASSEREAUX DENTIROSTRES.

§ 57. Famille des Passereaux dentirostres. (Зубчатоклювыя). La plupart des oiseaux de cette famille sont insectivores ; mais ils mangent aussi des baies et des fruits tendres. La forme de leur bec varie beaucoup, et sert à former différents genres, parmi lesquels nous remarquerons: les *Pies-grièches*, les *Merles*, les *Gobe-mouches*, les *Tangaras*, les *Cotingas*, les *Loriots*, les *Lyres* et les *Becs-fins*.

§ 58. *Pies-grièches*. (Сорокопуты). Les Pies-grièches ont le bec fort, très comprimé, denté à la pointe, et terminé en crochet. On rencontre de ces oiseaux dans toutes les parties du globe, excepté peut-être dans l'Amérique méridionale. Ils se font remarquer par leur courage, qui est tel qu'ils ne considèrent ni la taille, ni la force de la proie qu'ils attaquent ; aussi meurent-ils souvent dans des combats trop inégaux. Certaines espèces se jettent sur les autres oiseaux, même sur des Lapins et des Lièvres, dont ils fendent le crâne pour dévorer la cervelle ; d'autres enfilent, aux épines des buissons tout le superflu de leur nourriture, pour le retrouver au besoin. Il existe plusieurs espèces de Pies-grièches en Europe, parmi lesquelles nous indiquerons : La *Pie-grièche commune* (Сорокопут обыкновенный) qui est de la taille d'une Grive, cendrée en dessus, blanche en dessous; la *Pie-grièche écorcheur*, (Жулан) qui est plus petite que la précédente. Elle a le dos et les ailes fauves et le ventre blanchâtre. Cet oiseau se fait remarquer par l'habitude d'enfiler aux épines de petits oiseaux, des Grenouilles, des Lézards, des insectes, afin de les dévorer à son aise.

§ 59. Merles (Дрозды). Les Merles ont un bec médiocre, comprimé littéralement, échancré, mais dont la pointe ne fait point de crochet. On les partage en deux sections : les *Merles proprement dits*, dont le plumage offre une coloration uniforme ou distribuée par grandes masses; et les *Grives*, dont tout le corps, ou au moins la poitrine , offre des taches mouchetées. Les premiers sont sédentaires et vivent en familles ; les seconds sont des oiseaux voyageurs , qui se réunissent en bandes nombreuses à l'époque de leurs migrations.

Le *Merle commun* (Дроздъ черный), vit constamment en Europe. Il est complètement noir et a le bec jaune ; la couleur de la femelle tire sur le roussâtre. C'est un oiseau défiant et rusé ; cependant il s'apprivoise avec facilité , et répète les airs qu'on lui apprend.

Le *Merle polyglotte* ou *Moqueur* est cendré avec une bande blanche sur les ailes. Son premier nom lui vient de la facilité, avec laquelle il imite le chant des autres oiseaux ; le second , d'un certain accent moqueur, qu'il met, dit-on, dans cette imitation. Les habitants de l'Amérique méridionale. dont il est indigène, étonnés de cette variété de chant l'appellent, l'Oiseau aux quatre-cents langues.

§ 60. La *Grive commune*, (Дроздъ пѣвчий) a la poitrine mouchetée de taches noires , et le dessous des ailes jaunes. Elle se trouve dans toute l'Europe , et fort abondamment en Russie. Sa chair , réellement très délicate, était estimée des Romains , qui engraissaient des milliers de ces oiseaux pour les rendre plus succulents.

L'*Etourneau* (Скворецъ), dont le plumage d'un noir métallique est parsemé de taches blanches. Cet oiseau , répandu en Europe et en Asie, est susceptible d'éducation : il apprend même à prononcer quelques mots. Dans les campagnes de la Russie , il est traité avec une sorte de respect : c'est un hôte qui s'établit au milieu des villages , et que les paysans accueillent avec beaucoup de bienveillance.

§ 61. GOBE-MOUCHES (Мухоловки). Les Gobe-mouches ont le bec angulaire, garni de poils à sa base et très courbé à sa pointe. Ce sont des oiseaux voyageurs , dont on rencontre des espèces répandues dans les deux continents. Ils doivent leur nom , à la manière dont ils saisissent leur proie en volant. Elle consiste en insectes dont la multiplication deviendrait un fléau pour l'homme.

§ 62. Tangaras (Тангары). Les Tangaras ont le bec conique, triangulaire à sa base, et muni d'échancrures. Ces oiseaux ressemblent beaucoup par le port à nos Moineaux ; mais ils sont, pour la plupart ornés des plus riches et des plus vives couleurs. Leurs mœurs et leurs habitudes rappellent celles de nos Fauvettes: ils vivent de baies, de graines et d'insectes. Ce genre, ou plutôt cette famille, renferme un très grand nombre d'espèces toutes étrangères à nos climats. Nous devons ajouter que si ces oiseaux sont doués d'une brillante parure, par opposition leur chant, à quelques exceptions près, est peu agréable.

Le *Tangara septicolor*, (Тангара семи-цвѣтный), c'est-à-dire à sept couleurs, est le plus beau de cette famille : le vert, le noir velouté, le rouge, l'orange, le bleu, le violet, et le vert pâle diversifient harmonieusement son plumage.

§ 63. Cotingas (Котинги). Les Cotingas ont le bec court, déprimé légèrement, arqué, et plus haut que large. Ces oiseaux sont tous indigènes des contrées chaudes de l'Amérique méridionale, et se font remarquer au printemps, surtout les mâles, par l'éclat du pourpre et de l'azur qui décorent leur plumage. On cite particulièrement par leur beauté : le *Cotinga-pompadour*, qui est d'un pourpre clair, avec les pennes des ailes blanches; le *Cotinga cordon bleu*, dont le plumage est bleu d'outremer, avec la poitrine violette, traversée par une bande de couleur bleue.

§ 64. Loriots. (Иволги). Les Loriots ont le bec fort, comprimé horizontalement, et relevé d'une arête. Ils ressemblent beaucoup aux Merles, mais la nature les a beaucoup plus richement parés. Nous trouvons, dans nos forêts, le *Loriot d'Europe* nommé par les Allemands *Merle d'or*. (Иволга золотая). Le mâle est jaune et or ; la femelle varie du noir au jaune verdâtre.

§ 65. Lyres. (Менуры). Les Lyres, par la forme de leur bec comprimé et échancré, par la disposition de leurs pieds, appartiennent évidemment à l'ordre des Passereaux, quoique la grandeur de leur taille les ait fait souvent ranger parmi les Gallinacés. Il n'existe qu'une seule espèce de ce genre, la *Lyre*, dont le mâle porte à la queue deux grandes plumes externes, recourbées en S, comme les branches d'une lyre, puis deux moyennes assez étroites, et enfin douze plumes à barbes éffilées. Cet oiseau de la grandeur du Faisan, vit dans les forêts de la Nouvelle-Hollande.

§ 66. *Becs – fins.* (Славки). Les Becs – fins ont le bec droit, grêle, en forme d'alène, la mandibule inférieure droite, la mandibule supérieure souvent échancrée. Ces oiseaux forment un genre nombreux, dans lequel on compte les chanteurs les plus habiles. Ils vivent ordinairement d'insectes, quoiqu'ils mangent aussi quelquefois des fruits. On rencontre dans ce genre : le *Rossignol*, la *Fauvette*, le *Roitelet*, le *Rouge-gorge*, les *Bergeronettes*, la *Farlouse etc.*

§ 67. Le *Rossignol* (Соловей) est célèbre, non à cause de sa beauté, car son plumage est d'un brun roussâtre en dessus, et d'un gris blanchâtre en dessous, mais par le chant si varié, si puissant, si limpide, si rempli de douceur et d'harmonie qu'il fait entendre pendant le silence des nuits.

La *Fauvette* (Травничекъ) vient nous visiter au printemps comme le Rossignol, dont elle a en grande partie les mœurs. Sa voix facile, pure et légère tient un peu de celle de cet admirable chanteur. La nature d'ailleurs ne l'a pas plus brillamment parée : son plumage est brun cendré au dessus, blanchâtre en dessous.

Le *Roitelet*, (Королекъ) le plus petit des oiseaux d'Europe, vit de mouches et d'autres insectes qu'il poursuit avec avidité.

§ 68. Les *Bergeronettes* ou *Hoche-queue*, (Трясогуски) aussi nommées *Lavandières*, sont de jolis oiseaux reconnaissables à leur longue queue, qu'elles ont l'habitude de hocher, c'est-à-dire de remuer continuellement. On rencontre ordinairement ces oiseaux aux formes élégantes sur les bords des rivières et dans les prairies.

La *Farlouse* ou *Alouette des prés* (Щервица луговая) présente beaucoup de rapports avec les véritables Alouettes; cependant elle s'en distingue par l'échancrure de son bec. Elle vit dans les prairies humides et grasses, et se nourrit ordinairement de petits insectes ; mais en automne, saison pendant laquelle elle mange du raisin, elle devient extrêmement grasse, et se vend alors sous le nom de *Bec-figue.*

TRENTE-DEUXIÈME LEÇON.

Suite de l'ordre des Passereaux. Famille des Fissirostres. Hirondelles. Espèces les plus remarquables. Martinets. Engoulevents. Famille des Conirostres. Corbeaux.

FAMILLE DES FISSIROSTRES.

§ 69. FAMILLE DES FISSIROSTRES. (Широкоротыя). Les oiseaux de la famille des Fissirostres se nourrissent exclusivement d'insectes, qu'ils poursuivent les uns pendant le jour, les autres pendant la nuit. Tous sont voyageurs, et se font remarquer par l'étendue de leur vol. Ils ne présentent d'ailleurs qu'un petit nombre de genres qui puissent nous intéresser. Nous signalerons : les *Hirondelles*, les *Martinets* et les *Engoulevents*.

§ 70. HIRONDELLES. (Ласточки). Les Hirondelles ont le bec court, sans échancrure, fendu jusqu'aux yeux, et la mandibule supérieure un peu courbée à la pointe. Leurs ailes sont très longues, leur queue fourchue, et leurs pieds courts. Ces Passereaux vivent en troupes nombreuses, dans toutes les contrées de la terre, et s'établissent de préférence dans les lieux, où se trouvent des cours d'eau ; car ils y rencontrent en abondance les insectes dont ils composent leur nourriture. Ils nous rendent de cette manière de grands services ; et les Hirondelles doivent être comptées parmi les oiseaux les plus utiles. Elles apparaissent chez nous, quand le soleil du printemps a réveillé les insectes de leur sommeil d'hiver ; elles s'occupent bientôt de maçonner leurs demeures ingénieuses, de couver leurs œufs ; et, quand les chaleurs, en augmentant, favorisent la multiplication des insectes, elles redoublent d'ardeur et d'activité pour nourrir leurs petits. Les Hirondelles nous quittent de nouveau aux premiers froids de l'automne, pour aller dans des climats chauds, chercher une nourriture qui leur manquerait dans le nôtre. Cependant, bien que les voyages de ces oiseaux soient incontestables, ils ont été mis en doute par quelques naturalistes distingués. Ce qui paraît certain , en effet , c'est que quelques Hirondelles se retirent dans des cavernes, où elles passent l'hiver dans un profond engourdissement. On cite beaucoup d'exemples de ces Hirondelles trouvées pendant cette saison ; elles étaient alors comme mortes , mais elles se ranimaient bientôt à la chaleur.

Aucun oiseau ne vole mieux que l'hirondelle : l'air est son domaine; elle parcourt sans cesse sans paraître éprouver la moindre fatigue; on la voit tout en volant, boire, manger, quelquefois même donner la pâture à ses petits ; mais elle ne marche sur la terre qu'avec une grande difficulté; aussi n'y vient-elle jamais chercher sa nourriture. Le genre hirondelle est fort riche et renferme plus de cinquante espèces.

§ 71. Espèces les plus remarquables. L'*Hirondelle des fenêtres,* (Ласточка городская) dont le plumage est d'un noir lustré en dessus et d'un blanc pur en dessous, construit ordinairement son nid sous les avant-toits des maisons, ou aux angles des fenêtres , et quelquefois aussi dans les anfractuosités des rochers.

L'*Hirondelle de cheminée* , (Ласточка деревенская), qui a toutes les parties supérieures du corps noires à reflets violets , et la gorge, le front et les sourcils d'un brun marron. Elle est un peu plus grande que la précédente, et construit ordinairement son nid dans l'intérieur des cheminées , et souvent dans les écuries et dans les granges.

L'*Hirondelle de rivage* (Ласточка береговая), qui est la plus petite de celles qui fréquentent l'Europe. Elle a le dessus du corps gris de souris , la gorge et le ventre blancs. Elle ne construit point son nid comme les autres Hirondelles ; mais se creuse , au moyen de son bec et de ses pattes, un trou profond sur le bord des rivières.

§ 72. L'*Hirondelle salangane,* (Саланганъ), qui habite les îles situées au midi de l'Asie , est brune en dessus , blanchâtre en dessous et au bout de la queue. Cet oiseau est devenu célèbre à cause de son nid, considéré, en Chine, comme un mets très délicat. Les nids des Salanganes se rencontrent ordinairement sur les rochers, ou dans les cavernes qui bordent la mer. Ils sont composés d'une substance jaunâtre , gélatineuse , analogue à la colle de poisson. On a cru qu'ils étaient formés de la chair de mol--

lusques ou d'œufs de poisson ; mais il est reconnu maintenant que c'est une plante marine, une espèce de fucus, commun dans les lieux habités par ces oiseaux, qui entre dans la composition de ces nids merveilleux. Il paraît qu'ils l'avalent d'abord, la digèrent en partie, puis la font revenir dans leur bec, pour l'employer à la construction de leur édifice. Ces nids, d'un prix très élevé, sont l'objet d'un commerce important.

§ 73. Martinets, (Косатки). Les Martinets sont considérés comme une subdivision des Hirondelles, dont ils ont, en grande partie, la forme générale, les habitudes et les mœurs ; mais ils se distinguent de ces dernières et des autres Passereaux, en ce qu'ils ont les quatre doigts dirigés en avant. Ces oiseaux ont le bec large à la base et très court, les ailes extrêmement longues: mais leurs tarses sont si courts, qu'ils ne peuvent presque pas marcher sur une surface horizontale. Ils grimpent cependant fort bien contre les surfaces les plus unies; aussi ont-ils été quelquefois placés parmi les Grimpeurs. La longueur de leurs ailes, qui viennent frapper la terre, est un obstacle qui empêche souvent leur premier élan, lorsque ces oiseaux veulent prendre leur vol; mais une fois dans l'air, ils le fendent avec une éxtrême rapidité. Les Martinets font leur nid dans les trous des murs et des rochers.

§ 74. Engoulevents (Козодои). Les Engoulevents ont le bec déprimé, courbé au bout, et d'une largeur démesurée. Leurs yeux extrêmement grands, leurs plumes molles, et leurs couleurs ternes, les rapprochent beaucoup des rapaces nocturnes. Ces oiseaux sont, en effet, nocturnes ou crépusculaires. Ils se nourrissent d'insectes, qu'ils engouffrent dans leur énorme bec, toujours ouvert pendant le vol, et qui se trouvent retenus par une salive abondante et gluante. On rencontre des Engoulevents dans touts les pays du monde; mais il n'en existe qu'une espèce dans nos contrées.

§ 75. *L'Engoulevent d'Europe* (Козодой Европейской), long de plus d'un pied, est un oiseau voyageur, qui ne reste chez nous que pendant le saison chaude. Ses habitudes sont tristes et solitaires. Son aspect disgracieux lui a valu le nom de *Crapaud-volant;* on lui donne également celui de *Tete-chèvre,* parcequ'en le voyant fréquenter pendant la nuit, les lieux où les troupeaux sont réunis, circonstance qui attire les insectes, on s'est imaginé qu'ils viennent pour sucer le lait des Chèvres ou des Brébis. Le nom d'Engoulevent, donné à cet oiseau, vient de l'espèce de bourdonnement produit par l'air qui s'engouffre dans son bec.

FAMILLE DES CONIROSTRES.

§ 76. Famille des Conirostres (Конусоклювыя). Les Conirostres ont le bec fort, et se nourrissent de graines; quoiqu'ils ne dédaignent pas non plus les insectes, et que quelques espèces se jettent aussi sur les charognes. Les principaux genres de cette famille sont: les *Corbeaux*, les *Mésanges*, les *Bruants*, les *Moineaux*, les *Alouettes* et les *Oiseaux de paradis*.

§ 77. Corbeaux. (Вороны). On reconnait les Corbeaux à leur bec gros, droit et fort, et aux poils raides couchés en avant qui cachent les narines. On nomme particulièrement *Corbeaux* ou *Corneilles*, les espèces qui ont la queue non étagée et le bec non échancré; *Pies*, celles qui ont la queue étagée; et *Geais*, celles qui ont une échancrure à la mandibule supérieure. Les Corbeaux sont au nombre des plus grands Passereaux. Ils sont rusés, défiants et assez prévoyants, dans certaines espèces, pour amasser des provisions, parmi lesquelles ils mêlent des objets qui leur sont tout-à-fait inutiles, mais qui les attirent par leur éclat. Ces oiseaux s'apprivoisent aisément; et, réduits en captivité, montrent beaucoup d'aptitude à imiter les voix étrangères, et parlent avec facilité. Ils se nourrissent de fruits, d'insectes, de vers, de reptiles, de chair vivante, enfin ils sont véritablement omnivores.

§ 78. Espèces les plus remarquables. Le *Corbeau proprement dit* (Воронъ обыкновенный) est la plus grande espèce de ce genre et peut-être de tout l'ordre des Passereaux; son plumage est entièrement d'un noir pur, sa queue arrondie, et sa mandibule supérieure arquée en avant. On le rencontre dans toutes les parties du globe, depuis un pôle jusqu'à l'autre. Son vol est, en effet, très puissant, et il supporte, sans en souffrir, les températures les plus différentes. Les Corbeaux méritent l'attention par leur intelligence, qui paraît s'élever beaucoup au dessus de l'intelligence ordinaire des oiseaux: ils sont capables d'attachement pour les personnes qui les ont soignées; ils les reconnaissent souvent, après avoir été long-temps sans les voir, et leur donnent des marques d'affection. Ils sont courageux, repoussent les Chats, les Chiens et même les enfants qui les attaquent. Ces oiseaux sont éminemment carnassiers, et préfèrent la chair morte à toute autre nourriture ; mais ils se jettent aussi sur les petits oiseaux ; et, dans les îles Féroé, on met leur tête à prix, parcequ'ils attaquent les Brebis, qui paissent dans les prairies.

§ 79. La *Corneille mantelée*, (Ворона обыкновенная), doit son nom à l'espèce de manteau gris qui couvre ses épaules ; ses ailes et sa queue sont noires. Elle se nourrit, dans les campagnes , de limaçons, d'insectes et de vers ; dans les villes, où elle se trouve en bandes innombrables , dans les rues et sur les places , elle mange des débris d'animaux qu'elle cherche paisiblement au milieu des immondices.

Le *Choucas* ou *Corneille des clochers* (Галка) est à peu près de la taille d'un Pigeon. Il a le plumage noir, mais tirant sur le gris autour de la gorge et sous le ventre. Il vit en troupes , et construit son nid dans les clochers et les vieilles tours ; il a les mêmes habitudes et les mêmes mœurs que la Corneille.

§ 80. La *Pie d'Europe* ou *Pie commune* (Сорока Европейская) est un bel oiseau d'un noir soyeux à reflets pourprés , bleus et dorés, avec le ventre blanc et une grande tache de même couleur sur l'aile. Elle se tient de préférence dans le voisinage des lieux habités. Son perpétuel babillage a donné lieu au proverbe: babiller comme une Pie. Elle est omnivore, et fait en automne des approvisionnements pour le temps de disette.

§ 81. *Geai commun* , ou *Geai d'Europe* (Соя) se trouve dans toutes les contrées de cette partie du monde. Il habite par petites troupes dans le bois et le taillis, et fuit la présence de l'homme ; car il est farouche , sauvage et tellement irritable , qu'il devient quelquefois lui-même victime de ses accès de colère. Le Geai est d'un gris vineux , à moustaches et à pennes noires. Il porte sur les ailes une grande tache d'un bleu éclatant, rayée de bleu foncé. Cet oiseau se nourrit plus de graines et de fruits que les autres Corbeaux.

TRENTE-TROISIÈME LEÇON.

Suite de la famille des Conirostres. Mésanges. Bruants. Moineaux. Bouvreuils. Loxies. Alouettes. Paradisiers.

§ 82. MÉSANGES (Синицы). Les Mésanges ont le bec conique, mince, court, droit, pointu, tranchant et garni de poils à sa base. Ces oiseaux habitent les bois et les broussailles ; ce qui leur a fait donner quelquefois le nom de *Sylvains*. Ils vivent en petites troupes, une partie de l'année, car ils se séparent pour construire leurs nids et élever leurs petits. Les Mésanges sont d'un caractère querelleur, rempli de pétulance et de vivacité : on les voit sans cesse voltigeant, sautant, bataillant ; malgré leur petite taille, qui n'égale pas celle du Moineau, elles sont très courageuses et très carnassières: elles mangent beaucoup d'insectes et n'épargnent pas même les petits oiseaux qu'elles trouvent au nid ou embarrassés dans des pièges. Elles leur dévorent d'abord la cervelle, puis le reste de la chair, au point de réduire le corps à l'état de squelette. Ces Passereaux doivent être rangés, parmi les oiseaux les plus féconds : on trouve souvent dans leur nid dix-huit à vingt œufs. Il existe un grand nombre d'espèces de Mésanges répandues dans toutes les contrées du globe. Nous signalerons en Europe :

§ 83. *La Mésange charbonnière*, (Кузнечикъ) dont le nom vient, dit-on, de l'habitude de suivre les charbonniers dans les forêts ; son plumage est olivâtre en dessus, jaune en dessous.

La *Mésange petite Charbonnière*, (Малиновка) dont le plumage est cendré en dessus, blanc en dessous. Elle recherche les forêts de pins et de sapins.

La *Mésange bleue*, (Синичка) la plus belle sous le rapport de la coloration ; son plumage est verdâtre en dessus, jaune en dessous, et d'un beau bleu sur la tête. Elle se trouve souvent dans les jardins ; et, quoiqu'elle détruise un grand nombre d'insectes, elle fait cependant beaucoup de tort, en coupant les boutons, et en enlevant des fruits et des graines dont elle fait des provisions.

La *Mésange huppée*, (Синичка хохлатая) reconnaissable à une petite huppe blanche et noire qu'elle porte sur la tête. Elle est d'un caractère sauvage et vit dans la solitude.

La *Mésange de Pologne* ou *Rémiz* (Ремезъ), célèbre par l'art admirable qu'elle montre dans la construction de son nid. Ce nid, en forme de bourse, est composé de substances cotonneuses merveilleusement entrelacées, et suspendu à l'extrémité d'une branche fléxible au dessus de quelque courant d'eau. Cette Mé-sange a le corps cendré, un bandeau noir sur le front, les ailes et la queue brunes.

§ 84. BRUANTS (Подорожники). Les Bruants ont le bec conique, à bords rentrants, et la mandibule inférieure un peu plus large. Les espèces de ce genre sont fort nombreuses ; toutes sont de petite taille. Elles habitent les jardins, les cours, les champs ; cependant elles se retirent dans les bois pour faire leur nid. Les Bruants sont granivores, mais ils mangent aussi des insectes pendant la belle saison. Nous trouvons en Russie : le *Bruant commun*, (Подорожникъ обыкновенный), qui se rencontre dans toute l'Europe, et passe l'hiver en grandes troupes dans les cours dès fermes, et les jardins des villes. L'*Ortolan* (Ортоланъ), qui réside dans les contrées méridionales ; c'est un oiseau voy-geur, qui n'arrive qu'au printemps. La chair de l'Ortolan est extrêmement délicate ; aussi emploie-t-on plusieurs procédés pour l'engraisser. Le *Bruant des neiges* (Пуночка), fort commun dans les parties septentrionales et centrales de la Russie, d'où il descend jusqu'en France pendant l'hiver. Dans cette saison, il est presqu'entièrement blanc. Sa chair est également recherchée.

§ 85. MOINEAUX (Воробьи). Les Moineaux ont le bec conique, plus ou moins gros, et tout-à-fait droit. Ils forment un genre très nombreux, et se rencontrent dans toutes les contrées chaudes et tempérées du globe. Ils sont, après les gallinacés, les pigeons et quelques palmipèdes, les oiseaux qui se façonnent le mieux à la domesticité ; leur nourriture se compose de graines et d'insectes. A cet ordre appartiennent:

§ 86. Le *Moineau commun* (Воробей домашний), qui existe dans tous les climats, et semble se plaire dans le voisinage de l'homme. On a prétendu que cet oiseau produit les plus grands dégâts, à cause de la prodigieuse quantité de grains qu'il emploie pour sa consommation ; mais l'expérience a prouvé, qu'il détruit une quantité d'insectes si considérable, que les services qu'il rend compensent bien le mal qu'il fait.

Le *Friquet* ou *Moineau des bois*, (Воробей полевой), qui est d'un tiers plus petit que l'espèce précédente; il est moins familier, et vit dans les taillis et les forêts de l'Europe.

§ 87. Le *Chardonneret*, (Щегленокъ), qui est un des plus jolis oiseaux. Il doit son nom à la graine de chardon, qui paraît être son mets favori. Cet oiseau est très intelligent : on lui apprend facilement à chanter ; et, réduit en captivité, on l'exerce à une foule de petits travaux qu'il exécute avec beaucoup d'adresse.

Le *Pinson*, (Зябликъ) dont la voix forte est assez agréable, et, dans quelques pays, son éducation musicale est l'objet de beaucoup de soins. Il est bien moins paré que le Chardonneret ; mais il l'emporte sur lui en vivacité ; et sa gaité est devenue proverbiale.

§ 88. Le *Serin des Canaries*, (Канарейка), qui est connu de tout le monde, car il est devenu depuis longtemps domestique. Cet oiseau est célèbre par la beauté de son chant naturel. Ce joli passereau est d'une belle couleur jaune en Europe ; mais il paraît qu'il est olivâtre dans les îles Canaries, d'où il est originaire.

Il faut encore rapporter au genre moineau, une foule de petits oiseaux, remarquables par la beauté de leur plumage, qu'on apporte des régions tropicales, et qui sont connus sous les noms de *Bengalis* et de *Sénégalis*.

§ 89. BOUVREUILS (Снигири). Les Bouvreuils ont le bec remarquablement court et bombé. Ils habitent de préférence les climats froids ou tempérés. La force de leur bec leur permet de briser les semences et les noyaux les plus durs. Ces oiseaux se trouvent dans les deux continents. Le *Bouvreuil commun*, (Снигирь обыкновенный) qui se trouve dans presque toute l'Europe, est l'un des oiseaux les plus jolis ; sa poitrine et son cou, sont entourés de plumes d'un beau rouge tendre, qui le font ressembler à une rose épanouie au milieu de la verdure, où il se tient ordinairement ; il s'apprivoise facilement et apprend à siffler ; mais dans l'état sauvage, son chant n'a que trois notes pures et mélancoliques.

§ 90. LOXIES (Клесты). Les Loxies ont un bec fort, très comprimé, dont les mandibules sont crochues et se recourbent, en se

croisant, la mandibule supérieure en bas , et la mandibule infé—
rieure en haut. Cette disposition de leur bec leur fait donner
vulgairement le nom de *Becs-croisés*. Le *Bec-croisé commun* (Клестъ
обыкновенный), vit dans les forêts des zônes. froides , d'où il
descend, pendant l'hiver jusqu'en France. Sa nourriture consiste
en bourgeons et semences de pins, qu'il extrait avec adresse des
écailles où elles sont cachées.

§ 91. Alouettes, (Жавровки). Les Alouettes ont le bec conique, alongé, sans échancrure et l'ongle du pouce plus long que
le doigt lui-même. On rencontre des Alouettes dans toutes les
parties de l'Europe ; elles préfèrent les champs cultivés , et font
leur nid sur le sol ou dans l'herbe des prairies. Elles se nourrissent
de graines et d'insectes.

L'*Alouette commune* (Жавронокъ обыкновенный), est brune en
dessus , et blanchâtre en dessous. Sa chair est fort délicate ;
aussi, dans beaucoup de pays, est-elle l'objet d'une chasse active.
Cet oiseau est remarquable par les accents joyeux de son chant ,
qu'il fait entendre, en s'élevant perpendiculairement dans les airs.

§ 92. Paradisiers, (Парадизки). Les Paradisiers ont le bec
droit , comprimé , à narines couvertes de plumes molles , et les
pennes des ailes extrêmement développées. Les espèces de ce genre
sont vulgairement connues sous le nom d'*Oiseaux de Paradis*, peut-
être à cause de leur beauté. mais plus probablement à cause des
fables merveilleuses dont ils ont été le sujet. On prétendait , en
effet , que les Paradisiers n'ont point de pattes , et qu'ils se suspendent pour dormir aux branches des arbres , au moyen des
longs filets qui ornent leur queue. Cette erreur absurde , qui
fut crue si longtemps par les savants , vient de ce que les naturels du pays qu'ils habitent, avaient l'habitude de leur arracher
les pattes et les pennes des ailes. On ajoutait qu'ils ne se nourrissent que de rosée , qu'ils ne se reposent jamais , et que leur
corps ne touche la terre qu'après leur mort. En réalité . ils
vivent d'insectes et de graines; ils aiment surtout les épices , et
ne s'éloignent guère des contrées qui les produisent. Enfin, pour
ajouter à toutes ces merveilles, on disait qu'ils pondent et couvent
dans l'air. Quelques savants, un peu moins crédules, se conten-
taient d'affirmer que ces oiseaux font leur nid dans le Paradis
terrestre. Il est vrai qu'ils disparaissent presque tous aux époques
de l'incubation; et que, même de nos jours , leur nidification et

leurs mœurs sont peu connues. Il existe plusieurs espèces de Paradisiers ; le plus célèbre et le plus anciennement connu est,

§ 93. L'*Oiseau de Paradis émeraude*, (Райская Птица) qui doit son nom à la richesse de sa parure: sa tête est petite, mais ornée de couleurs qui réalisent d'éclat avec celles du Paon ; son cou est d'une teinte fauve ; son corps petit, mais couvert de longues plumes d'une teinte plus brune semées d'or ; et deux longs filets forment sa queue. Ces longues plumes légères et gracieuses font les panaches les plus beaux et les plus recherchés pour la parure des dames. La légéreté de son plumage oblige l'Oiseau de paradis à voler contre le vent pour ne pas être entrainé par sa force. Voici ce que dit à ce sujet un ornithologiste célèbre: « l'étendue, la « quantité, la longueur, la souplesse des plumes des Oiseaux de « Paradis leur permettent bien de s'élever fort haut, les aident à « se soutenir dans l'air à le fendre avec la légèreté et la vitesse « de l'Hirondelle; mais si le vent devient contraire, ce luxe de « plumes nuit à la direction du vol ; et alors ils sont obligés, « pour éviter le danger, de s'élever perpendiculairement dans une « direction plus favorable. Quoiqu'ils prennent leur vol contre la « direction du vent et qu'ils évitent les temps d'orage, ils sont « quelquefois surpris par une bourrasque ; c'est alors qu'ils « courent les plus grands dangers: leurs plumes longues et fléxibles « se bouleversent, s'enchevêtrent ; l'oiseau ne peut plus voler, « ses cris repétés annoncent la détresse, son embarras augmente, « la frayeur redouble l'impuissance de ses efforts; il chancèle, il tom- « be. Les Indiens attirés par ses cris, le saisissent et le tuent, ou il « n'échappe à la mort, qu'en gagnant promptement une élévation, « d'où il peut reprendre son vol. »

TRENTRE-QUATRIÈME LEÇON.

Famille des Tenuirostres. Sittelles. Grimpereaux. Colibris. Huppes. Famille des Syndactytles. Martins–Pêcheurs. Guêpiers. Calaos, Rupicoles.

FAMILLE DES TÉNUIROSTRES.

§ 94. Famille des Ténuirostres (Тонкоклювыя). Les genres principaux de cette famille, caractérisée, comme nous l'avons dit , par un bec long , éffilé , sans échancrure ou très faiblement échancré , sont : les *Sittelles*, les *Grimpereaux* , les *Colibris* et les *Huppes*. Tous ces oiseaux sont insectivores, et si quelques espèces prennent une autre nourriture, ce n'est qu'accidentellement.

§ 95. Sittelles (Поползени). Les Sittelles ont le bec droit , conique , pointu , tranchant à la pointe et de grosseur médiocre , le doigt de derrière très long , avec un ongle également long et recourbé. Ces oiseaux se trouvent dans les deux continents. Ils grimpent avec beaucoup d'agilité, mais sans se servir, pour s'appuyer, de leur queue dont les plumes sont trop fléxibles.

La *Sittelle commune* (Поползень обыкновенный), est la seule de ce genre qui habite l'Europe. C'est un joli petit oiseau d'un bleu cendré sur le dos roussâtre en dessous, avec les pennes des ailes brunes. Il fait son nid dans les trous abandonnés par les Pics; il a soin d'en retrécir l'ouverture avec de l'argile , ce qui lui a valu les noms vulgaires de *Torche-pot* et de *Pic—maçon*.

96. Grimpereaux (Пищухи). Les Grimpereaux ont un bec arqué, triangulaire , comprimé et pointu. Ce sont de petits oiseaux qui doivent leur nom à l'agilité avec laquelle ils grimpent sur les arbres et sur les murailles. Ils se rencontrent dans toutes les parties du monde, se nourrissent d'insectes et nichent dans le creux des arbres.

Le *Grimpereau commun* , ou *Grimpereau d'Europe* (Сверчокъ), est cendré et marqué de stries blanchâtres, roussâtres et noirâtres; sa queue est étagée , et les pennes qui la composent ont une pointe piquante, qui leur est très utile pour monter contre le tronc des arbres.

§ 97. Colibris (Колибри). Les Colibris ont le bec long, très grêle, à pointe acérée, la langue extensible et fourchue. Ce sont des oiseaux très brillants , dont les plumes resplendissent d'un éclat métallique qui rivalise avec celui des pierres précieuses ; aussi les a-t-on désignés sous les noms de *Topaze, Améthiste, Émeraude Saphir* etc. Les Colibris sont indigènes des contrées chaudes du Nouveau-Continent, quoique quelques espèces remontent jusqu'au Nord dans l'Amérique russe; tandis que d'autres descendent au sud jusque dans la Patagonie. Ces petits oiseaux ont les ailes parfaitement disposées pour bien voler ; aussi leurs mouvements sont-ils si rapides , qu'ils échappent presqu'à la vue. On a cru pendant longtemps, et on croit encore vulgairement, que les Colibris se nourrissent du nectar des fleurs, autour desquelles on les voit voltiger sans cesse. Il est certain que cet aliment délicat ne leur suffit pas; car on a remarqué de ces animaux dans des contrées où il ne se trouvait alors aucune fleur; d'autre part, plusieurs observateurs n'ont trouvé que des insectes dans leur estomac.

§ 98. On comprend que des oiseaux, dont l'extrême petitesse est pour l'homme un objet d'admiration, construisent des nids en rapport avec la délicatesse de leurs organes. Ces nids ont la forme d'une petite coupe tissue de soie et de coton à l'intérieur; à l'extérieur ils sont ordinairement tapissés de lichens et de branches d'arbres, les plus fines et les plus fléxibles. Ils sont tantôt fixés aux branches, tantôt sur les feuilles des orangers, tantôt, enfin, ils n'ont pour soutien que le chaume qui recouvre le toit des cabanes. Dans ce nid, l'oiseau dépose deux œufs d'un blanc pur et de la grosseur d'un pois; de ces œufs, après douze jours d'incubation assidue, sortent deux frêles créatures à peine de la grosseur d'une mouche. On ignore quels aliments, la Providence divine a préparés dans sa sagesse, pour ses bijoux de la nature; mais on sait que jamais berceau plus délicat ne fut entouré de plus de soins maternels, que jamais une famille chérie ne fut défendue avec plus de dévouement; que ces oiseaux, toujours courageux, deviennent intrépides pour protéger, contre les dangers qui les menacent, les êtres délicats destinés à devenir bientôt une de ces innombrables merveilles de la création.

Il est aisé de se procurer des Colibris; mais il est très difficile de les conserver en captivité: on n'en cite qu'un très petit nombre d'exemples.

§ 99. Ce genre est riche en espèces; on le divise en deux groupes: les *Colibris proprement dits* qui ont le bec arqué; et les *Oiseaux-mouches* qui ont le bec droit. Les premiers habitent exclusivement les régions chaudes. On signale, parmi eux, le *Colibri topaze* (Колибри топазовый), un des plus communs et des plus beaux. Il doit son nom aux brillants reflets de sa gorge, qui rappellent ceux de cette pierre précieuse. Les seconds supportent assez bien les climats tempérés. Le plus remarquable habite l'île Saint-Domingue; c'est le plus petit des Oiseaux-mouches, car sa taille ne dépasse point celle d'une grosse guêpe.

§ 100. Huppes (Удоды). Les Huppes sont caractérisées par un bec très long , triangulaire et arqué , et surtout par une double rangée de plumes qui se dressent sur la tête. Ce sont des oiseaux voyageurs, qui passent l'hiver en Afrique; mais qui, pendant l'été, s'avancent en Europe assez loin vers le Nord. Les Huppes se nourrissent d'insectes , de mollusques et de vers ; aussi préfèrent-elles les plaines humides et marécageuses.

La *Huppe commune* (Удод обыкновенный), était considérée par les anciens comme l'emblème de la piété filiale : on prétendait que les jeunes oiseaux ont pour leurs vieux parents les soins les plus tendres ; en réalité , il est fort rare de rencontrer ces oiseaux réunis en famille ; et il en est de leurs prétendues vertus , comme des qualités médicales qu'on attribuait faussement à plusieurs parties de leur corps.

FAMILLE DES SYNDACTYLES.

§ 101. Famille des Syndactyles. (Соединеннопалыя). Les oiseaux de cette famille se trouvent répandus dans les deux continents. Le plus grand nombre habite le bord des rivières et se nourrit d'insectes et de poissons ; mais, en fait, leur nourriture varie beaucoup : quelques uns sont omnivores , et d'autres ne mangent que des fruits. Les genres les plus remarquables qui lui appartiennent sont: les *Martins-pêcheurs*, les *Guêpiers*, les *Calaos* et les *Rupicoles*.

§ 102. Martins-pêcheurs. (Зимородки). Les Martins-pêcheurs ont le bec long, droit, formant quatre angles ; la queue, les ailes et les jambes courtes. Ces oiseaux résident dans le voisinage des rivières, et montrent une patience et une adresse extraordinaires, pour épier et pour saisir les petits poissons, qui composent presque exclusivement leur nourriture. Les Martins-pêcheurs , qu'on désigne aussi sous le nom d'*Alcyons*, ont donné lieu à des superstitions singulières : on croyait , au moyen âge , que ces oiseaux suspendus après leur mort , peuvent indiquer la direction du vent, vers lequel ils tourneraient exactement le bec ; et, que leur corps desséché peut garantir les étoffes contre les atteintes des vers. De nos jours encore, selon le naturaliste Gmelin, les Tatars et les Ostiaks regardent la peau , le bec et les ongles de cet oiseau, comme un préservatif assuré contre tous les dangers. Nous n'avons en Europe qu'une seule espèce de Martin-Pêcheur.

Le *Martin-pêcheur Alcyon* (Зимородокъ обыкновенный), dont le corps est un peu plus gros que celui d'un moineau. Son plumage d'un vert ondé de noir en dessus, roussâtre en dessous, avec une bande du plus beau bleu le long du dos, est d'une beauté remarquable ; mais les proportions de son corps sont sans élégance, et ne répondent point à la richesse de sa parure.

§ 103. Guêpiers (Щурки). Les Guêpiers ont le bec médiocre, un peu courbé, tranchant et pointu. Leur nom vient de la grande quantité d'insectes qu'ils détruisent, particulièrement d'abeilles ; mais il paraît que les véritables guêpes n'entrent que peu ou point dans leur nourriture. On ne trouve en Europe que le *Guêpier commun*, qui habite également l'Afrique et l'Asie. Il construit ordinairement son nid dans les berges des grandes rivières. Le plumage de ces oiseaux est fauve sur le dos, bleu verdâtre sous le ventre et sur le front, avec la gorge jaune, entourée de noir.

§ 104. Calaos. (Калао). Les Calaos sont remarquables par l'extrême grosseur de leur bec, surmonté d'une proéminence, ou d'un simple renflement. On rencontre des oiseaux de ce genre en Afrique, aux Indes et à la Nouvelle-Hollande. L'espèce la plus célèbre est le *Calao Rhinocéros* (Носорогъ-итица), dont le bec est surmonté d'une énorme corne. On peut dire qu'il est omnivore : il mange des fruits, des insectes et chasse les reptiles, les petits mammifères et les petits oiseaux.

Rupicoles. (Каменныые пѣтушки). Les Rupicoles sont reconnaissables à leur tête, ornée d'une double crête de plumes verticales disposées en éventail. Nous ne parlons de ce genre, dont toutes les espèces sont étrangères à l'Europe, qu'afin de signaler le *Coq de roche* (Каменный пѣтушокъ оранжевый), indigène de l'Amérique que son plumage orangé rend un des plus beaux ornements de toutes les collections, dans lesquelles il est assez commun.

TRENTE-CINQUIEME LEÇON.

Ordre des Grimpeurs. Caractères généraux. Genres les plus remarquables. Pics. Toucans. Perroquets. Coucous. Anis.

§ 105. Caractères généraux. Les Grimpeurs (Лазуны), ont
quatre doigts ,deux en avant, deux en arrière; c'est-à-dire que
chez eux, le doigt externe se dirige comme le pouce. La structure de leurs pieds est disposée le plus favorablement possible
pour adhérer aux arbres; aussi sont-ils des grimpeurs par excellence.
Ces oiseaux se nourrissent ordinairement de fruits et d'insectes,
font leur nid dans le creux des arbres, et ne s'écartent guère
du lieu de leur habitation, car leur vol est médiocre, Tous sont
de petite ou moyenne taille, et les plus remarquables d'entre eux
sont étrangers à l'Europe. Nous signalerons dans cet ordre : les
Pics, les *Toucans*, les *Perroquets*, les *Coucous* et les *Anis*.

§ 106. Pics. (Дятлы). Les Pics sont faciles à reconnaître à
un bec droit, anguleux, tranchant et comprimé vers la pointe. Ils ont
la langue longue et grêle, armée vers le bout d'épines recourbées;
la queue composée de dix plumes à tige très raide, usées à
l'extrémité. On rencontre des Pics dans toutes les parties du
monde, excepté à la Nouvelle-Hollande; mais c'est surtout dans
les contrées intertropicales que leurs espèces sont les plus nombreuses; toutes ont entre elles un air de ressemblance tel, qu'il est
très aisé de reconnaître tous les oiseaux qui appartiennent à ce
genre. Les Pics sont des oiseaux d'un naturel sauvage: rarement
on en voit plusieurs ensemble. D'une activité prodigieuse, ils
montent, descendent, tournent avec rapidité sur le tronc des
arbres morts, dont ils frappent l'écorce à grands coups de bec,
pour en faire sortir les insectes qui composent leur nourriture;
mais, lorsque cet aliment de choix vient à leur manquer, ils
vont à l'ouverture des fourmilières, y introduisent leur langue
visqueuse, et la retirent chargée de fourmis, qu'ils avalent aussitôt.
Le cri des Pics est aigre et perçant; leur vol lourd et peu étendu;
leur chair d'une sécheresse et d'une maigreur extrême. La plu-

part ont un plumage assez riche, ou domine tant le vert, tantôt
le brun, et orné ordinairement de rouge sur la tête. Parmi les
espèces européennes, nous signalerons : le *Pic vert*, (Дятелъ зеленый), un de nos plus beaux oiseaux; il a le corps vert, et la
tête rouge.

L'*Epeïche* (Дятелъ малый), qui est tacheté de noir et de
blanc, avec le derrière de la tête écarlate, est très commun
dans les bois de la Russie.

§ 107. Toucans. (Туканы). Les Toucans ont un bec monstrueux, dentelé sur les bords, et, dans quelques espèces, quatre
fois plus long que la tête. Au premier aspect, on a peine à comprendre comment l'oiseau peut porter ce bec énorme.; mais il
est formé de cellules contenant de l'air, ce qui le rend très léger;
cependant ces fortes mandibules embarrassent l'animal, lorsqu'il
veut manger : il est forcé de lancer ses aliments dans l'air, pour
les recevoir ensuite dans le fond du bec, et les avaler. La langue
des Toucans est également remarquable: elle est longue, étroite,
grêle et garnie de chaque côté de barbes serrées, disposées comme celles d'une plume.

Les Toucans sont des oiseaux de moyenne taille, indigènes des
contrées les plus chaudes de l'Amérique. Leur plumage est très
brillant, et se distingue surtout par l'opposition des couleurs;
comme du noir au blanc le plus pur, du jaune doré à l'écarlate;
mais ils ne possèdent point les brillants reflets métalliques,
qu'on remarque si souvent chez les oiseaux des contrées tropicales. Leurs plumes très fines et très serrées sur la peau s'emploi-
aient autrefois à faire des broderies et des fourrures, pour orner
les vêtements des dames. On recherchait surtout pour cet usage,
celles du *Toucan à gorge jaune.* Les Toucans vivent par petites
bandes de huit à dix individus; ils sont très défiants, et ne
descendent presque jamais du sommet des arbres les plus élevés.
Ils se nourrissent de fruits, de bourgeons et d'insectes, et visitent
les nids des autres oiseaux, pour avaler les œufs et les petits qui s'y trouvent.

§ 108. Perroquets. (Попугаи). Les Perroquets ont le bec gros,
court et bombé; leur mandibule supérieure est pointue et dépasse
de beaucoup l'inférieure en la recouvrant ; leur tête est très grosse,
et leurs pieds courts et forts. Ces oiseaux se rencontrent en Asie,
en Afrique, en Amérique et dans la Nouvelle-Hollande; mais ils

ne se trouvent en Europe qu'en domesticité. Les Perroquets se tiennent par bandes dans les plus épaisses forêts; ils se nourrissent de fruits, dont ils font un grand gaspillage, et qu'ils ont l'habitude de porter à leur bec avec une de leurs pattes. Ils marchent mal et très lentement, à l'exception d'une espèce, la *Perruche ingambe* qui a les jambes plus longues, et court avec assez de vitesse ; en revanche, ils grimpent fort bien sur les arbres, au moyen de leur bec crochu et de leurs pattes robustes.

Les Perroquets font leur nid dans le creux des arbres; il est très grossier; et, souvent même, ils se contentent de déposer leurs œufs sur la poussière qui s'y trouve. Ces oiseaux ont l'instinct social, se familiarisent très vite, et tout le monde sait avec qu'elle facilité ils apprennent à parler. Ils imitent le cri de tous les autres animaux, et tous les sons qu'ils entendent : ils rient aux éclats, pleurent avec sanglots, sifflent, chantent, toussent, éternuent, miaulent, aboient ; enfin, comme dit Linné, ce sont des Singes parmi les oiseaux ; cependant leurs cris perçants et continuels les rendent souvent fatigants et désagréables. Les Perroquets ont, en général, le plumage orné des plus belles couleurs; on y remarque surtout le vert, le rouge, le jaune et le bleu.

§ 109. DIVISION DU GENRE. ARAS. (Apa). Le nombre très considérable d'espèces renfermées dans ce genre a forcé les naturalistes de les partager en plusieurs groupes, dont voici les plus remarquables:

Les Aras, reconnaissables à leur grande taille, à la longueur extrême de leur queue étagée, et à la nudité de leurs joues. Ces oiseaux sont ornés des couleurs les plus vives et les plus brillantes; on cite particulièrement pour sa beauté : l'*Ara bleu*, (Apa голубой) dont toutes les parties supérieures du corps sont d'un bleu éclatant, et celles de dessous d'un très beau jaune. Les Aras sont indigènes des contrées les plus chaudes de l'Amérique.

§ 110. PERRUCHES. PERROQUETS. Les Perruches, qui ont la queue étagée comme les Aras, mais qui ont la face emplumée ; cependant il existe quelques espèces qui ont un espace nu autour des yeux; ce qui leur a valu le nom de *Perruches - Aras*.

Les Perroquets proprement dits, qui portent une queue courte et carrée. Ils ont la tête emplumée et très grosse. On en trouve des espèces répandues dans toute la zône torride. Les plus remarquables sont: le *Perroquet gris*, (Попугай сѣрый или Жоко), ou mieux *Perroquet cendré* qui est vulgairement appelé *Jaco*. C'est celui qui a le plus d'aptitude pour imiter la voix de l'homme; il est très recherché à cause de sa douceur et de son attachement. Le *Perroquet vert* ou *Perroquet Amazone*, (Попугай Амазонской), qui est moins docile que le précédent, mais plus beau. Le premier appartient à l'Afrique; et le second, à l'Amérique méridionale.

§ 111. PSITTACULES. CACATOÈS. Les Psittacules (Попугайчики), ont la queue arrondie ou aiguë, mais toujours très courte, et les joues emplumées. La plupart sont de très petite taille ; quelques-uns même ne dépassent guère en grandeur un moineau. Ils se trouvent dans toutes les parties du monde, excepté en Europe, où ils ne sont point rares cependant en captivité.

Les Cacatoès (Какаду) renferment toutes les espèces dont la tête est ornée d'une huppe plus ou moins mobile. Ces oiseaux, comme tous les Perroquets, ont de l'antipathie pour les enfants, qui les effraient et les contrarient. A l'approche de celui dont ils ont à se plaindre, ils hérissent leurs plumes, et cherchent à mordre avec une sorte de fureur ; cependant les *Cacatoès blancs*, qui sont les seuls qu'on apporte vivants en Europe, sont de tous les Perroquets les plus dociles et les plus susceptibles d'attachement.

§ 112. COUCOUS. (Кукушки). Les Coucous ont le bec médiocre, légèrement arqué, comprimé, et les mandibules non échancrées ; la queue longue, étagée et composée de dix pennes. Ces oiseaux sont tous voyageurs, et habitent les pays chauds et tempérés, qui leur offrent, en quantité suffisante, les insectes qui constituent leur nourriture ordinaire. Leur nom, qui est à peu près le même dans toutes les langues, vient de leur chant, qui composé des mêmes syllabes *Cou-cou*, articulées lentement. Les Coucous sont célèbres parceque plusieurs espèces, et en particulier le Coucou commun (Кукушка обыкновенная), ne font point de nid ; et que les femelles se contentent de déposer chacun de leus œufs, dans le nid d'un autre oiseau insectivore. Ce qu'il y a d'étrange, c'est que les autres oiseaux, d'ordinaire si défiants et si soupçonneux dans tout ce qui regarde leur nid, ne paraissent point s'apercevoir de l'introduction de cet œuf étranger, et le couvent avec les leurs.

Le jeune Coucou détruit aussitôt après sa naissance, les petits dont il partage le berceau ; quand il a pris quelque force, il se glisse sous eux, les place l'un après l'autre sur son dos, se traîne à reculons jusqu'au bord du nid, puis, faisant un effort, il les jette au dehors. Le Coucou produit deux œufs, dans l'intervalle de deux ou trois jours ; et, aussitôt que l'œuf est déposé sur la terre, il le prend dans son bec qui se dilate beaucoup, et va le porter dans le nid de l'oiseau étranger. Il est probable que cette habitude extraordinaire vient de ce que l'oiseau, qui pond à peu près toutes les six semaines pendant la belle saison, ne pourrait tout-à-la-fois avoir de nouveaux œufs, et élever ses petits.

Le *Coucou commun*, (Кукушка обыкновенная), qui se trouve dans toutes les forêts de l'Europe, est d'un gris ardoisé, avec des lignes brunes transversales en dessus ; son bec, ses paupières et ses pattes sont jaunes. Il ne se trouve dans nos contrées que pendant une partie de l'année ; il émigre en hiver, et passe en Afrique.

§ 113. ANIS. Les Anis ou *Crotophages* (Кротофачи), se reconnaissent à leur bec court, arqué, très comprimé, surmonté d'une crête tranchante. Les femelles de ces Grimpeurs se réunissent, au nombre d'une cinquantaine, pour faire un très grand nid. Ce nid est placé, tantôt dans les arbres, tantôt dans les buissons, et composé de petites branches et d'herbes fines, recouvertes de feuilles. Chaque femelle y dépose, deux fois par an, trois ou quatre œufs, séparés quelquefois des œufs des autres femelles par une petite cloison, mais le plus souvent, placés à côté les uns des autres, et en quelque sorte pèle-mêle. Les petits oiseaux, après avoir été couvés en commun, sont l'objet des soins de toutes les mères, qui leur partagent la nourriture, et les réchauffent, presque indifféremment sous leurs ailes.

L'Espèce de ce genre la mieux connue est l'*Ani des Savanes*, (Кротофагъ малый), qui est de la grosseur d'un merle. Son plumage est noir avec des reflets irrisés. Il est facile de l'apprivoiser, et il montre peu de défiance envers l'homme. Son cri, qui ressemble au bruit de l'eau bouillante, lui a valu quelquefois le nom de *Bouilleur*.

TRENTE-SIXIÈME LEÇON.

Ordre des Gallinacés. Caractères généraux. Division. Famille des Péristères. Espèces les plus remarquables. Famille des Gallinacés proprement dits. Paons, Dindons. Faisans.

ORDE DES GALLINACÉS.

§ 114. Caractères généraux. Division. L'ordre des Gallinacés (Куры), forme un groupe assez naturel caractérisé par un bec médiocre, renflé en dessus, exclusivement propre à un régime granivore; par des ailes courtes, généralement peu propres au vol; un corps massif, des pattes médiocres, trois doigts en avant et un en arrière, réunis souvent à leur base par une membrane très étroite. La plupart de ces oiseaux, à l'exception des Pigeons, déposent leur œufs sur la terre; et leurs petits marchent aussitôt qu'ils sont échappés de la coquille. Dans cet ordre, les mâles abandonnent ordinairement aux femelles, les soins qu'exigent la construction du nid et l'éducation de la jeune famille.

Les Gallinacés peuvent se partager en deux familles bien distinctes : celle des *Peristères* ou *Pigeons*, et celle des *Gallinacés proprement dits.*

FAMILLE DES PERISTÈRES.

§ 115. Les Péristères ou *Pigeons* (Голуби), forment un passage naturel entre les Passereaux et les Gallinacés proprement dits; ils ont été placés, tantôt dans le premier ordre, tantôt dans le second, et beaucoup de naturalistes en ont fait un ordre particulier. On reconnaît les Péristères à leur bec presque droit, renflé à la pointe, percé à la racine par des narines couvertes d'une peau molle. Les ailes de ces oiseaux sont mieux organisées pour le vol que celles des autres Gallinacés. Les couleurs du plumage de beaucoup d'espèces sont très brillantes, à reflets métalliques et

changeants , surtout à la tête . au cou et à la poitrine. Les Péristères vivent par couple, font un nid en commun sur un arbre ou
dans un endroit élevé, et pondent deux œufs, que le mâle couve
dans le milieu du jour , afin de donner à sa femelle le temps de
fournir à ses besoins. Ces oiseaux ne se quittent jamais, et se portent
mutuellement une grande affection. Ils témoignent une vive tendresse pour leurs petits, qui naissent nuds et aveugles, et deman-
dent des soins attentifs et continuels. Le chant de ces oiseaux se
produit principalement dans la gorge ; son timbre particulier lui
a fait donner le nom de roucoulement.

§ 116. Cette famille renferme un nombre considérable d'espèces,
parmi lesquelles nous signalerons :

Le *Pigeon ramier* (Вяхирь), qu'on rencontre dans les forêts
de l'Europe ; c'est la plus grande de nos espèces. Elle ne se
reproduit qu'en liberté , quoique les Ramiers puissent vivre dans
nos maisons. Ces oiseaux ont le cou cendré à reflets verts irrisés,
et le dos et les ailes gris bleuâtre.

§ 117. Le *Biset* (Голубь дикій), qu'on peut considérer comme
la souche de nos nombreuses variétés domestiques. Sous ce rapport, il est d'une importance particulière, car les Pigeons fournissent un aliment recherché dans beaucoup de pays, et contribuent,
par le prix de leur vente , à la prospérité des campagnes. Cette
espèce a le cou d'un beau vert à reflets métalliques ; mais la
domesticité apporte de profondes modifications dans le plumage
de ces oiseaux.

§ 118. Le *Pigeon voyageur* (Голубь странствующій), célèbre
par les migrations qu'il opère dans l'Amérique du Nord ; dont il
est indigène. Ces oiseaux se réunissent en bandes si nombreuses
que la lumière du soleil en est, dit-on , sensiblement obscurcie ; et
que le bruit de leur vol empêche d'entendre aucun autre bruit.
Comme la chair de cet oiseau est fort recherchée, et qu'il se laisse
facilement approcher , on lui fait une chasse acharnée , et on en
détruit quelquefois par milliers dans un jour.

§ 119. La *Tourterelle d'Europe* (Горлица), qu'on rencontre non
seulement dans cette partie du monde, mais encore dans toutes les
parties tempérées de l'Ancien-Continent. C'est un charmant oiseau
qui vit par couples ou par petites familles ; il fait souvent
retentir les bois de ses roucoulements pleins de tendresse.

22

La *Tourterelle d'Afrique* ou *Tourterelle à collier*, (Горлица Египетская), qui ne se trouve en Europe qu'à l'état domestique. Elle est reconnaissable à la ligne foncée qui entoure son cou et tranche parfaitement sur la couleur blonde du reste de son plumage.

FAMILLE DES GALLINACÉS PROPREMENT DITS.

§ 120. Cette famille, qui a pour type notre Coq et notre Poule domestique, est plus nombreuse que la précédente. Parmi les genres les plus remarquables qu'elle renferme, nous trouvons: les *Paons*, les *Dindons*, les *Faisans*, les *Argus*, les *Peintades*, les *Tétras*, les *Perdrix* et les *Cailles*.

§ 121. PAONS. (Павлины). Les Paons sont des oiseaux de l'Ancien-Continent, originaires de l'Asie, surtout du Nord de l'Inde, où ils vivent encore en grand nombre à l'état sauvage. Ce sont les plus beaux de tous les oiseaux de l'Inde connus : et, comme l'a dit Buffon, si l'empire appartenait à la beauté, le Paon serait sans contredit le roi des oiseaux, car il n'en est point sur qui la nature ait versé ses trésors avec autant de profusion : il a la tête surmontée d'une aigrette d'une rare élégance; les plumes de la queue sont à barbes lâches et soyeuses, et terminées par de nombreux cercles brillants, bleus, dorés et verts. Il peut les relever et les étaler en forme de roue ; l'oiseau resplendit alors de tant d'admirables beautés, que l'art ne peut les imiter, et que la plume est impuissante à les décrire. Les femelles ne prennent point de couleurs aussi brillantes que les mâles ; et ce n'est qu'à trois ans que ceux-ci déploient toute leur magnificence. On en connait une variété dont les plumes sont blanches ; elle est beaucoup plus rare que la précédente ; et, quoique bien belle encore, lui cède beaucoup en beauté.

§ 122. Les Paons paraissent avoir été introduits en Grèce, à l'époque d'Alexandre-le-Grand ; de là ils se sont répandus, de proche en proche, dans toutes les parties de l'Europe. Ils ne se propagèrent d'abord que lentement : on les montrait à Athènes, dans les fêtes publiques ; et on accourait, pour les voir, de toutes les parties de la Grèce. Les Romains payaient ces oiseaux un prix très élevé ; et, cependant, Héliogabale poussa le luxe, jusqu'à faire servir , sur sa table , des plats uniquement remplis de cervelles de Paons. Au moyen âge , ces oiseaux étaient devenus beaucoup plus nombreux, et leur chair était considérée comme la plus exquise; cependant, de nos jours, les Paons ne sont plus élevés qne pour leur beauté , et leur chair sèche et noire ne jouit plus d'aucune estime. La beauté des plumes des Paons les a fait naturellement employer : elles servent quelquefois à fabriquer des parasols et des chasse - mouches ; quelquefois aussi , on les a tissés avec des fils précieux ; et de nos jours, les Chinois les portent, comme signes des plus grands honneurs publics.

§ 123. DINDONS. (Индѣйки). Les Dindons sont reconnaissables à une caroncule pendant sur le front, et à leur cou revêtu d'une peau sans plumes. Le mâle a de plus un bouquet de crins rudes à la poitrine , et un ergot à la jambe. Ces oiseaux sont venus de l'Amérique, et portent le nom de *Coqs d'Inde* , parce qu'on appelait autrefois ce continent les Indes Occidentales. Les premiers qui parurent en Europe , furent apportés du Méxique en Espagne , au commencement du XVI siècle ; de nos jours, ils sont excessivement répandus.

Le *Dindon domestique* (Индѣйскiй пѣтухъ) présente de grands avantages , car il est peu difficile sur ses aliments , et sa chair est très estimée. Le *Dindon sauvage* offre un plumage brun foncé glacé d'azur; celui de nos variétés domestiques est bien moins riche: il est ordinairement noir ; mais il en existe de roux et de blancs, surtout dans les contrées froides. La stupidité du Dindon est devenue proverbiale ; et, lorsqu'une troupe de ces oiseaux est perchée sur un arbre pendant la nuit, on peut les tuer à coup de fusil l'un après l'autre, sans que ceux qui survivent cherchent à s'envoler. Pendant le jour, ils sont au contraire d'une vigilance extrême , et il est très difficile de les approcher.

§ 124. FAISANS. (Фазаны). Les Faisans ont le tour des yeux nu, les joues couvertes d'une peau rouge, ou de plumes très courtes. La tête est, dans quelques espèces, surmontée d'une crête ou d'un panache de plumes ; la queue, composée ordinairement de dix-huit pennes, est longue, étagée, et quelquefois courbée en faucille. Ce genre comprend beaucoup d'espèces, toutes originaires de l'Asie ou de l'Afrique. On croit que le premier Faisan a été apporté de la Colchide par les Argonautes , qui lui ont donné le nom du fleuve Phasis, sur les bords duquel ils l'avaient trouvé. On distingue :

§ 125. Le *Coq domestique* (Пѣтухъ), et sa femelle la *Poule*. Ces oiseaux, comme tous les autres animaux que l'homme a réduits en captivité, présentent un grand nombre de variétés ; et leur état primitif s'est tellement altéré, qu'on ne connait rien de bien positif sur la race ; mais on est porté à croire qu'ils descendent, soit du *Coq-géant*, ou *Jago*, originaire des îles de Java et de Sumâtra, dont la crête, souvent double, est en forme de couronne ; soit du *coq de Sonnerat*, découvert dans l'Inde, par le voyageur de ce nom ; soit enfin du *Coq de Bankiva*, rapporté du Java par le naturaliste français Leschenault. Parmi les variétés qu'on voit dans les basses-cours de l'Europe, nous trouvons : le *Coq russe*, remarquable par sa grande taille ; le *Coq villageois*, le plus utile de tous, car il pond beaucoup, et engraisse facilement ; le *Coq huppé*, recherché pour sa beauté et la grosseur de ses œufs ; le *Coq nain*, qui a les pattes courtes et emplumées, et dont la taille ne dépasse guère celle d'une Corneille. Enfin, on trouve, en Asie, le *Coq laineux* dont les plumes blanches et décomposées ont l'apparence de laine ; et le *Coq à plumes frisées*, dont les plumes richement colorées sont renversées en dehors : ce qui donne à l'oiseau l'aspect le plus extraordinaire. Les Coqs sont belliqueux, les Poules elles-mêmes, malgré leur aspect plein de douceur, sont d'un caractère très violent, et se disputent, à grands coups de bec, les plus petits aliments qu'elles rencontrent. Tout le monde connait les combats acharnés que les Coqs se livrent entre eux ; ces luttes sont devenues un spectacle agréable pour beaucoup de nations. Les anciens aimaient ces combats ; aujourd'hui, ils sont un des plaisirs les plus vifs de plusieurs peuples asiatiques ; et, les habitans des îles Philippines les recherchent avec tant de passion, qu'il n'est pas rare de voir, dit-on, de ces insulaires, exposer dans un pari, en faveur d'un des assaillants, non seulement toute leur fortune, mais encore la liberté de leur femme et de leurs enfants.

§ 126. Le *Faisan commun*, (Фазанъ обыкновенный), rapporté du Phase par les Argonautes, se trouve encore maintenant dans les mêmes régions, surtout au Caucase ; mais on prétend qu'il se rencontre également dans les déserts brulants de l'Afrique. Il vit maintenant dans une grande partie de l'Europe, en état de sémidomesticité. On l'élève dans les parcs, comme ornement, car il est fort beau, et pour sa chair qui est très estimée. Le mâle a le sommet de la tête et la partie supérieure du cou d'un gris argenté, émaillé de vert ; le plumage d'un fauve doré avec des reflets bruns et pourpres. La pureté, la délicatesse de ses formes répondent à la beauté des ses couleurs. La femelle, moins richement parée, est brunâtre ; mais souvent son plumage devient plus brillant dans la vieillesse.

§ 127. Le *Faisan doré*, (Фазанъ золотой), originaire de la Chine, est orné d'une huppe dorée, les plumes du cou sont du jaune le plus vif, et forment une magnifique collerette émaillée de noir. Il a de plus le dos vert, la poitrine rouge, et les pennes des ailes bleues.

Le *Faisan argenté*, (Фазанъ серебристый), qui est du même pays, a une crête écarlate. Les plumes du mâle sont d'un beau blanc d'argent avec des raies noires. Il concourt avec le précédent à l'ornement des ménageries ; mais il se reproduit rarement en Europe.

TRENTE-SEPTIÈME LEÇON.

Suite de l'ordre des Gallinacés. Argus. Peintades. Tétras. Lagopèdes. Perdrix. Cailles. Ordre des Echassiers, Caractères généraux. Divisions. Brévipennes. Autruches. Nandous. Casoars.

§ 128 ARGUS. (Аргусы) Les Argus ont été rangés par le plus grand nombre des naturalistes dans le genre des Faisans; mais l'extrême longueur des pennes des ailes, et de deux des pennes de la queue leur donne une physionomie toute particulière. On ne connait encore qu'une seule espèce d'Argus, l'*Argus gigantesque*, ou *Faisan de Junon*, qui habite le midi de l'Inde. Les ailes du mâle et les plumes de la queue sont marquées de belles taches arrondies en forme d'yeux, d'une teinte brune, nuancée de la manière la plus délicate. Quand il étale ses belles plumes, dit un naturaliste, cet oiseau ressemble à un immense et riche éventail.

§ 129. Peintades, (Цесарки) Les Peintades sont originaires d'Afrique, principalement de l'Algérie. Les Romains les désignaient sous le nom de *Poules de Numidie;* les Grecs sous celui de *Méléagrides.* Ces derniers supposaient que les sœurs de Méléagre avaient été changées en ces oiseaux; et ils voyaient, dans les taches de leur plumage, l'empreinte des larmes de ces femmes désolées. Les Peintades ont la tête nue, surmontée d'une proéminence osseuse, en forme de casque; des caroncules charnues aux joues; le cou en partie privé de plumes; la queue grosse, courte et pendante. L'espèce la plus ordinaire, et qu'on élève en domesticité, a le plumage bleuâtre, couvert partout de taches blanches. Malgré la délicatesse de leur chair, les Peintades ne sont point recherchées dans les basses-cours, car ce sont des oiseaux inquiets, turbulents, querelleurs et dont la voix aiguë et perçante est tout-à-fait désagréable.

§ 130. Les Tétras. (Тетерева). Les Tétras ont le bec court, bombé et robuste, l'œil surmonté d'une bande de peau nue, ordinairement de couleur rouge, les tarses emplumées, et les doigts de devant réunis jusqu'à la première articulation. Ces oiseaux habitent dans les forêts des parties septentrionales des deux continents, et ne présentent point d'espèces domestiques. Ils se nourrissent principalement de bourgeons et de baies, et ne mangent de graines que dans les moments de disette. Les espèces les plus remarquables de ce genre sont:

§ 131. Le *Grand Coq de Bruyère,* (Глухарь), dont la taille égale au moins celle du Dindon. Il a le plumage ardoisé, rayé et traversé par des lignes noirâtres ou brunes. Cet oiseau est abondant en Russie et dans toutes les contrées septentrionales de l'Europe et de l'Asie; mais il est extrêmement rare en France, et ne s'y trouve que dans quelques forêts montagneuses.

Le *Petit Tétras,* ou *Tétras à queue fourchue,* (Тетеревъ), est plus commun que le précédent dans l'Europe centrale. Il n'est point plus gros qu'une Poule; et son plumage est noir. Du reste, ses mœurs et ses aliments sont à peu près les mêmes que ceux du Coq de Bruyère.

La *Gelinotte,* (Рябчикъ), qui se trouve en France et en Allemagne, abonde en Russie. La chair de tous les Tétras est saine, délicate et justement recherchée.

§ 132. Lagopèdes. (Куропатки бѣлыя). Les Lagopèdes , ou *Perdrix des neiges*, ont été successivement confondus avec les Tétras et avec les Perdrix. Ils se distinguent cependant des premiers, par ce qu'ils ont les doigts emplumés jusqu'aux ongles, et des secondes, parce que celles-ci ont les jambes nues. Ils offrent un plumage qui varie avec les saisons; mais qui devient tout blanc pendant l'hiver. Il paraît que ces oiseaux sont extraordinairement abondants en Sibérie. Ils ont la singulière habitude de se creuser, dans la neige, des trous où ils se mettent à l'abri. Il existe plusieurs espèces de Lagopèdes; et ils se trouvent dans les régions froides de l'Europe. Ils sont très communs à Moscou.

§ 133. Perdrix. (Куропатки). Les Perdrix ont le bec court, robuste et comprimé, la tête emplumée et les sourcils nus, les tarses également nus et armés d'éperons chez le mâle. Ce genre renferme un grand nombre d'espèces, répandues sur presque tout le globe. Celles qui sont propres à l'Amérique diffèrent un peu des autres, et portent le nom particulier de *Francolins* (Франколины). Toutes les Perdrix se nourrissent de petits insectes, de leurs larves et de leurs œufs; mais, quand elles sont privées de ces aliments, elles mangent de jeunes pousses d'herbes et les bourgeons des petits arbrisseaux. Ces oiseaux pondent de dix-huit à vingt œufs, et montrent, pour leur jeune famille, les soins les plus assidus et le dévouement le plus généreux. Elles vivent unies jusqu'au printemps, mais alors elles se séparent, et s'isolent par couples. Les deux espèces les plus connues sont:

§ 134. La *Perdrix grise*, (Куропатка сѣрая), qui est d'un brun cendré, élégamment mêlé de noir, avec le bec et les pieds gris. C'est un oiseau timide et défiant, qui recherche particulièrement les plaines, et surtout les champs de blé. Cette espèce habite toutes les contrées tempérées de l'Europe, et se trouve en grande abondance dans beaucoup de contrées de la Russie.

La *Perdrix rouge*, (Куропатка красная), reconnaissable à son bec et à ses pattes d'un beau rouge ; elle vit de préférence sur les collines et les endroits élevés. On la rencontre dans les contrées méridionales. La chair de toutes les espèces de Perdrix est fort estimée; mais celle de la Perdrix rouge est recherchée particulièrement.

§ 135. Cailles (Перепелки.) Les Cailles diffèrent des Perdrix, avec lesquelles elles ont d'ailleurs beaucoup de ressemblance, par un bec menu et une taille moitié plus petite. On trouve de ces oiseaux dans toutes les parties du monde, excepté en Amérique. Les Cailles ont à peu près les mêmes mœurs que les Perdrix, vivent comme elles, dans les champs de blé ; mais, malgré leur vol pesant et difficile, elles entreprennent des migrations très lointaines.

La *Caille vulgaire* (Перепелка европейская) arrive dans nos contrées au printemps, et nous quitte en septembre, pour gagner l'Asie méridionale et l'Afrique. Ces oiseaux se réunissent au bord de la mer, et attendent un vent favorable pour la traverser; mais il arrive presque toujours qu'un grand nombre tombe épuisé, et périt. Les Cailles s'arrêtent en quelque sorte à jour fixe sur quelques îles; où leur arrivée est attendue avec impatience par les habitants. Ceux-ci en prennent un nombre prodigieux, car les pauvres oiseaux sont si fatigués qu'on peut les saisir avec la main. Les Cailles sont peu sociables vivent solitaires, et se séparent de leurs petits beaucoup plus tôt que les Perdrix. Elles se livrent entre elles des combats acharnés, qui servent d'amusement à quelques peuples. Les Romains s'étaient tellement passionnés pour ce spectacle, que l'empereur Auguste fit punir de mort, un prêtre Egyptien qui avait fait servir sur sa table un de ces oiseaux, devenu célèbre par ses victoires. Comme la chair des Cailles est très estimée, elles sont l'objet d'un commerce assez important pour les îles où elles descendent pendant leurs migrations ; et, dans tous ces pays, on emploie une foule de moyens pour leur faire la chasse.

ORDRE DES ECHASSIERS.

§ 136. Caractères généraux. Les Echassiers (Голенастыя) se reconnaissent à leurs tarses très alongés et à leurs jambes privées de plumes vers le bas. Ces jambes, ordinairement faibles et longues, ressemblent à des échasses, ce qui a fait donner à ces oiseaux le nom sous lequel ils sont désignés. Leur organisation est parfaitement en rapport avec leurs habitudes, et très favorable, soit à la rapidité de la course, soit au passage dans les eaux peu profondes, où beaucoup de ces oiseaux vont chercher leur nourriture. Leur taille est, en général, élancée, et leur cou, proportionné à leurs jambes, tellement long, qu'ils peuvent toujours, sans se baisser, ramasser à terre leurs aliments. Presque tous sont des oiseaux rusés, méfiants et sauvages, qui ne se soumettent que rarement à la captivité.

§ 137. DIVISION. Cuvier partage cet ordre en cinq familles principales et en quelques petites familles accessoires.

Les cinq familles principales sont :

>   Les *Brévipennes,*
>   Les *Pressirostres,*
>   Les *Cultrirostres,*
>   Les *Longirostres,*
>   Les *Macrodactyles.*

Les familles accessoires n'en présentent qu'une seule qui puisse nous intéresser, savoir celle des *Phénicoptères* ou *Flammants.*

FAMILLE DES BRÉVIPENNES.

§ FAMILLE DES BRÉVIPENNES (Короткокрыльія). Les Brévipennes sont de grands oiseaux, qui forment le passage entre les Gallinacés et les autres Echassiers, dont ils n'ont point les mœurs, et dont on les a souvent séparés, pour en faire un ordre particulier. Ils ont les ailes presque rudimentaires et tout-à-fait impropres au vol ; mais leurs jambes sont très musculeuses, douées d'une force considérable, de manière qu'ils l'emportent à la course sur tous les animaux. Cette rapidité leur a fait donner quelquefois le nom de *Coureurs.* Cette famille est peu nombreuse en espèces, et ne renferme que trois genres : les *Autruches,* les *Nandous* et les *Casoars.*

§ 139. AUTRUCHES. (Страусы). L'*Autruche proprement dite*, ou *Autruche de l'Ancien-Continent* (Страусъ африканскій), est la seule espèce de ce genre. C'est le plus gros des oiseaux connus: il atteint quelquefois plus de huit pieds, et pèse jusqu'à cent livres. Sa tête est petite, son bec déprimé, son cou revêtu de poils clair-semés, son plumage est noir, mêlé de quelques plumes blanches et grises ; celles des ailes et de la queue sont blanches, molles, flexibles et pendantes. La femelle pond sur le sable, des œufs, qu'elle abandonne, dit-on, à la chaleur du soleil, dans les contrées brûlantes ; dans les pays où la température est moins ardente, elle fait un nid grossier, et couve comme les autres oiseaux. Chaque œuf d'Autruche pèse environ quatre livres, et peut contenir autant que vingt-quatre œufs ordinaires de Poule. Cet oiseau vit en Afrique et en Arabie, et forme de grandes troupes, qui, dit Buffon, ressemblent à des escadrons de cavalerie, et jettent quelquefois l'alarme dans les caravanes. Il se nourrit principalement d'herbes; mais il est si vorace, que, trompé par l'imperfection de ses sens, il avale tout ce qui est à sa portée; cependant la force de son appareil digestif lui permet d'en digérer la plus grande partie. Cette voracité leur est quelquefois funeste : le naturaliste Walisnéri rapporte qu'une Autruche périt, pour avoir mangé une quantité considérable de chaux; on a trouvé dans l'estomac d'un autre de ces oiseaux, qui mourut à Paris, près d'une livre pesant de morceaux de fer ou de cuivre, et des pièces de monnaie à demi-usées.

§ 140. L'Autruche est depuis longtemps l'objet de l'attention de l'homme : les auteurs anciens, sacrés et profanes, en ont fait souvent mention. De nos jours, on chasse cet oiseau, qui donne quelques produits avantageux : sa peau forme un cuir dur et épais; sa chair, fort en usage chez les nations anciennes, sert encore de nourriture à quelques peuples; les plumes des ailes et de la queue sont employées à faire des panaches; et la coque de leurs œufs, qui est très dure, est coupée en deux pour former ainsi des espèces de vases. Enfin, ces oiseaux, doués d'une grande force et d'un caractère doux et tranquille, se familiarisent aisément, se laissent conduire comme des troupeaux, et s'accoutument facilement à porter des cavaliers, et à traîner des fardeaux : l'histoire nous fournit de ces faits les preuves les plus nombreuses et les plus irrécusables.

§ 141. Nandous (Hahay). Ce genre ne présente non plus qu'une espèce, le *Nandou proprement dit* ou *Autruche d'Amérique*. Le Nandou a été souvent considéré comme appartenant au genre autruche; il s'en distingue cependant, en ce qu'au lieu d'avoir seulement deux doigts, comme l'Autruche de l'Ancien-Continent, il en a trois; d'ailleurs, il est d'une taille moitié plus petite; son plumage est grisâtre; et ses plumes n'ont presque point de valeur. On trouve fréquemment le Nandou à la Guyane et au Brésil; il se tient ordinairement dans les immenses prairies qui forment la plus grande partie du territoire de ces contrées.

§ 142. Casoars. (Казуары). Les Casoars présentent des rapports avec l'Autruche par leur taille élevée et la brièveté de leurs ailes; mais ils en diffèrent, en ce qu'ils n'ont point de queue ; qu'ils ont trois doigts comme les Nandous ; et que les plumes de leurs ailes ont des barbes si peu garnies des barbules , que de loin elles ressemblent à des crins pendants. On connait deux espèces de Casoars, savoir :

Le *Casoar à casque* ou *Emeu,* (Казуаръ индійскій), qui a la tête surmontée d'une éminence osseuse , et dont quelques pennes sont privées de barbes et semblables à des piquants. C'est un oiseau à plumage noir, fort agile, qui ne se trouve que dans l'Archipel indien.

Le *Casoar de la Nouvelle-Hollande,* (Казуаръ ново-голладнскій) dont le plumage est d'un brun gris , et qui a la tête et le cou couverts de plumes effilées.

TRENTE-HUITIÈME LEÇON.

Famille des Pressirostres. Outardes. Pluviers. Vanneaux. Famille des Cultrirostres. Agamis. Kamichis. Grues. Hérons. Aigrettes. Cigognes. Argalas. Spatules.

FAMILLE DES PRESSIROSTRES.

§ 143. Famille des Pressirostres. (Сжатоклювыя). Les Pressirostres ont le bec court, médiocre et assez fort, les ailes courtes, arrondies , et plus ou moins propres au vol. Ils sont, en général, assez sociables , et vivent par petites bandes. Leur nourriture consiste principalement en vers ; mais quelques uns d'entre eux , vivant sur les bords des eaux , y joignent également des mollusques. Cette famille se compose des *Outardes* , des *Pluviers* , des *Vanneaux* et des *Huitriers.*

§ 144. Outardes (Драхвы). Les Outardes sont les plus gros oiseaux de l'Europe. Par leur forme et leur structure , elles se rapprochent des Gallinacés et des Brévipennes : leurs ailes sont très courtes, presque impropres au vol, et ne leur servent qu'à accélérer leur course. Les Outardes habitent l'Ancien-Continent elles se trouvent dans les prairies, car elles se nourrissent d'herbes, de semences ou d'insectes. Il existe, en Europe, deux espèces d'Outardes :

La *Grande Outarde* (Драхва обыкновенная), répandue dans les parties méridionales et centrales. Elle vit dans les plaines découvertes par bandes de cinquante à soixante individus. Elle est fauve avec des lignes noires. La chair de cet oiseau est saine et de très bon goût.

La *Petite Outarde* (Стрепеть), de moitié moins grosse que la précédente. On la rencontre moins fréquemment ; cependant elle est assez commune dans les steppes du midi de la Russie.

§ 145. PLUVIERS. (Ржанки). Les Pluviers ont le bec assez grêle, comprimé et renflé au bout ; les ailes médiocres, et cependant bien disposées pour le vol ; trois doigts en avant et point de pouce. Il existe des oiseaux de ce genre répandus dans toutes les parties de la terre, et vivant dans les marais ou sur les bords de la mer. Ils se réunissent en société ; et, pendant les moments du repos, établissent des sentinelles pour les avertir des dangers qui peuvent les menacer. Ils se nourrissent de mollusques , et surtout de vers , qu'ils font sortir de terre, en frappant le sol avec leur pied. Les Pluviers sont des oiseaux de passage ; ils paraissent surtout abondants en automne, pendant la saison des pluies. Tous fournissent une chair recherchée , particulièrement le *Pluvier doré* (Ржанка золотистая), qui est le plus commun. Cette espèce a le plumage noirâtre, pointillé de jaune en dessus et blanc en dessous.

§ 146. VANNEAUX. (Пигалицы). Les Vanneaux présentent les plus grands rapports avec les Pluviers ; mais ils en diffèrent par l'existence d'un pouce, si petit d'ailleurs qu'il ne touche pas la terre. Ils sont comme eux oiseaux de passage ; fréquentent comme eux les marais , vivent de vers et d'insectes. On estime particulièrement les œufs de Vanneaux : ils passent pour être délicieux. L'espèce la plus commune et la plus jolie est le *Vanneau huppé* (Чибесъ), qui arrive dans nos pays à la fin du printemps. Son plumage est d'un noir bronzé, et sa tête est ornée d'une huppe élégante.

§ 147. Huitriers. (Кривки). Les Huitriers ont le bec droit, comprimé, robuste et en forme de coin. Ils doivent leur nom à l'habitude de manger des mollusques, particulièrement des huîtres. On en rencontre des espèces sur tout le globe ; ils vivent sur le bord de la mer, et suivent les flots pendant le mouvement des marées. L'*Huitrier d'Europe* est noir avec du blanc à la gorge, au ventre, aux ailes et à la queue. Cette coloration lui a fait donner le nom de *Pie de mer* (Морская Сорока).

FAMILLE DES CULTRIROSTRES.

§ 148. Famille des Cultrirostres. (Лезвееклювыя). Les Cultrirostres, ont le bec généralement long, robuste et pointu ; les bords qui en sont fort tranchants, ont fait donner à ces oiseaux le nom qu'ils portent, et qui signifie, en langue latine *couteau-bec.* Ils forment une famille assez nombreuse, dont on a trouvé des genres répandus dans les différentes parties du monde. Quelques Cultrirostres, comme les Agamis, vivent dans les terres et se nourrissent de grains et de brins d'herbes ; mais le plus grand nombre habite au bord des eaux, et mange principalement des mollusques, des reptiles et des poissons. Nous signalerons dans cette famille : Les *Agamis*, les *Kamichis*, les *Grues*, les *Hérons*, les *Aigrettes*, les *Cigognes*, les *Argalas* et les *Spatules.*

§ 149. Agamis. (Трубачи). Les Agamis ont le bec assez court, voûté, conique, sa mandibule supérieure plus longue que l'inférieure, sur laquelle elle se recourbe. L'espèce la plus commune, l'*Agami trompette* (Псофія трубачь) doit son nom à son cri, semblable à celui du Dindon, mais plus fort et plus éclatant, qu'il fait toujours entendre au moment de partir. Cet oiseau est de la taille d'un grand Coq; il a le plumage vert avec des brillants reflets violets sur la poitrine et sur le cou; son dos est nuancé de fauve, et ses pieds sont verdâtres. L'Agami est le plus intelligent des oiseaux, le plus sociable; si tout ce qu'on raconte de lui est véritable, il serait, parmi les animaux de sa classe, ce que sont les Chiens parmi les mammifères. Il reconnaît, dit un naturaliste, celui qui le soigne et s'attache à lui, le suit partout, obéit à sa voix, sollicite ses carasses, témoigne sa joie, quand il revient après une absence, s'attriste, quand il le quitte, et regarde d'un air jaloux ceux qui l'approchent. Comme le Chien, l'Agami est non seulement un ami dévoué; c'est encore un utile serviteur: il règne sur les oiseaux de basse-cour: nul ne bouge ou ne s'écarte, sans qu'il y mette ordre; mais, en échange de leur soumission, il les protège contre les oiseaux de proie, les défend contre les Chiens, qu'il combat avec audace, et dont il évite les morsures avec adresse. Non seulement on confie à l'Agami la garde des volailles ; mais, ce qui est plus étrange, on lui confie même celle des troupeaux: seul il conduit, le matin, les moutons au paturage, et les ramène, le soir, à l'habitation. L'Agami vit à l'état sauvage dans les forêts de l'Amérique méridionale , et se nourrit de vers et de graines. Il est très probable que cet oiseau , si remarquable par ses services , s'acclimaterait facilement dans les parties chaudes de l'Europe.

§ 150. KAMICHIS. (Паламедеи). Les Kamichis présentent, ainsi que les Agamis, plusieurs points de ressemblance avec les gallinacés: ils sont presque aussi intelligents que les Agamis eux-mêmes; peuvent, comme eux, être dressés à surveiller les oiseaux de basse-cour; et vivent , comme eux, dans l'Amérique méridionale ; mais ils s'en distinguent par la présence d'ergots à la partie antérieure des ailes, et par un naturel plus doux et plus craintif.

Le *Kamichi cornu*, (Паламедея рогатая) doit son nom à une tige cornée et mobile, qui s'élève au dessus de la tête ; son plumage est noir ardoisé. Sa nourriture consiste en plantes aquatiques ; aussi se rencontre-t-il ordinairement dans les endroits marécageux.

§ 151. GRUES. (Журавли.) Les Grues ont le bec droit, obtus, peu fendu , et de taille médiocre, les doigts assez faibles, et le pouce touchant à peine le sol. On rencontre de ces oiseaux par toute la terre: ils font de longs voyages pour passer l'hiver dans le Sud , et l'été dans le Nord. Ils se nourrissent de petits poissons, de reptiles et de mollusques ; mais ils mangent également des substances végétales.

La *Grue commune* ou *Grue cendrée* (Журавль обыкновенный). est haute de plus de quatre pieds; elle doit son second nom à sa couleur. Cet oiseau est célèbre par ses migrations ; ces voyages ont lieu sous la direction d'un chef, et ne s'opèrent que pendant la nuit, sans doute pour éviter la poursuite des oiseaux de proie. Les Grues sont , dans leur route , disposées sur deux lignes qui se réunissent de manière à former un V, à l'extrémité duquel se trouve le chef. Cette disposition est, comme on le voit, très favorable pour fendre l'air. Lorsque ces oiseaux s'arrêtent, soit pour pâturer, soit pour dormir, un d'entre eux veille sans cesse, afin d'avertir la troupe des dangers qui pourraient les menacer. La *Grue commune* a été observée de bonne heure par les peuples anciens, et son histoire a été remplie de fables absurdes.

§ 152. La *Grue couronnée* ou *Oiseau royal* (Журавль хохлатый), est remarquable par une huppe de plumes torses, de couleur jaune, formant une élégante aigrette au dessus de la tête. Cet oiseau est cendré avec le ventre noir, et les ailes en partie blanches. Il est d'un caractère doux, et s'apprivoise très aisément. La Grue couronnée est indigène de l'Afrique.

La *Demoiselle de Numidie* ou *Oiseau bateleur*, (Журавль заморскій или Красавецъ), ainsi nommé à cause de l'habitude de faire des mouvements bizarres qui représentent une sorte de danse, est d'une taille élancée, d'une forme élégante et gracieuse. Il porte deux belles aigrettes blanchâtres, formées par des plumes effilées qui couvrent les oreilles.

§ 153. HÉRONS. (Цапля). Les Hérons ont un bec long, fort et pointu, dont les mandibules sont tranchantes. Ils supportent facilement le froid; aussi les trouve-t-on répandus sur toutes les parties du globe. Ils vivent isolés, sur les bords des lacs, des rivières et des marais ; et se nourrissent de grenouilles, de reptiles, de mollusques et de poissons. Ce sont des oiseaux farouches et solitaires, d'une extrême défiance, et qu'il est très difficile d'approcher. Ils sont voyageurs, et se réunissent par bandes pour opérer leurs migrations. Pendant le vol, ils replient la tête tellement en arrière, qu'elle repose sur le dos; tandis que les pieds sont étendus horizontalement, pour servir de gouvernail, car leur queue est extrêmement courte.

§ 154. Le *Héron commun* (Цапля обыкновенная) est un grand oiseau dont le plumage est cendré, avec des taches noires sur le devant du cou. Il porte une huppe de plumes noires, à l'arrière de la tête. Son vol est très puissant, ce qui lui permet de se porter vers des contrées fort éloignées. La chasse des Hérons était autrefois un des plaisirs des princes ; elle se faisait au moyen de Faucons, et la chair de ces oiseaux, quoique réellement mauvaise, était considérée comme un mets royal.

§ 155. Aigrettes. (Цапли бѣлыя или Чепуры). Les Aigrettes se distinguent des Hérons, parce qu'elles ont, à certaines époques, l'extrémité du dos garnie de longues plumes effilées. Ces plumes blanches, connues sous le nom d'*aigrettes*, sont vendues, dans le commerce, pour faire des panaches, tels que ceux des Hetmans des Kosaks.

La *Grande Aigrette*, dont le plumage est d'un blanc pur, se rencontre à la fois dans les quatre parties du monde.

§ 156. Cigognes. (Аисты). Les Cigognes présentent de grands rapports avec les Hérons : elles ont le bec long, droit, aigu et tranchant, leurs mandibules larges et légères produisent, en frappant l'une contre l'autre, un claquement particulier. Ces oiseaux se trouvent dans tout l'Ancien-Continent, et sont dans beaucoup de pays l'objet d'une vénération particulière. D'un caractère doux et sociable, les Cigognes s'apprivoisent aisément, et vivent dans les villes et dans les villages, dans une sorte de demi-domesticité. Elles font leur nid sur le sommet des monuments et sur le toit des maisons ; et, chaque année, les couples fidèles reviennent faire leur ponte au même endroit.

La *Cigogne blanche* (Аистъ бѣлый), passe l'été en Europe, et se rencontre depuis l'Espagne jusqu'en Suède et en Russie ; l'hiver, elle se retire en Afrique, et même dans les Indes. C'est un grand oiseau avec les pennes noires, le bec et les pieds rouges. La Cigogne a été, de tout temps, l'objet d'une protection particulière et d'une vénération presque universelle, méritée sans doute par les services qu'elle rend en détruisant un grand nombre de reptiles nuisibles. Elle soigne ses petits avec une extrême tendresse ; et pendant longtemps, on a cru que cet oiseau nourrit ses parents quand ils sont vieux ; ce qui a contribué à sa célébrité.

La *Cigogne noire* (Аистъ черный), se rencontre aussi en Europe ; son plumage est noirâtre à reflets pourprés, et son ventre est blanc. Elle est d'un naturel sauvage, et vit solitaire parmi les marécages.

§ 157. Argalas. (Аргалы). Les Argalas ont été longtemps réunis aux Cigognes, sous le nom de *Cigognes à sac ;* ils s'en distinguent cependant par la structure de leur bec, par leur cou nu et, surtout, par une poche remplie d'air, comme une sorte de vessie, qui leur pend à la région inférieure du cou. Les plumes du dessous de l'aile de ces oiseaux sont blanches extrêmement élégantes, avec une tige fine, des barbes excessivement longues et légères, et donnent les beaux panaches, qu'on appelle *marabouts.*

L'*Argala Marabout* (Марабу), qui vit au Sénégal, fournit des plumes estimées. On en trouve une espèce aux Indes dont les plumes ont moins de valeur.

§ 158. Spatules. (Колпицъ). Les Spatules se rapprochent des Cigognes par toute leur structure ; mais elles en diffèrent par la forme singulière de leur bec, qui est très long, plat et arrondi au bout en forme de spatule ; ce qui leur a valu le nom qu'elles portent. Il existe plusieurs espèces de ce genre, qui vivent par petites bandes dans les endroits marécageux et au bord de la mer ; car la structure de leur bec leur permet de se nourrir seulement de petits poissons et d'insectes, qu'elles pêchent dans l'eau, ou qu'elles trouvent en fouillant dans la vase.

La *Spatule d'Europe* (Колпица бѣлая) est blanche avec le cou jaune ; celle d'Amérique a le plumage rosé.

TRENTE-NEUVIÈME LEÇON.

Famille des Longirostres. Ibis. Bécasses. Combattants. Echasses. Avocettes. Famille des Macrodactyles. Jacanas. Rales. Poules–Sultanes. Poules d'eau. Famille des Flammants.

FAMILLE DES LONGIROSTRES.

§ 159. Famille des Longirostres. (Длинноклювыя). Les Longirostres ont le bec grêle, et tellement faible, qu'il n'est guère propre qu'à fouiller dans la vase. Ils ont à peu près tous la même manière de vivre : ils se tiennent sur le bord des eaux et dans les terrains humides, où ils cherchent des vers et des insectes. Les genres les plus remarquables de cette famille sont : les *Ibis* , les *Bécasses,* les *Combattants,* les *Echasses* et les *Avocettes.*

24

§ 160 Ibis. (Ибисы). Les Ibis ont le bec arqué, grêle, profondément sillonné jusqu'au bout, une partie de la tête et même du cou privée de plumes. On trouve de ces oiseaux dans toutes les parties du globe ; ils vivent par petites familles de cinq ou six individus, dans les lieux humides et marécageux. Il existe plusieurs espèces d'Ibis; les plus célèbres sont:

§ 161. L'*Ibis sacré* (Ибисъ священный), si connu à cause du culte dont il fut anciennement l'objet en Egypte. A cette époque, il était si répandu dans cette contrée, qu'au rapport des historiens, il gênait la circulation dans quelques villes. Il n'y a guère de monuments égyptiens, sur lesquels on ne rencontre des figures d'Ibis ; cependant ce n'est que de nos jours, que cet oiseau a été reconnu avec certitude, car tous les naturalistes cherchaient l'Ibis sacré dans des espèces qui se nourrissent de serpents. On était, en effet, convaincu, que les Egyptiens n'accordaient à l'Ibis les honneurs divins que par reconnaissance des services qu'il rendait, en détruisant ces reptiles, qui auraient pu devenir dangereux pour le pays. Or, la faiblesse du bec de cet oiseau ne lui permet pas d'attaquer une pareille proie, et cette erreur empêchait de parvenir à la découverte de la vérité. Ce fut Georges Cuvier, qui en examinant des momies de ces oiseaux, découvrit l'espèce à laquelle ils appartiennent. C'est un oiseau à peu près de la grosseur d'une Poule ; sa tête et son cou offrent une peau noire et nue ; son plumage est entièrement blanc, à l'exception du bout de pennes qui est noir, ainsi que les plumes longues et effilées qui recouvrent la partie postérieure du corps. L'Ibis sacré se trouve répandu dans toutes les parties de l'Afrique, particulièrement au Sénégal ; mais il est devenu rare en Egypte ; quoiqu'on prétendit, qu'il était si attaché à cette contrée, qu'il se laissait mourir de faim, lorsqu'on le transportait dans une autre. L'histore de cet oiseau, comme celle de presque tous les animaux qui ont été l'objet de l'attention des anciens, est remplie de fables absurdes.

§ 162. L'*Ibis vert* (Ибисъ зеленый), est plus commun que l'espèce précédente. Son plumage est d'un roux brun pourpré avec le dessus d'un vert foncé. Il se trouve également en Afrique ; mais il paraît quelquefois dans le midi de l'Europe.

L'*Ibis rouge*, (Ибисъ красный), qui appartient à l'Amérique, est d'un rouge magnifique, à l'exception du bout des ailes qui est noir. Il s'accoutume facilement à la domesticité, et forme un des plus brillants ornements des basses-cours.

§ 163. BÉCASSES. (Бекассы). Les Bécasses ont le bec droit, long, mou et grêle, la tête comprimée, de gros yeux, et un air remarquablement stupide, parfaitement en rapport avec la stupidité de leurs mœurs. On les divise en deux sous-genres :

Les *Bécasses proprement dites*, qui ont les pieds emplumés jusqu'aux ongles ; les *Bécassines*, qui ont la partie inférieure des jambes nues. Les Bécasses habitent, pendant l'été, les montagnes boisées ; et descendent, en hiver, dans les plaines et dans les taillis. Elles se cachent, pendant le jour, dans les bois ; mais elles se rendent, vers le soir, dans le voisinage des eaux et dans les champs fraichement cultivés. Ces oiseaux font sur la terre un nid, dans lequel ils déposent quatre ou cinq œufs. Les petits courent aussitôt après leur naissance ; ils sont l'objet d'une grande sollicitude de la part du père et de la mère. La *Bécasse commune* (Бекасъ лѣсной), se trouve dans toutes les parties de l'Europe ; elle est surtout abondante en Russie.

Les Bécassines (Бекассины), ont les mœurs plus aquatiques que les Bécasses : elles demeurent ordinairement dans les marais et dans les prairies submergées. Il existe plusieurs espèces de Bécassines en Europe. Tous les oiseaux de ce genre ont une chair fort délicate, et sont l'ornement de nos tables.

§ 164. COMBATTANTS. (Турухтаны). Les Combattants sont extrêmement remarquables par leurs mœurs : ordinairement doux et pacifiques, ils deviennent, au printemps, tellement querelleurs, qu'ils se livrent des combats souvent mortels. A cette époque, la tête du mâle s'orne de caroncules ; son cou se garnit de longues plumes, qui forment une espèce de collerette, et qui tombent ensuite.

Le *Combattant commun* (Турухтанъ обыкновенный) se trouve en assez grande quantité dans le nord de l'Europe ; on en mange la chair, mais elle est peu estimée.

§ 165. ECHASSES. (Акатки). AVOCETTES. (Шилоноски). Les Echasses habitent le nord de l'Europe et de l'Asie. La structure de leur bec les rapproche des Bécasses ; mais elles s'en distinguent par des jambes beaucoup plus longues, et si faibles, qu'on s'étonne qu'elles puissent porter le corps. Elles ne se plaisent que dans les marécages les plus vaseux et les plus impraticables ; ce qui fait qu'il est très difficile de les observer, et que leurs mœurs sont peu connues.

Les Avocettes se reconnaissent à un caractère très remarquable: leur bec long et grêle se recourbe en haut. Ce genre est peu nombreux en espèces ; il est cependant représenté dans les deux continents. Les Avocettes fouillent la vase, à l'aide de leur singulier bec, pour y trouver les vers et les insectes qui constituent leur nourriture.

FAMILLE DES MACRODACTYLES.

§ 166. Famille des Macrodactyles. (Длиннопалыя). Les Macrodactyles sont caractérisés par des doigts extrêmement longs, des pieds robustes, propres à marcher sur l'herbe des prairies et des marais, et sur les plantes qui recouvrent la surface des eaux ; ils peuvent aussi nager, quoiqu'ils ne soient jamais palmés. Le bec, chez les oiseaux de cette famille, est de forme très variable; mais, sans être fort, il est toujours moins faible que chez les longirostres. Enfin tout les Macrodactyles ont le vol peu étendu, car leurs ailes sont médiocres, et quelquefois même remarquablement courtes. A cette famille appartiennent : les *Jacanas*, les *Râles*, les *Poules-Sultanes* et les *Poules d'eau.*

§ 167. Jacanas. (Паппы). Les Jacanas ont le bec comprimé, les ailes armées d'un ergot épineux, des ongles longs, particulièrement celui du pouce, qui est fort acéré. Cette dernière circonstance leur fait donner quelquefois le nom de *Chirurgiens ;* parcequ'on a comparé cet ongle à une lancette. Le nom de Jacanas est celui qu'ils portent au Brésil, où ils sont nombreux ; mais on trouve également des oiseaux de ce genre en Afrique et en Asie. Les Jacanas sont d'un caractère querelleur, et se battent souvent entre eux, en poussant de grands cris. Ils vivent ordinairement sur les bords des eaux, et se nourrissent d'insectes aquatiques.

§ 168. Râles. (Пастушки). Les Râles ont le bec à peu près droit, le front emplumé, et les ailes sans éperons. Ils se tiennent au milieu des joncs des étangs et des ruisseaux ; se nourrissent d'insectes qu'ils cherchent le matin et le soir ; et mangent également ment des plantes de marais. Ils sont d'un naturel défiant et sauvage, ne volent que rarement et mal , mais courent avec une vitesse extraordinaire.

Le *Râle d'eau* (Пастушокъ обыкновенный), est brun foncé avec les flancs noirs rayés de blanc. Il se trouve communément sur le bord des ruisseaux et des étangs, où il nage assez bien.

Le *Râle de terre* ou *Râle des genêts* (Коростель или Дергачь), a des mœurs moins aquatiques que le précédent ; il vit ordinairement avec les Cailles , qu'il semble accompagner dans leurs voyages, ce qui lui a fait donner le nom de *Roi des Cailles*. Son nid est assez grossièrement fait au milieu des champs, et il court dans l'herbe avec beaucoup de facilité et de vitesse. Il est brun avec les ailes rousses.

§ 169. POULES-SULTANES. (Султанки). Les Poules-Sultanes ont un bec gros et court, avec une plaque sur le front. Elles habitent dans les lieux marécageux des contrées chaudes de l'Ancien-Continent. Elles s'enfoncent quelquefois assez loin dans les terres, pour chercher les graines qu'elles préfèrent aux végétaux aquatiques ; elles aiment surtout le riz , et causent souvent d'assez grands dégâts dans les rivières. Quand ces oiseaux sont près de l'eau, et qu'ils sont poursuivis, ils s'échappent, soit en nageant, soit en courant sur les feuilles des plantes aquatiques, sans enfoncer dans l'eau, grâce à l'extrême longueur de leurs doigts. Lorsqu'ils mangent, ils se tiennent sur un seul pied, et se servent de l'autre, comme d'une main , pour porter la nourriture à leur bec. Les Poules-Sultanes ont ordinairement un plumage paré des plus vives couleurs.

La *Poule-Sultane ordinaire* (Султанка лазоревая), est un oiseau de la grosseur d'une Poule, remarquable par son plumage d'un beau bleu, son bec et ses pieds rouges. Elle est originaire de l'Afrique ; mais elle se trouve en Italie, et en Sicile ; et dans quelques endroits on les élève en domesticité.

§ 170. POULES D'EAU. (Камышники). Les Poules d'eau présentent beaucoup de rapports de structure avec les Poules - Sultanes : elles ont, comme elles, un bec court et un écusson frontal ; mais elles sont d'une taille plus petite, et s'écartent moins du bord des rivières. Elles préfèrent aux graines , les vers, les insectes, les mollusques et même les petits poissons. Ces oiseaux sont répandus sur la plus grande partie du globe, et vivent, ou par couples, ou par petites familles. Ils se tiennent cachés pendant le jour au milieu des roseaux , et ne se montrent guère que pendant la nuit.

La Poule d'eau d'Europe (Водяная курица), est commune, surtout dans les contrées du Centre et du Midi; elle a le dos d'un brun olivâtre, et les flancs d'un blanc pur.

§ 171. Famille des Flammants. (Фламинги). Cette petite famille n'est composée que d'un seul genre, très remarquable par la structure du bec : il est gros, denté, subitement courbé au milieu, la mandibule inférieure arrondie, et la mandibule supérieure plate. Les Flammants ont les jambes extrêmement longues et les pieds palmés; ils se nourrissent de mollusques, de coquillages, d'insectes et d'œufs de poissons, qu'ils cherchent dans la vase, en y promenant leur bec, comme le soc d'une charrue, la mandibule inférieure en dessus. Les Grecs avaient donné à ces oiseaux le nom de *Phénicoptères*, (ailes rouges) qu'on leur conserve quelquefois encore, à cause de leur brillante couleur. Le nom français, qui vient du mot flamme, exprime la même idée. Ces oiseaux sont répandus dans toutes les régions chaudes et tempérées ; et vivent ordinairement sur le bord de la mer, et à l'embouchure des fleuves, réunis en troupes souvent très nombreuses.

§ 172. Le *Flammant commun*, (Красный гусь), qui a près de quatre pieds de hauteur, se rencontre dans toutes les parties de l'Ancien-Continent situées au dessus du 40-e degré. Il n'est point également paré à toutes les époques de sa vie : ce n'est que dans l'âge adulte, qu'il est dans toute sa beauté. A cette époque, il est d'un rouge pourpré sur le dos, rose sur les ailes, avec les pennes noires. La première année son plumage est cendré ; et il n'y a que les ailes qui soient rouges ou roses la seconde.

La construction des nids des Flammants est tout-à-fait digne d'attention: ils nidifient dans les lieux baignés par l'eau; et, comme l'extrême longueur de leurs jambes ne leur permet pas de se tenir sur un nid de constrution ordinaire, ils élèvent, avec de la boue sechée, une petite pyramide, haute d'un pied et demi, creusée à sa partie supérieure, sur laquelle ils se mettent à cheval, les jambes pendantes et appuyées sur le sol. La chair des Flammants est huileuse et d'un goût désagréable ; cependant les anciens en faisaient le plus grand cas; et leur langue épaisse et charnue était particulièrement considérée comme un mets exquis.

QUARANTIÈME LEÇON.

Ordre des Palmipèdes, Caractères généraux. Division. Famille des Plongeurs. Plongeons. Grèbes. Macareux. Pingouins. Manchots. Famille des Longipennes. Pétrels. Albatros. Mouettes. Hirondelles de mer. Becs-en-ciseaux.

ORDRE DES PALMIPÈDES

§ 173. Caractères généraux. Division. Les Palmipèdes ou *Oiseaux nageurs*, (Плавуны) sont caractérisés par des tarses courts, et des pattes également courtes, dont les doigts, réunis à l'aide d'un repli de la peau, forment une large nageoire. Tous les oiseaux de cet ordre sont aquatiques, et vivent, les uns presque constamment à la surface de la mer, les autres sur les rives des fleuves, des lacs et des marais. Tous sont admirablement disposés pour la nage; mais la plupart marchent très mal; parce que leurs jambes sont très courtes et placées très en arrière du corps. Ce sont les seuls oiseaux dont le cou dépasse quelquefois de beaucoup la longueur des jambes, et peut atteindre le fond des marécages et des étangs, lorsqu'ils nagent à la surface. Le corps des Palmipèdes est couvert de plumes molles et serrées, et garni d'un duvet épais. Ces plumes sont graissées et lustrées par une substance huileuse, qui les rend imperméables à l'eau; cependant il existe quelques Palmipèdes qui nagent fort peu, mais volent avec une admirable facilité, grâce à l'extrême longueur de leurs ailes. Ces oiseaux font leur nid sur le sol; ne pondent, en général, qu'un petit nombre d'œufs, et leurs petits peuvent aller chercher eux mêmes leur nourriture, aussitôt après la naissance.

L'ordre des Palmipèdes se divise en quatre familles, savoir: Les *Plongeurs*, les *Longipennes*, les *Totipalmes* et les *Lamellirostres*.

FAMILLE DES PLONGEURS.

174. Famille des Plongeurs. (Короткокрылыя). Les Plongeurs volent mal, et quelques uns ne volent point du tout, car les ailes

de ces oiseaux sont excessivement courtes. Ils ont les pattes implantées tout-à-fait en arrière du corps ; de sorte que, pour marcher sur la terre , ils sont forcés de se tenir le corps dressé presque verticalement. Cette disposition des pattes favorise particulièrement la nage , qui est de plus facilitée par l'action des ailes, dont ces animaux se servent comme de nageoires. Nous signalerons dans cette famille: les *Plongeons*, les *Grèbes*, les *Macareux*, les *Pinguoins* et les *Manchots*.

§ 175. Plongeons. (Гагары). Les Plongeons doivent leur nom à la facilité avec laquelle ils nagent sous les eaux , pour saisir les poissons dont ils se nourrissent. Ils ont un bec droit, comprimé, très pointu, et les ailes extrêmement courtes; cependant quelques espèces volent assez bien, et se rendent des régions boréales jusque dans le midi de l'Europe, lorsque les froids sont très vifs. On les rencontre très rarement marchant sur le sol ; et ils ne viennent à terre qu'à l'époque des pontes.

Le *Grand Plongeon*, (Гагара сѣверная) dont le plumage est d'un noir verdâtre sur la tête et sur le cou , avec le manteau et les flancs tachetés de blanc , habite l'Océan Glacial du Nord, et vit principalement de harengs.

§ 176. Grèbes. (Чомга). Les Grèbes ont été souvent placés dans le genre plongeon; cependant ils se distinguent des Plongeons, en ce qu'au lieu d'avoir les pieds réellement palmés, ils ont les doigts séparés , et seulement élargis par des lobes membraneux. Ils ont d'ailleurs les mêmes mœurs.

Le *Grèbe commun* ou *Grèbe huppé* (Чомга хохлатая) porte une huppe noire pendante sur le cou. Il habite l'Europe, se nourrit de poissons , de mollusques et de plantes aquatiques. Il fait un nid en forme de barque , flottant à la surface de l'eau et attaché aux joncs, au milieu desquels il est ordinairement caché.

§ 177. Macareux. (Тупики). Les Macareux ont un bec extrêmement remarquable: il est plus court que la tête, profondément sillonné, et tellement aplati sur les côtés , que , sur une hauteur de plus d'un pouce , il n'a pas plus de trois ou quatre lignes de largeur. Ils ne quittent guère les mers boréales, car leur vol a très peu d'étendue. Ils font, dans les crevasses des rochers, un nid grossier, où, ils ne déposent, dit - on, qu'un seul œuf.

§ 178. Pingouins. (Пингвины). Les Pingouins ont le bec droit, comprimé, très courbé vers la pointe, à dos tranchant et emplumé jusqu'aux narines; les ailes très courtes, quoiqu'elles soient encore propres au vol ; les pattes , à trois doigts seulement, entièrement palmées et comme retirées dans l'abdomen. Les Pingouins appartiennent aux mers boréales ; ils ont les mœurs des autres Plongeurs. et ne vont à terre qu'à l'époque de la ponte , ou pendant les tempêtes. Ils ne pondent qu'un seul œuf extrêmement gros; et, dans certains parages, ils se réunissent en si grande quantité, que l'équipage d'un navire anglais put ramasser environ cent mille œufs sur un seul rocher. Ce genre ne renferme que deux espèces, savoir:

§ 179. Le *Pingouin commun* , (Пингвинъ обыкновенный), qui est de la taille d'un Canard, et dont le plumage est noir sur le dos et blanc sous le ventre. Il vole assez bien, en rasant les flots, pour parvenir en hiver , sur les côtes d'Angleterre et même de France.

Le *Grand Pingouin* , (Пингвинъ короткокрылый), qui ne quitte point la mer Polaire, car ses ailes, plus courtes que celles de l'espèce précédente. paraissent tout à fait impropres au vol. L'œuf de la femelle offre une coloration très extraordinaire: il est blanc isabelle avec des lignes d'un noir pourpré , dont la distribution ressemble à de l'écriture chinoise.

§ 180. Манчоты. (Антеполиты). Les Manchots sont des oiseaux dont aucune espèce ne peut voler ; leurs ailes très petites sont garnies de plumes rudimentaires , presque semblables à des écailles , et sont totalement consacrées à la natation. Ce sont de véritables ailes nageoires, qui donnent au corps, lorsqu'il se meut, une progression très rapide. Du reste , tous les organes des Manchots sont admirablement disposés pour une vie tout-à-fait aquatique; aussi les a-t-on désignés quelque fois sous le nom d'*Oiseaux-Poissons*. Ces oiseaux ne viennent à terre que le temps nécessaire pour élever leurs petits; ils montrent alors une grande stupidité et une extrême maladresse dans tous leurs mouvements ; tandis qu'ils déploient dans l'eau une agilité merveilleuse , soit pour échapper à leurs ennemis , soit pour saisir leur proie. Pendant leur station sur le sol, ils se tiennent dressés verticalement, le corps appuyé sur leurs larges pattes et sur leur queue, dont les plumes sont raides et fortes. Les espèces les plus remarquables de ce genre sont:

§ 181. Le *Grand Manchot*, (Аптенодитъ патагонскій), qui se trouve vers le détroit de Magellan. Son plumage est cendré sur le dos, blanc sous le ventre, et forme autour du cou une sorte de collier jaune citron.

Le *Gorfou* ou *Manchot sauteur*, qui doit ce dernier nom à ce qu'il ne marche qu'en sautant. Il a le dos bleu noirâtre, le ventre bleu et une aigrette blanche ou jaune. Il vit à la Nouvelle Hollande, et se rencontre également aux îles Malouines.

Le *Sphénisque du Cap* ou *Manchot à lunettes*, qui se trouve par milliers sur les grèves de l'Amérique méridionale. Son cri, au dire des voyageurs, ressemble à celui de l'Ane; sa stupidité est extrême; sa confiance dans l'homme si grande, qu'on le tue sans qu'il cherche à fuir. Ses œufs et sa chair, quoique mauvaise et huileuse, sont d'une assez grande ressource pour les navigateurs.

FAMILLE DES LONGIPENNES.

§ 182. Famille des Longipennes. (Длиннокрыльія). Les Longipennes sont caractérisés par des ailes aiguës et effilées d'une force prodigieuse, par des pieds largement palmés à pouce libre ou nul, et par un bec crochu ou pointu, mais toujours sans dentelures. Leur vol très étendu, et la faculté, dont ils jouissent, de se reposer sur les flots, permettent aux Longipennes de s'écarter très loin de la terre; ce qui leur a valu le nom d'*Oiseaux de haute mer*. Les genres les plus importants de cette famille, sont: Les *Pétrels*, les *Albatros*, les *Mouettes*, les *Hirondelles de mer*, et les *Becs-en-ciseaux*.

§ 183. Pétrels. (Бурныя птицы). Les Pétrels ont le bec tranchant et la mandibule inférieure comme tronquée; leurs pieds sont privés de pouce, mais à sa place, on remarque un ongle aigu. Ce sont de tous les Palmipèdes ceux qui s'éloignent le plus de la terre; car on les rencontre quelquefois à des distances incroyables. Comme à l'approche des ouragans, ils ne peuvent pas toujours regagner le rivage, ils viennent souvent chercher un refuge sur les navires, ce qui leur a fait donner le nom d'*Oiseaux de tempêtes*. Celui de *Pétrel* (petit Pierre) leur vient de ce qu'ils paraissent marcher sur les eaux, comme S-t. Pierre sur le lac de Génésareth. Les Pétrels vivent d'animaux marins, dont les chairs se transforment, dans leur estomac, en une matière huileuse qu'ils lancent contre ceux qui les attaquent. Il existe plusieurs espèces du genre pétrel; toutes habitent le Nord, mais quelques unes descendent sur les côtes de l'Europe centrale et méridionale. La plus connue est le *Pétrel des tempêtes* (Буревѣстникъ) de la grosseur d'une Alouette ; il est noir, à l'exception de la partie postérieure du corps qui est blanche. Son apparition sur les navires paraît être un indice certain de l'approche du mauvais temps.

184. ALBATROS. (Албатросы). Les Albatros ont le bec très fort, très long, tranchant, subitement courbé à la pointe, la mandibule supérieure sillonnée sur les côtés, la mandibule inférieure unie et comme tronquée au bout. Ces Palmipèdes sont d'énormes oiseaux, dont la taille égale au moins celle du Cygne; leurs formes sont lourdes, et cependant on les voit effleurer l'eau avec légèrete, saisir les poissons avec adresse, et s'éloigner des côtes à des distances prodigieuses: leur vol est, en effet, d'une grande puissance, et leurs ailes n'ont pas moins de dix à onze pieds d'envergure.

Les *Albatros* habitent les mers et les côtes australes, particulièrement vers le cap Horn et le cap de Bonne-Espérance. Cette circonstance, jointe à leur grosseur et à la couleur généralement blanche de leur plumage, leur a mérité souvent le nom de *Moutons du Cap*. Ces oiseaux sont extrêmement voraces: ils se repaissent des cadavres des Cétacés qui flottent à la surface de la mer, et détruisent une prodigieuse quantité de poissons.

L'*Albatros commun* (Албатросъ обыкновенный), est blanc, tacheté d'un peu de noir ; il est extrêmement abondant dans les mers du sud de l'Afrique.

§ 185. MOUETTES. Les Mouettes ont le bec médiocre, comprimé sur les côtés, la mandibule supérieure recourbée à la pointe ; l'inférieure est anguleuse en dessous. Ces oiseaux sont répandus partout à l'embouchure des fleuves et sur les rivages de la mer; mais ils préfèrent cependant les latitudes froides. Les Mouettes ont un aspect gracieux, un plumage d'une blancheur éblouissante, le vol facile; mais elles sont d'une voracité et d'une gloutonnerie qui dégoûtent, d'une brutale férocité, qui se montre entre elles pour le moindre lambeau de chair. Ce genre renferme de nombreuses espèces qu'on divise en deux groupes : on donne le nom de

Goélands aux espèces dont la taille dépasse celle d'un Canard ; et on réserve celui de *Mouettes* ou *Mauves* aux espèces plus petites; mais on comprend combien une pareille division est imparfaite.

§ 185. HIRONDELLES DE MER. (Чегравы). Les Hirondelles de mer se rencontrent avec les Mouettes, dont elles ont en grande partie les mœurs. Elles doivent leur nom à leurs longues ailes, à leur queue fourchue et à leur vol facile, qui les ont fait comparer aux Hirondelles ordinaires. Les Hirondelles de mer se nourrissent d'insectes et de petits poissons qu'elles saisissent en volant, car elles se posent rarement sur l'eau, et ne nagent point.

§ 187. BECS-EN-CISEAUX. (Водорѣзы). Les Becs-en-ciseaux sont ainsi nommés, parceque leurs mandibules sont aplaties en lames minces, reposant l'une sur l'autre ; mais la supérieure est beaucoup plus courte que l'inférieure. Ils se nourrissent de petits poissons, qu'ils saisissent en nageant à la surface de l'eau, le bec entr'ouvert et la mandibule inférieure plongeant dans la mer, où elle creuse une sorte de sillon. L'espèce la plus commune, le *Bec-en-ciseaux noir* (Водорѣзъ черный), habite les Antilles, et vient beaucoup plus à terre que les autres Longipennes.

QUARANTE-UNIÈME LEÇON.

Famille des Totipalmes. Frégates. Cormorans. Anhingas. Fous. Pélicans. Famille des Lamellirostres. Cygnes. Oies. Bernaches. Canards proprement dits. Harles.

FAMILLE DES TOTIPALMES.

§ 188. FAMILLE DES TOTIPALMES. (Веслоногія). Les oiseaux de cette famille, ont quatre doigts réunis dans une seule membrane; ils ont donc les pieds totalement palmés; mais, malgré cette organisation essentiellement aquatique, ils sont presque les seuls Palmipèdes qui puissent se percher. Les Totipalmes sont tous remarquables par la puissance de leur vol. Ils vivent ordinairement sur le

bord de la mer , et se nourrissent de petits poissons ou de cadavres d'animaux marins. Cette famille présente cinq genres
principaux, savoir : les *Frégates*, les *Cormorans*, les *Anhingas*, les
Fous et les *Pélicans*.

§ 189. FRÉGATES. (Фрегаты). Les Frégates ont les deux mandibules courbées vers le bout, le devant du cou privé de plumes,
les ailes très longues , la queue fourchue , et la membrane des
doigts très fortement échancrée. Ces oiseaux habitent les mers
tropicales ; ce sont de grands destructeurs de poissons , qu'ils
saisissent à la surface de l'eau, ou enlèvent avec audace à d'autres
oiseaux pêcheurs. L'immense étendue de leurs ailes leur permet
de voler des journées entières ; et on les rencontre à plus de
quinze-cents verstes de la terre. Les Frégates , au lieu de construire leur nid, comme les autres Palmipèdes à la surface du sol,
le posent sur les arbres voisins de la mer. Il n'existe probablement qu'une seule espèce de ce genre ; elle a le plumage tout
noir , avec la peau de la gorge d'un rouge vif chez le mâle. Le
nom de Frégate a été donné, par les marins, à ces oiseaux, dont
ils comparent les formes élancées et la rapidité , à celles des
vaisseaux de guerre les plus rapides, c'est-à-dire aux Frégates.

§ 190. CORMORANS. (Бакланы). Les Cormorans ont le bec
crochu au bout, la mandibule inférieure tronquée, et le sac formé
par la peau du cou très peu développé. Leur nom , qui est la
contraction de Corbeau marin, vient de la ressemblance que leur
plumage noirâtre leur donne avec les Corbeaux ordinaires. Les
Cormorans forment un groupe nombreux , dont les espèces sont
disséminées sur toutes les parties du globe.

Le *Grand Cormoran* (Бакланъ обыкновенный) ou *Cormoran
ordinaire* a le plumage noir bronzé , excepté sur les côtés extérieurs des jambes qui sont blancs ; son naturel doux et confiant ,
et surtout son habilité à la pêche , font qu'on l'élève en domesticité à la Chine , où il est employé pour pêcher le poisson , qu'il
rapporte à son maître.

§ 191. ANHINGAS. (Ангинги). Les Anhingas ont le bec droit ,
assez long, grêle et pointu, la gorge emplumée, le cou très long
et la tête effilée. Ils ressemblent un peu aux Hérons, dont ils
ont le caractère défiant et sauvage. Ils se nourrissent de poissons , qu'ils prennent en volant, et en plongeant leur long cou

dans l'eau. Les Anhingas habitent les contrées les plus chaudes, et on ne les rencontre guère que dans les mers du Sud.

§ 192. Fous. (Глупыши). Les Fous ont le bec long, fort, presque droit, garni de dentelures sur les côtés; ils ont la gorge nue, mais elle ne forme point de sac. Ces oiseaux ressemblent assez aux Frégates; cependant ils ont les ailes plus courtes et la queue moins fourchue. Le nom de *Fou* leur a été donné, pour rappeler la stupidité avec laquelle ils se laissent enlever leur proie par d'autres oiseaux, et assommer par les hommes. Ils se nourrissent de poissons; mais ils s'éloignent rarement de plus de cent verstes du rivage; et leur présence est, pour les navigateurs, un indice certain du voisinage de la terre.

Le *Fou ordinaire* (Глупышъ обыкновенный), a le bec vert, le plumage blanc, avec le bout des ailes et les pieds noirs.

§ 193. Pélicans. (Пелеканы). Les Pélicans ont le bec droit, long, large et terminé par un crochet, la mandibule supérieure aplatie, l'inférieure formée par deux branches osseuses, entre lesquelles pend un sac membraneux très élastique et privé de plumes. La disposition des pattes de ces oiseaux en fait d'habiles nageurs; aussi sont-ils tous des oiseaux aquatiques, qu'on rencontre indifféremment sur les rivages de la mer, le bord des fleuves et des lacs. Les Pélicans vivent en société; leurs mœurs sont douces, et on les apprivoise aisément. Le sac qu'ils portent sous la gorge est un magasin, dans lequel l'oiseau renferme une prodigieuse quantité de poissons. Ils nourrissent leurs petits de ces animaux, qui ont déjà subi dans cette cavité un commencement de macération. La mère presse sa poitrine avec son bec pour faire remonter les aliments; et, comme il arrive souvent, qu'elle tache de sang cette partie de son corps, on a cru, pendant longtemps, qu'elle se déchirait les entrailles pour nourrir ses petits. Cette croyance absurde a fait prendre le Pélican comme emblême de la tendresse maternelle.

Le *Pélican commun* ou *Pélican blanc* (Баба-птица), est au moins de la grosseur d'un Cygne; son plumage est blanc légèrement rosé avec les rémiges noires. Il se trouve sur le rivage de presque toutes les mers, et n'est point rare en Russie, surtout, selon Pallas, dans les lacs qui se trouvent entre le Volga et l'Oural.

FAMILLE DES LAMELLIROSTRES.

§ 194. FAMILLE DES LAMELLIROSTRES. (Пластинкоклювыя). Les Lamellirostres ont le bec de forme variable, et les mandibules, garnies de lames dentées sur les bords. Quoique cet organe paraisse fort, comme il est revêtu d'une peau molle plutôt que de véritable corne, les oiseaux de cette famille sont, pour la plupart, condamnés à ne se nourrir que de graines, d'herbes ou de très petits animaux. Leur langue est large, charnue; les dents, qui se trouvent sur les bords du bec, leur permettent de tamiser en quelque sorte l'eau et la vase, pour en extraire les vers, les insectes et tout ce qui peut servir à leur alimentation. Quoique cette famille présente plus de cent espèces, tous les oiseaux qui la composent offrent tant de caractères communs, qu'on n'a pu les partager qu'en deux sections : celle les *Canards*, qui ont au plus le bec trois fois plus long que large, et qui renferme les Cygnes, les Oies, les Bernaches et les Canards proprement dits ; et celle des *Harles*, dont le bec est au moins cinq fois plus long qu'il n'est large, et qui ne forme qu'un seul genre.

§ 175. CYGNES. (Лебеди). Les Cygnes ont un bec également large dans toute sa longueur, mais il est plus haut que large à sa base, et présente un espace nu jusqu'à l'œil. Ces oiseaux, les plus grands de la section des Canards, ont été de tout temps justement célèbres par la fléxibilité de leurs mouvements, la majesté de leur port, la blancheur éclatante de leur plumage. Lorsqu'ils s'avancent en nageant avec lenteur, le cou gracieusement recourbé, les ailes entr'ouvertes pour recevoir le soufle du vent, on est frappé d'admiration, à la vue de l'harmonieuse perfection de toutes les parties de leur corps. Les Cygnes se nourrissent de graines et d'herbes aquatiques, auxquelles ils joignent aussi des grenouilles, des reptiles et des petits poissons. Il existe trois espèces de ce genre.

§ 196. Le *Cygne à bec rouge* (Лебедь красноклювый), qui habite particulièrement dans les régions orientales de l'Europe, et qui est depuis longtemps réduit en domesticité.

Le *Cygne à bec noir* (Лебедь черноклювый), également domestique, mais à ce qu'il paraît depuis moins longtemps. Cette espèce réside dans le nord des deux continents, et descend jusque dans le midi de l'Europe, pendant les grands froids de l'hiver. Ces oiseaux opèrent leurs migrations, quelquefois par paire, quelquefois en bandes considérables. C'est au Cygne à bec noir que les Grecs avaient attribué la faculté de produire, avant sa mort, les chants les plus harmonieux; mais cette voix mélodieuse n'a jamais existé que dans l'imagination poétique de ces peuples; et, en réalité, tous les Cygnes n'ont qu'un cri fort désagréable. On emploie la peau de ces deux espèces pour faire des garnitures fort élégantes.

Le *Cygne de la Nouvelle-Hollande* (Лебедь Ново-Голландскій), est beaucoup moins beau que les précédents; mais il est remarquable par son plumage entièrement noir.

§ 197. Oies. (Гусн). Les Oies ont le bec aussi long que la tête, plus étroit à la pointe qu'à la base, le cou plus court que celui des Cygnes, les jambes plus longues que celles des Canards proprement dits, et situées plus en avant, de sorte qu'elles marchent avec plus de facilité. Il résulte de là, que leurs mœurs sont moins aquatiques. En effet, les Oies se tiennent pendant le jour dans les prairies, où elles s'occupent à paître; et ce n'est que le soir qu'elles se rapprochent de l'eau. Ces oiseaux passent ordinairement pour stupides; l'observation prouve que cette opinion n'est nullement fondée : les précautions que les Oies prennent pour passer la nuit, la disposition de leurs troupes pendant le vol, les marques d'attachement, de prévoyance et de prudence qu'elles donnent quelquefois, une foule d'autres faits, décèlent au contraire une intelligence plus élevée que celle de la plupart des autres animaux de leur classe.

198. L'*Oie commune* ou *sauvage* (Гусь обыкновенный дикій), habite presque toutes les contrées du Monde; mais ne paraît pas s'avancer très loin vers le Nord, et descend en hiver vers le Sud. Dans leurs voyages, ces oiseaux, afin de fendre l'air avec plus de facilité, se placent sur deux lignes, formant un angle à la pointe duquel ils se succèdent à tour de rôle. L'Oie sauvage a le bec orangé, le dos brun, ondé de gris.

L'*Oie domestique*, (Гусь домашній), qui provient de l'Oie sauvage, est généralement blanche; mais sa coloration varie considérablement sous l'influence de la domesticité. Cet oiseau est un des plus utiles habitants de nos basses-cours; sa chair a été de tout temps justement estimée. Son foie est un mets très recherché, et pour en augmenter le volume, on soumet le pauvre animal à un régime forcé, qui donne à cet organe le poids de deux livres à deux livres et demie. Les Oies nous fournissent, en outre, un duvet moelleux, et leurs pennes nous donnent des plumes à écrire. Ce qui achève de rendre cet oiseau vraiment précieux, c'est qu'il est peu difficile à élever, et qu'il ne coûte presque rien à nourrir.

§ 199. BERNACHES. (Чуганки). Les Bernaches ont le bec plus court que la tête, assez menu, et les lamelles de la mandibule presque invisibles.

La *Bernache commune* (Чуганка обыкновенная) a le bec noir, le front, la gorge et le ventre blanc, et le dos gris cendré. La fable la plus absurde a donné à cet oiseau une grande célébrité: on disait qu'il naît des fruits d'un arbre des îles Orcades; et un savant a même figuré cet arbre merveilleux dans un des ses ouvrages: on voit quelques oiseaux sortir des fruits, d'autres voltiger autour des branches, d'autres enfin nager aux environs.

§ 200. CANARDS PROPREMENT DITS. (Утки). Les Canards proprement dits s'éloignent des genres précédents en ce que leur bec est plus large que haut à sa base, et au moins aussi large à son extrémité qu'à sa naissance. D'ailleurs, ils ont une taille plus petite, le cou plus court, les jambes plus en arrière, et, généralement, des couleurs plus variées. Il existe de ces oiseaux dans toutes les parties du globe; car ils sont essentiellement voyageurs; et, quoique leurs ailes soient assez courtes, ils ont le vol puissant et rapide. Les Canards se nourrissent presque exclusivement de petits poissons, de vers, d'insectes et d'autres substances animales. Ils se partagent en un grand nombre d'espèces, qu'on peut considérer comme des sous-genres. Nous ne signalerons que les plus importants:

§ 201. Le *Canard sauvage*, ou *Canard ordinaire*, (Утка дикая), qui est le type de ce genre, est remarquable par la richesse de son plumage, où brillent le noir, le blanc, le vert, le brun, le pourpre et l'orangé. Il quitte le Nord et descend vers le Sud, à mesure que la surface des lacs et des rivières se couvre de glace.

Le *Canard domestique* (Утка домашняя), qui descend du Canard sauvage, offre de grandes variations de couleur. C'est un oiseau fort utile : on tire parti de son duvet qui est chaud et moelleux; de ses œufs qu'on regarde comme préférables à ceux de la Poule; et de sa chair, dont le goût est excellent et d'une digestion plus facile que celle de l'Oie.

§ 202. Le *Canard à éventail*, originaire de la Chine, où il vit à l'état domestique, se fait admirer par la beauté de son plumage. Il a le dessus de la tête vert pourpré, une queue orangée et relevée en éventail, la gorge orange et le dos vert; le blanc, le bleu, le brun, le vineux se rencontrent sur les autres parties du corps, et flattent si agréablement la vue que cet oiseau peut le disputer en beauté au Faisan doré lui-même.

Le *Canard musqué*, vulgairement nommé *Canard de Barbarie*, mais à tort, puisqu'il est originaire de l'Amérique, est la plus grosse espèce du genre. Le mâle est facile à reconnaître à la peau tuberculeuse d'un rouge vif, qui entoure les yeux et la base du bec. On les trouve assez souvent, en France, à l'état domestique ; et sa chair, malgré l'odeur du musc à laquelle cette espèce doit son nom, est vraiment exquise.

§ 203. L'*Eider* (Гара), célèbre par son épaisse fourrure qui fournit l'*édrédon*, et lui permet de braver le froid des contrées les plus boréales. Ce duvet précieux garnit le dessous du ventre de cet oiseau ; la femelle l'arrache, pour en couvrir ses œufs, et former le fond de son nid. C'est dans ces nids, souvent placés sur des rochers baignés par la mer, et dans des endroits très périlleux, que les habitans de la Norwège et de l'Islande, vont quelquefois, au grand danger de leur vie, chercher l'édredon, dont le prix est toujours très élevé.

§ 204. Les MACREUSES. (Черпеты морскія), dont le bec est plus large et plus renflé que dans les autres espèces, vivent par bandes sur les bords de la mer, dans laquelle elles nagent et plongent avec une grande facilité. Comme le nid de ces oiseaux est difficile à découvrir, on a prétendu, pendant longtemps, qu'ils naissent d'une sorte de coquillage qui porte encore le nom d'*anatife*, c'est-à-dire producteur de Canards. Quoique la chair de la *Macreuse commune* (Черепъ обыкновенный), soit huileuse, on peut la manger, surtout si avant de cuire l'oiseau, on a soin de l'écorcher. On donne le nom de Sarcelles aux petites espèces du genre canard. La *Sarcelle commune* (Чирокъ), qu'on voit fréquemment sur les étangs, est reconnaissable à son plumage gris, nuancé de noir et à un trait blanc sur l'œil.

§ 205. Harles. (Крахали). Les Harles ont le bec arrondi, très alongé, garni de dentelures profondes. Aucune espèce de Harles n'est domestique ; on peut même les considérer comme des oiseaux nuisibles, à cause de la grande quantité d'œufs et de petits poissons qu'ils détruisent dans les étangs. Quoiqu'ils habitent les régions froides, ils se rapprochent en hiver, surtout le *Harle commun*, des climats plus tempérés, et descendent quelquefois en France.

REPTILES.

QUARANTE-DEUXIÈME LEÇON.

CLASSE DES REPTILES.

Caractères généraux des Reptiles. Squelette. Sens. Appareil digestif. Respiration. Circulation du sang. Chaleur animale. Oeufs. Division en trois ordres. Ordre des Chéloniens. Caractères généraux des Chéloniens. Division. Tortues de terre. Tortues d'eau douce. Tortues de mer. Emploi de l'écaille. Tortues molles.

§ 1. CARACTÈRES GÉNÉRAUX DES REPTILES. (Пресмыкающіяся). Les Reptiles sont des animaux vertébrés à respiration aérienne et à sang froid. La nature, dit un naturaliste, semble avoir épuisé ses ressources pour varier la forme des Reptiles ; ils nous présentent à la fois toutes les dispositions organiques que l'on peut supposer : il en est qui nagent dans le sein de la mer ; d'autres qui rampent sur le sol, ou se traînent péniblement sur la vase; enfin, quelques uns marchent avec agilité, et leur existence, presque aérienne, se passe sur la cime des arbres.

§ 2. SQUELETTE. Le Squelette des Reptiles se compose à peu près des mêmes os que celui des mammifères et celui des oiseaux; mais leur forme, leur disposition, leur nombre, offrent d'impor-

tantes différences. La tête et le crâne sont petits ; la face, en
général, très alongée ressemble plus par son organisation à celle
des oiseaux , qu'à celle des mammifères. La colonne vertébrale
n'a qu'un nombre très limité d'os chez les Tortues ; et les vertèbres se soudent dans leur région moyenne, de manière à ne
former qu'une seule pièce osseuse. Chez les Serpents , elle est
très fléxible , très longue , et compte un nombre considérable de
vertèbres , qui s'élève à plus de trois cents chez les Boas. Les
côtes, qui sont en général très nombreuses, sont soudées entre elles dans les Tortues , et font partie du bouclier qui recouvre ces
animaux.

§ 3. SENS. Les Sens sont peu développés dans les animaux de
cette classe. L'odorat a peu de finesse, car les cavités nazales sont
très petites. L'œil est peu considérable relativement au reste du corps;
il présente des rapports avec celui des oiseaux , mais il est très
imparfait. Le nombre des paupières varie : il y en a trois chez
la plupart des Tortues et chez les Crocodiles ; ordinairement deux
chez les Lézards ; et une seule chez le Caméléon. Le goût paraît
assez obtus : en effet , la langue est immobile chez les Reptiles
qui avalent gloutonnement , comme les Crocodiles ; ou bien lorsqu'elle est très longue et très vibratile, comme chez les Serpents,
elle reçoit peu de nerfs, et l'enduit visqueux qui la recouvre doit
empêcher l'action des saveurs. L'organe de l'ouie est d'une structure très simple ; et, à l'exception des Crocodiles , chez lesquels
on remarque quelques traces d'oreille externe , on ne voit
jamais de pavillon ni de conduit auditif. Cependant cet organe
semble avoir assez de finesse : le moindre bruit fait fuir les Lézards, et quelques Serpents sont sensibles à la musique. Enfin, le
toucher n'a point d'organe spécial, et doit être peu délicat. La
peau , recouverte d'écailles, se renouvelle plus d'une fois chaque
année chez le plus grand nombre des Reptiles , et s'enlève tout
d'une pièce.

§ 4. APPAREIL DIGESTIF. L'appareil digestif des Reptiles est d'une
grande simplicité. La bouche est ordinairement armée de dents
longues , pointues et coniques, et peut se dilater prodigieusement
chez les Serpents, pour laisser passer des proies souvent très grosses. Il est des Reptiles qui avalent leur nourriture avec rapidité ;
mais, en général, la digestion est très lente, et quelques animaux,

comme les Vipères, les Tortues, peuvent passer un temps considérable sans manger.

§ 5. RESPIRATION. CIRCULATION. La Respiration des Reptiles est simple et aérienne ; mais elle est très peu active , et ils peuvent rester très longtemps sans respirer. Dans les animaux les mieux organisés de cette classe , il y a deux poumons ; mais dans les genres les plus bas de cette série , il n'y a que le poumon droit qui subsiste.

La circulation du sang est incomplète chez tous les Reptiles , c'est-à-dire que tout le sang veineux n'est point reçu dans les poumons , par conséquent n'est point purifié , avant de revenir dans les différentes parties du corps. Il résulte de là , que, dans ces animaux , la respiration est bien moins essentielle que chez les mammifères et les oiseaux ; ce qui leur permet de rester sous l'eau pendant un temps très considérable.

§ 6. CHALEUR ANIMALE. OEUFS. Les Reptiles ont une chaleur propre trop peu considérable pour qu'elle soit indépendante de l'atmosphère ; ce sont donc des animaux à sang froid ; cependant, il est prouvé qu'ils ne sont pas tout à fait privés de la faculté de produire du calorique , au moins dans certaines circonstances. Dans nos climats tempérés , le froid paralyse les Reptiles ; et ils s'engourdissent pendant l'hiver, au point d'être à peu près insensibles ; il paraît que, dans les climats brûlants, la chaleur amène les mêmes résultats; et de Humboldt a remarqué que les Crocodiles tombent dans la torpeur, quand la température est très élevée.

Les Reptiles sont ovipares, et leurs petits sortent d'un œuf, dont la coquille est tantôt solide , tantôt molle et élastique. Ces œufs sont abandonnés, pour la plupart, à l'action seule de la chaleur du soleil.

§ 7. DIVISION. Les Reptiles , quoique réunis par les caractères généraux de leur organisation, présentent des différences considérables dans leur structure ; ce qui les a fait partager en 3 ordres bien distincts.

1. Les *Chéloniens* ou Tortues.
2. Les *Sauriens* ou Lézards.
3. Les *Ophidiens* ou Serpents.

ORDRE DES CHÉLONIENS.

§ 8. Caractères Généraux. (Черепашныя). Les Chéloniens ou Tortues ont le corps renfermé dans deux boucliers. Le bouclier supérieur, appelé *carapace*, est formé par la réunion des vertèbres dorsales et des côtes soudées entre elles; le bouclier inférieur, qui porte le nom de *plastron*, n'est autre chose que le sternum extrêmement développé. Ces deux boucliers s'unissent sur les côtés, et forment deux larges échancrures: l'une en avant, pour donner passage à la tête et aux membres antérieurs; l'autre en arrière, pour laisser sortir les membres postérieurs et la queue. Tous les sens des Tortues paraissent très imparfaits. Leur bouche, privée de dents, est souvent cornée et en forme de bec d'oiseau. Leur nourriture consiste le plus souvent en végétaux ; quoique quelques Tortues soient carnassières. Comme ces reptiles ont les mouvements très lents et dépensent peu de forces, ils n'ont besoin que de peu de nourriture, et peuvent vivre, sans manger, un temps fort considérable. Les Tortues ont la vie extrêmement tenace et très longue: on en a vu se mouvoir plusieurs semaines après avoir eu la tête coupée, et de nombreux exemples donnent lieu de croire, que les Tortues de terre peuvent vivre environ deux-cents ans.

§ 9. Division. Cet ordre se partage en *Tortues de terre* ou *Tortues proprement dites*, en *Tortues d'eau douce* ou *Emydes*, en *Tortues de mer* ou *Chélonées* et en *Tortues molles* ou *Trionyx*.

§ 10. Tortues de terre. (Черепахи земныя). Les Tortues de terre ont les pattes conformées pour la marche, les doigts courts, menus et armés d'ongles , à l'exception d'un seul. Leur carapace est très bombée, et peut couvrir complètement la tête, les membres et la queue. L'espèce la plus commune, en Europe, est la *Tortue grecque* (Черепаха Греческая), qui habite tous les pays que baigne la Méditerranée. Elle est reconnaissable à ses écailles granuleuses et marbrées de noir et de jaune. Cette espèce ne dépasse guère huit pouces de longueur. La *Tortue éléphantine*, (Черепаха индійская) qui appartient au même genre, est remarquable au contraire par ses prodigieuses dimensions, puisque l'une d'elles, trouvée à l'île Maurice, pesait plus de cinq cents livres.

§ 11. Tortues d'eau douce. (Черепахи рѣчныя). Les Tortues d'eau douce ou *Emydes* ressemblent beaucoup aux Tortues de mer, mais elle ont les pieds palmés, les doigts distincts et la carapace plus bombée.

L'*Emyde d'Europe* (Черепаха Европейская), se trouve répandue dans des eaux bourbeuses de toute l'Europe, et même quelquefois aux environs de St. Pétersbourg, mais elle préfère les contrées plus méridionales. Elle est noirâtre, avec des points jaunes; sa taille est ordinairement de huit à dix pouces. Elle a les habitudes plus carnassières que les Tortues de terre; et se nourrit principalement d'insectes aquatiques, de vers et de poissons. Cette Tortue s'engourdit pendant l'hiver au fond de la vase des étangs.

§ 12. TORTUES DE MER (Черепахи морския). Les Tortues de mer ou *Chélonées* ont les membres disposés en nageoires ; les doigts immobiles et cachés sous la peau. Leurs boucliers sont trop petits pour couvrir entièrement le corps , surtout les pieds. Ce sont de toùs les Chéloniens les plus remarquables par leur grandeur: on a pris de ces animaux dont la carapace avait quinze pieds de circonférence; ceux de huit cents livres ne sont pas très rares; et on en a vu qui en pesaient quinze ou seize cents. Leur forces sont en rapport avec cette taille prodigieuse: le naturaliste Rai dit, qu'il est des Tortues de l'océan Indien capables de porter quatorze hommes sur leur carapace. Les Chélonées habitent les mers des climats chauds ; à certaines époques de l'année , elles font des voyages, souvent très longs, pour venir déposer leurs œufs dans les sables de quelque île déserte. Ce n'est que pendant la nuit qu'elles gravissent les rivages ; elles font des trous dans le sable, au delà de la limite des eàux, y déposent souvent une centaine d'œufs, les enfouissent, et les abandonnent à la chaleur du soleil. Ces œufs forment un bon aliment, et la chair de quelques Tortues est très estimée. Les Chélonées les plus remarquables sont:

§ 13. La *Chélonée* ou *Tortue franche* , (Хелония) qui est celle qui parvient à la plus grande taille et dont on estime le plus la chair. Elle abonde principalement dans les mers équatoriales , et se nourrit d'algues et d'autres plantes marines.

La *Chélonée imbriquée* ou *Caret* (Хелония черепачная) dont les écailles, au nombre de treize, disposées comme les briques d'un toit, forment la carapace. Elle est plus petite que la précédente , et n'est point recherchée pour sa chair, qui passe même pour être dangereuse ; mais , en revanche , le Caret produit la plus belle écaille employée dans les arts. Cette Tortue est l'objet d'une pêche importante dans les mers des pays chauds , principalement dans celles de l'Afrique, et aux iles Célébès.

§ 14. Emploi de l'écaille. On détache les écailles en les faisant chauffer légèrement. Ces écailles sont soudées par l'ouvrier à l'aide de la chaleur et d'une pression convenable , afin d'en composer des objets d'une grande dimension. Comme le prix de cette substance est très élevé, on n'en perd aucune partie : les plus petits fragments , les rognures sont réunis au moyen d'une pression dans l'eau bouillante et constituent l'écaille fondue , moins chère que l'écaille de plaques , mais cependant d'une valeur assez considérable.

§ 15. Tortues molles (Черепахи мягкія или Трикохтецы). Les Tortues molles ou *Trionyx* doivent leur premier nom , à ce qu'elles ont les boucliers recouverts d'une peau molle et épaisse. Leur plastron est très étroit et n'atteint pas la circonférence de l'animal, laquelle est molle. Leurs pieds, assez semblables à ceux des Tortues d'eau douce, sont armés d'ongles longs et aigus, mais à trois doigts seulement; c'est à cette dernière circonstance qu'elles doivent le nom de Trionyx, qui signifie: trois ongles.

La *Tortue molle du Nil* (Трикохтецъ египетскій), acquiert jusqu'à trois pieds de longueur , et rend de grands services, en mangeant les Crocodiles aussitôt après leur naissance. On trouve également de ces animaux dans plusieurs rivières de l'Asie et de l'Amérique.

QUARANTE-TROISIÈME LEÇON.

Ordre des Sauriens. Caractères généraux. Genres les plus remarquables. Crocodiles. Géckos. Caméléons. Dragons. Basilics. Iguanes. Lézards. Bipèdes. Bimanes. Orvets.

ORDRE DES SAURIENS.

§ 16. Caractères généraux des Sauriens. (Ящеричныя). Tous les animaux de cet ordre se rapprochent par leur organisation des Lézards, auxquels ils doivent leur nom. Ils ont en général le corps alongé, et terminé par une queue grêle; presque tous ont quatre membres; mais quelquefois ces membres sont réduits à deux, quelquefois même ils manquent; cependant, dans ce dernier cas, on en trouve des traces cachées sous la peau. La peau des Sauriens est granuleuse, ou recouverte d'écailles plus ou moins grandes; de plus, elle est ordinairement ornée de couleurs vives et changeantes. La bouche de ces reptiles est grande et toujours armée de dents. Ces dents ont la forme de crochets ou de petits cônes; elles ne servent point à mâcher les aliments, mais seulement à les saisir. La nourriture des Sauriens consiste, selon leur taille et leur force, en mammifères, en oiseaux, en poissons, en insectes et en vers. On peut dire que tous ces animaux sont absolument muets; cependant on prétend que les jeunes Crocodiles produisent des cris dans quelques circonstances. Chateaubriand, qui a observé ces animaux en Amérique, dit que la mère, au milieu de ces petits, fait entendre un cri doux comme le bêlement de la chèvre; mais De Humboldt, qui mérite sur ce point beaucoup plus de confiance, assure que les rugissements de Crocodiles doivent être très rares; car, ayant vécu pendant plusieurs années sur les bords de l'Orénoque, et s'y trouvant presque toutes les nuits entouré par ces animaux, il ne lui est jamais arrivé d'entendre leur voix.

GENRES LES PLUS REMARQUABLES. Les genres les plus remarquables de l'ordre des Sauriens, sont: les *Crocodiles*, les *Geckos*, les *Caméléons*, les *Dragons*, les *Basilics*, les *Iguanes*, les *Lézards*, les *Bipèdes*, les *Bimanes* et les *Orvets*.

§ 17. CROCODILES. (Крокодилы). Les Crocodiles ont le corps alongé, recouvert de plaques osseuses, la mâchoire armée d'une rangée de dents longues et pointues, les membres antérieurs garnis de cinq doigts, et les membres postérieurs de quatre seulement, tous plus ou moins palmés.

Les Crocodiles sont les plus grands et les plus redoutables des Sauriens. Leurs écailles se prolongent sur la queue; et leur peau est si dure que les balles glissent sur elle. Ces animaux se tiennent dans les eaux douces, où ils nagent, quand ils veulent, avec une étonnante rapidité; à terre, au contraire, leur marche est lente et grave; et ils ne peuvent se détourner de la ligne droite. Quoique les Crocodiles soient des animaux redoutables, ils ne sont point cependant aussi féroces qu'on l'a prétendu: en réalité, le

moindre bruit les fait fuir, et nous savons que les anciens étaient
parvenus à apprivoiser quelques uns d'entre eux ; mais ils sont
voraces, car leur appétit est proportionné à leur taille gigantesque.
Les Crocodiles déposent une trentaine d'œufs dans une espèce de
nid. La mère les garde jusqu'à ce qu'ils soient éclos ; et soigne
ses petits avec une tendresse, d'autant plus admirable, qu'elle
paraît impossible dans un pareil monstre. Les Crocodiles, en sortant
de l'œuf, n'ont que quelques pouces; cependant ils parviennent
quelquefois à plus de vingt-cinq pieds; et comme leur accroissement est très lent, on doit en conclure, qu'ils peuvent vivre une
centaine d'années. On distingue dans ce genre, les *Crocodiles
proprement dits*, les *Caïmans* et les *Gavials*.

§ 18. CROCODILES PROPREMENT DITS. Les Crocodiles proprement dits
ont la tête large, déprimée, et la mâchoire supérieure simplement
échancrée, pour recevoir les dents de la mâchoire inférieure; leurs
jambes sont terminées par des pieds palmés. On trouve des Crocodiles
dans l'Asie, l'Afrique et les grandes îles de l'Amérique. *L'espèce* la
plus célèbre est le *Crocodile vulgaire* ou *Crocodile du Nil* (Крокодилъ
Нильскій) qui atteint jusqu'à vingt-cinq pieds de longueur. On
sait que cet animal était, dans l'ancienne Egypte, l'objet d'un
culte religieux. Les prêtres de Memphis et de Thèbes élevaient
avec soin quelques uns de ces animaux, ornaient leurs pattes
d'anneaux, passaient à leurs oreilles des pendants d'or enrichis
de pierres précieuses, les nourrissaient dans le temple de la chair
des victimes, et, après la mort de ces reptiles, les embaumaient
avec soin, et les déposaient dans une sépulture particulière. Ce
culte cependant n'était point répandu dans toute l'Egypte; et, dans
plusieurs villes, les Crocodiles étaient un objet d'horreur et poursuivis avec acharnement. Le Crocodile vulgaire abonde dans tous
les grands fleuves de l'Afrique; mais il est devenu très rare dans
tout le Nil inférieur.

§ 19. CAÏMANS. (Кайманы) Les Caïmans se reconnaissent à ce que
leur mâchoire supérieure n'est point simplement échancrée, mais
percée d'un trou, pour recevoir les dents de la mâchoire inférieure;
à ce que leurs jambes ne sont point dentelées, et leurs pieds
seulement à moitié palmés; d'ailleurs, leur museau est semblable
à celui du Crocodile proprement dit. Ils habitent l'Amérique, et
sont si nombreux, que quelques marécages en sont complétement
remplis.

§ 20. Gavials. Les Gavials (Гавіалы), se distinguent par un museau grêle et très alongé, et par des dents presque égales. La disposition de leur bouche ne leur permet point d'attaquer de gros animaux: ils ne se nourrissent que de poissons, et sont bien moins redou- tables que les récits de beaucoup de voyageurs ne donneraient lieu de le croire. Le *Gavial du Gange*, (Гавіалъ гангскій), qui est d'une taille considérable, porte sur le museau une sorte de pro- éminence qui a fait dire qu'il existe dans ce fleuve des Crocodiles cornus. Les Gavials sont indigènes des grandes rivières de l'Asie.

§ 21. Geckos. (Гекки). Les Geckos ont la bouche privée de dents, la langue large et non extensible, les extrémités des doigts disposées de manière à pouvoir se coller si parfaitement, que ces animaux peuvent marcher même contre les plafonds. Leur corps est couvert de tubercules comme celui du crapaud. Leur aspect est hideux et dégoûtant, leurs formes lourdes et repoussantes; toutes ces circonstances ont fait regarder, mais probablement à tort, les Geckos comme des animaux vénimeux. Il existe plusieurs espèces de ce genre répandues dans les contrées chaudes des deux continents, ainsi que dans l'Australie; mais l'Europe n'en possède qu'une seule, qui se rencontre dans le Midi.

§ 22. Caméléons. (Хамелеоны). Les Caméléons sont facilement reconnaissables à leur queue prenante, ce qui n'a point lieu chez les autres Sauriens, et à leurs doigts divisés en deux paquets. Ils grimpent avec beaucoup de facilité, et se tiennent constamment sur les branches; à terre, leur démarche est grave et lente; mais ils ne rampent point, car ils sont beaucoup plus élevés sur les jambes que les autres reptiles. Ils sont naturellement d'un jaune verdâtre; mais ils paraissent tantôt d'un vert foncé, tantôt pres- que noirs, et même rouges à ce que l'on prétend. Ce changement de couleur n'a lieu que fort lentement, et souvent sur une seule partie du corps. La cause de ces curieuses variations n'est point complètement expliquée; mais comme les Caméléons peuvent se gonfler d'air et devenir comme transparents, on pourrait croire que cette faculté est pour beaucoup dans leur changement de couleur. Le *Caméléon vulgaire* (Хамелеонъ обыкновенный) se trouve dans le nord de l'Afrique, et se rencontre aussi en Espagne.

§ 23. Dragons. (Драконы). Les Dragons, célèbres dans les fables, sont de petits animaux inoffensifs, qui vivent sur les arbres, et se nourrissent d'insectes, qu'ils chassent, en sautant de branche en branche, au moyen d'une espèce de parachûte. Ce parachûte est fermé par les six premières fausses côtes qui s'étendent en ligne droite, et soutiennent un repli de la peau. Les Dragons habitent les Indes et l'Afrique. Le *Dragon vert* (Драконъ зеленый), est le plus commun; on l'appelle aussi *Dragon-volant,* quoiqu'il ne puisse pas réellement voler.

§ 24. Basilics. (Базилики). Les Basilics sont reconnaissables à une crête soutenue par des saillies vertébrales, s'étendant depuis le dos jusqu'à une partie de la queue. Cet appendice doit probablement lui servir à nager, car ce reptile vit au bord des eaux. Peu d'animaux ont été, autant que les Basilics, l'objet de contes absurdes et de croyances ridicules. On prétendait, par exemple, que leurs regards seuls donnent la mort ; on ajoutait, à la vérité, que si ces regards, reçus par un miroir, sont réfléchis sur l'animal lui-même, celui-ci tombe aussitôt empoisonné. Le nom de Basilic, qui signifie royal, fut donné à ces animaux, parce que l'espèce la plus célèbre porte sur la tête une sorte de crête, qu'on a comparée à une couronne.

§ 25. Iguanes. (Игуаны). Les Iguanes portent aussi une crête sur le dos, mais elle ne s'étend pas sur la queue ; ils ont d'ailleurs une sorte de goître pendant sous la gorge. Malgré leur aspect redoutable, car ils ont quelquefois cinq pieds de longueur, ces reptiles sont tout-à-fait inoffensifs ; ils se nourrissent de fruits, de feuilles et d'insectes. L'*Iguane ordinaire* (Игуана вкусная), qui habite l'Amérique, a le dos bleu, changeant du vert au violet. Cet animal fournit une chair très estimée, et qui se vend un prix élevé.

§ 26. Lézards. (Ящерицы). Les Lézards ont deux rangées de dents au palais, une sorte de collier formé de larges écailles, et la langue mince, fourchue et très mobile. Ce sont les plus agiles de tous les Sauriens ; ils sont vifs, élégants et ornés souvent de brillantes couleurs. Leur vie est tout-à-fait terrestre : jamais les Lézards ne vont dans l'eau. Quelques-uns de ces animaux ont été regardés comme vénimeux, mais à tort, car aucun d'eux ne présente de danger. Cette famille renferme un grand nombre d'espèces qui recherchent les contrées chaudes, et s'engourdissent pendant l'hiver.

Nous trouvons en Europe: le *Lézard gris*, ou *Lézard des murail-les* (Ящерица серая), qui court avec beaucoup d'agilité sur les endroits pierreux ; le *Lézard vert ocellé* (Ящерица зеленая), facile à reconnaître à la broderie formée par les anneaux noirs qui ornent son corps ; le *Lézard vert piqueté* (Ящерица Крапча-тая), qui vit dans les bois, et parvient à la longueur d'un pied et demi.

§ 27. BIPÈDES. (Двуножки). BIMANES. (Двуручки). ORVETS. (Мѣдяницы). Les Bipèdes et les Bimanes ont le corps serpenti-forme. Les premiers n'ont que les deux membres postérieurs qui soient apparents ; les Bimanes n'ont au contraire que les membres antérieurs. Les Orvets ont une organisation encore plus simple, et ressemblent tout-à-fait aux serpents ; cependant ils en diffèrent en ce qu'ils ont des paupières et des vestiges de membres cachés sous la peau. Ces reptiles sont extrêmement fragiles, et se brisent en morceaux lorsqu'ils se roidissent ; ce qui les a fait nommer *Serpents de verre*. L'*Orvet commun*, (Мѣдяница ломкая), qui se trouve fréquemment en Europe, est long d'environ un pied. C'est peut-être le plus innocent des reptiles.

QUARANTE-QUATRIÈME LEÇON.

Ordre des Ophidiens. Caractères généraux. Division. Serpents non vénimeux. Amphisbènes. Boas. Couleuvres. Serpents vénimeux. Vipè-res. Naïas. Cérastes. Crotales.

ORDRE DES OPHIDIENS.

§ 28. CARACTÈRES GÉNÉRAUX. Les Ophidiens (Змѣиныя) ou *Serpents* sont des reptiles caractérisés par un corps très alongé, pourvu d'un grand nombre de vertèbres, et surtout par l'absence complète de membres. Les caractères anatomiques de ces animaux consistent dans la dilatation de leurs mâchoires, qui ne sont que faiblement unies entre elles; dans l'absence du sternum , et dans la mobilité des côtes ; l'œil est privé de paupières , ou plutôt les deux paupières sont soudées entre elles, recouvrent le globe de l'œil, et sont tellement transparentes , que l'animal voit parfaitement à travers elles. Tous les Serpents sont pourvus de dents, disposées de manière à retenir leur proie, mais à ne pouvoir la mâcher. Tous ont la langue charnue , vibrante et fourchue. Les Ophidiens ont , en général, au commencement de la queue, deux sacs que la peau recouvre, et qui sécrètent un liquide gras, d'une odeur très forte et très repoussante.

§ 29. Les Serpents se meuvent à l'aide de fléxions en *S* qu'ils impriment à la colonne vertébrale ; puis s'alongeant , quand la partie postérieure est appuyée , ils font avancer la partie antérieure. Quelques-uns d'entre eux nagent avec facilité , soit en plongeant tout le corps dans l'eau , soit en élevant la tête à sa surface. Les Ophidiens, comme le plus grand nombre des reptiles, restent plongés pendant l'hiver dans un profond engourdissement léthargique. Ces reptiles se nourrissent de proies vivantes : de mammifères, d'oiseaux, de mollusques et d'autres animaux de leur classe, selon leur taille, leur force et leur voracité.

§ 30. DIVISION DES OPHIDIENS. On peut partager les Ophidiens en deux sections: Les *Serpents non vénimeux* et les *Serpents vénimeux.*

SERPENTS NON VÉNIMEUX.

Les Serpents de cette section (Змѣи неядовитыя) sont privés de glandes et de crochets à venin : ils ne peuvent donc être dangereux que par leur force musculaire. Les principaux genres qu'elle renferme, sont: les *Amphisbènes.* les *Boas* et les *Couleuvres.*

AMPHISBÈNES. (Амфисбены). Les Amphisbènes, ou *Serpents à deux têtes* , sont ainsi nommés , parce que les deux extrémités de ces reptiles se ressemblent à peu près ; et qu'ils peuvent marcher en avant et en arrière. Ce sont des animaux innocents, vivant de proies très petites. Ils ne se rencontrent que dans l'Amérique méridionale.

L'*Amphisbène blanche*, (Амфисбена бѣлая), qui est l'espèce la plus connue, ressemble à un énorme ver blanc.

§ 31. BOAS. (Удавы). Les Boas sont surtout caractérisés par un corps comprimé et une queue prenante. On a prétendu que le nom de Boa vient à ces reptiles, de ce qu'ils se pendent aux mamelles des vaches pour sucer le lait. Cette croyance, encore répandue, n'est point fondée, puisque le Boas, comme tous les autres serpents, n'ont point de lèvres charnues, et par conséquent ne peuvent sucer. Ces animaux sont les plus monstrueux de tous les reptiles, car ils ont ordinairement plus de trente pieds de longueur, et souvent d'avantage; ils font leur proie de mammifères, quelquefois d'une taille considérable; mais ils n'attaquent jamais l'homme, qui paraît les redouter fort peu. Ils attendent ordinairement leurs victimes, près des endroits où elles viennent boire, soit immobiles et roulés en spirale, soit suspendus par la queue aux branches élevées d'un arbre; ils s'élancent de là avec la rapidité d'un trait, saisissent l'animal qui vient à passer, l'enveloppent de leurs horribles plis, lui brisent les os, pétrissent le corps, l'inondent de salive, puis l'engloutissent. Mais cette dernière opération se fait avec une extrême lenteur; il faut plusieurs jours même, si la victime est considérable, avant qu'elle soit tout-à-fait digérée.

§ 32. Les Boas, pendant leur longue digestion, tombent dans une torpeur profonde. Stedmann raconte que, dans une forêt de la Guyane, quatre-vingts soldats montèrent l'un après l'autre sur une élévation qu'ils prenaient pour un tronc d'arbre; mais que les derniers, en sentant quelque chose se mouvoir sous leurs pieds, reconnurent que c'était un serpent. Tous les Boas sont indigènes de l'Amérique; et les serpents de l'Ancien-Continent, auxquels on a donné ce nom, ne sont que d'énormes couleuvres. L'espèce la plus célèbre, le *Boa constrictor* (Удавъ священный), doit son nom à la manière dont il étreint sa proie. Son corps, et surtout son dos, est orné de brillantes couleurs. Ce terrible reptile était chez les Méxicains un objet d'adoration, et il paraît, qu'à l'époque de l'arrivée des Européens dans le Nouveau-Monde, on lui sacrifiait des victimes humaines.

§ 33. Couleuvres. (Ужи). Les Couleuvres ont pour caractères distinctifs que les plaques du dessous de la queue sont divisées en deux, ce qui n'a point lieu chez les Boas; de plus, on remarque que, dans le plus grand nombre des espèces, les plaques de la tête sont en forme de lozange; enfin, que leur corps très alongé est renflé au milieu. Les espèces les plus remarquables de ce genre forment deux sections : les *Pythons* et les *Couleuvres proprement dites.*

Les Pythons (Питоны), sont indigènes de l'Ancien-Continent, où ils représentent les Boas de l'Amérique ; car ils sont, comme ceux-ci, d'une taille gigantesque.

Le *Python de Java,* (Питонъ яванскій), remarquable par la beauté de ses couleurs, parvient à la taille de trente pieds. Le fameux Serpent, long de cent-vingt pieds, à ce que dit Pline, contre lequel l'armée de Régulus fut obligée de combattre en Afrique, était probablement un Python.

§ 34. Les Couleuvres proprement dites présentent un grand nombre d'espèces, vivant ordinairement dans le voisinage des eaux. Toutes se nourrissent d'insectes, de crapauds et de grenouilles. Toutes sont d'un naturel doux et timide, tout-à-fait inoffensives et même susceptibles d'une certaine éducation. La *Couleuvre commune* (Ужъ обыкновенный), se rencontre dans les bois, et monte sur les arbres. La *Couleuvre à collier,* (Ужъ кольчатый), qui doit son nom à une tache noire autour du cou, se trouve dans les mares et dans les étangs, où elle nage avec facilité. La *Couleuvre d'Esculape,* qui vit dans le midi de l'Europe, est, selon Cuvier, le fameux *Serpent d'Epidaure,* qui fut amené à Rome, pendant une peste terrible. Enfin, il existe, dans tous les pays chauds, un grand nombre d'autres espèces de Couleuvres.

SERPENTS VENIMEUX.

§ 35. Serpents vénimeux. (Змѣи ядовитыя). Les Serpents vénimeux portent de chaque côté de la tête une glande volumineuse, qui sécrète un poison redoutable. Cette glande donne naissance à un canal, qui se rend dans des dents mobiles appelées *Crochets,* creusées dans toute leur longueur, pour laisser couler le venin jusqu'à la morsure faite par l'animal. Ces dents à venin ou crochets, sont fixées sur des os maxillaires très petits et très mobiles. Quand l'animal veut s'en servir, il redresse les crochets, qui, dans tout autre cas, sont reployés en arrière, et cachés dans un pli de la gencive. Quelques Serpents présentent, dans leur appareil vénimeux, une disposition différente : elle consiste dans une dent immobile simplement sillonnée. Ces reptiles sont moins dangereux que les Serpents à crochets mobiles.

28

§ 36. Les accidents qui résultent de la morsure d'un Serpent venimeux sont plus ou moins redoutables, selon les reptiles eux mêmes. On remarque, en outre, qu'ils dépendent de la plus ou moins grande quantité de venin, de la taille de l'animal mordu, du climat, et de la température; et, que ce venin est plus redoutable dans les pays chauds que dans les contrées froides ou tempérées. On doit tenir également compte de l'état d'irritation du reptile, et du temps, plus ou moins long, qu'il a été sans se servir de ses armes. Enfin, le venin de tous les Serpents n'agit pas avec la même rapidité, et n'a pas la même énergie sur tous les animaux.

§ 37. Nous n'avons, en Europe, qu'un seul Serpent dangereux, c'est la Vipère. Son venin est rarement mortel pour l'homme, mais il peut donner lieu à des accidents très graves. En général, la personne blessée par un de ces animaux ressent d'abord une douleur vive dans la partie du corps qui a été mordue; puis eprouve des syncopes, des tranchées, des nauzées et des vomissements. Les environs de la plaie se gonflent, s'enflamment, prennent une teinte violacée, et enfin deviennent froids, livides et insensibles. Le malade éprouve une soif ardente, des maux de tête violents et une faiblesse extrême.

§ 38. Le venin des Serpents n'agit que par absorption, par son transport dans le sang; les premiers remèdes doivent donc avoir pour but de s'opposer à cette absorption du venin. Pour cela, il faut d'abord, s'il est possible, faire une ligature au dessus et au dessous de la plaie; puis appliquer une ventouse sur la blessure, ou même la sucer, car de nombreuses expériences ont prouvé que le venin ne peut rien faire à l'intérieur, pourvu toute fois qu'il n'y ait aucune plaie dans la bouche; enfin, il faut agrandir la morsure et la brûler profondément. Ces moyens, excellents pour retarder et même pour détruire le mal, pourraient cependant ne pas toujours suffire, et la prudence ordonne d'appeler toujours un médecin.

Les genres les plus remarquables de la section des Serpents vénimeux sont: les *Vipères*, les *Naïas*, les *Cérastes* et les *Crotales*.

§ 39. VIPÈRES. (Вnnepьi). Les Vipères ont le corps semblable à celui des Couleuvres, quoique moins alongé; mais elles se distinguent de celles-ci par les écailles de la tête qui, au lieu de former de grandes plaques lisses, sont petites et granuleuses.

La *Vipère commune* (Випера обыкновенная), habite toute
l'Europe et l'Asie, et remonte au Nord jusqu'au de là de Saint-
Pétersbourg. Elle est gris cendré en dessus , et gris brillant en
dessous, avec une ligne noire en zigzag sur le dos, et une rangée
de taches également noires sur chaque côté. Cette espèce multiplie
parfois d'une manière effrayante dans les endroits pierreux et
montueux couverts de bois , surtout dans les contrées tempérées
et méridionales de l'Europe. La Vipère commune se nourrit de
très petits mammifères , de jeunes oiseaux , de reptiles et d'insectes. Cet animal s'engourdit pendant l'hiver et une partie du
printemps.

§ 40. Naïas. (Наин). Les Naïas sont caractérisés par un large
renflement , qui augmente à la volonté de l'animal, mais d'autant
plus que le reptile est plus irrité.

Le *Naïa* ou *Serpent à lunettes* (Наин очковая), doit ce dernier
nom, à un trait noir, dessinant assez exactement un de ces instruments sur le renflement du cou. Ce Serpent très dangereux est
indigène de l'Asie méridionale ; il paraît qu'il est encore adoré
par les Malabares ; tandis que, sur les bords du Gange , des bate-
leurs, après lui avoir arraché ses crochets, le donnent en spectacle , et lui font exécuter une espèce de danse devant le peuple
étonné.

La *Vipère haje* ou *Aspic de Cléopatre* (Наин аспидъ), peut
gonfler son cou comme le Serpent à lunettes. Cet animal abonde
dans les déserts du bord du Nil ; il est de la taille de la Vipère
commune ; mais il est beaucoup plus dangereux, quoique sa morsure soit à peine visible.

§ 41. Cérastes. (Козюльки рогатыя). Les Cérastes, ou *Serpents
cornus* , portent deux petites cornes sur la tête. Quoique d'assez
petite taille , la puissance de leur venin les met au nombre des
plus redoutables reptiles de l'Afrique. Leur régime alimentaire
paraît être à peu près le même que celui de la Vipère ; ils vivent dans les déserts, sous les sables, dans lesquels ils s'enfoncent
pendant le jour.

§ 42. Crotales. (Змѣи гремучия). Les Crotales, ou *Serpents à
sonnettes*, se reconnaissent aux grelots qu'ils portent à l'extrémité
de la queue. Chez ces reptiles, les trois dernières vertèbres du
corps sont oblitérées ; et ils se forment successivement sur elles,
comme sur une sorte de moule , plusieurs anneaux écailleux

emboîtés lâchement les uns dans les autres. Chaque fois que l'animal s'agite, ces anneaux produisent un bruit semblable à celui du papier qu'on froisse. Ce bruit avertit de l'approche du Crotale, qui rampe d'ailleurs lentement, et qui annonce de plus sa présence par une odeur tellement fétide, qu'elle repousse tous les animaux. Les Serpents à sonnettes ne sont donc point très dangereux, malgré l'énergie de leur venin, qui est telle, qu'il peut tuer un chien en quinze secondes, et l'homme et les plus gros animaux en quelques minutes seulement. Les Crotales se nourrissent de petits mammifères et de reptiles. Quoiqu'ils ne puissent monter aux arbres, leur proie la plus ordinaire se compose d'oiseaux qu'ils fascinent de loin ; et que la frayeur trouble au point qu'ils se rapprochent de leur ennemi qui les dévore. Cette fascination, longtemps mise en doute et maintenant regardée comme véritable, appartient aussi à d'autres Serpents.

Le Boïquira (Боикпра), qui habite, comme tous les autres Crotales, les contrées chaudes de l'Amérique, est le plus commun et le plus dangereux.

BATRACIENS.

QUARANTE-CINQUIÈME LEÇON.

CLASSE DES BATRACIENS.

Caractères généraux. Oeufs et Métamorphoses. Division. Rainettes. Crapauds. Pipas. Salamandres. Tritons. Protées. Sirènes.

§ 1. Caractères généraux. Les Batraciens (Лягушечныя). forment une classe qui n'a été considérée, pendant longtemps, que comme un ordre de la classe des reptiles ; cependant ils se distinguent des véritables reptiles par des caractéres très importants. Les Batraciens, en effet, ont toujours la peau nue , ce qui leur a valu le nom de *Nudipellifères;* tandis que les reptiles véritables l'ont toujours couverte d'écailles. Les premiers changent plusieurs fois de forme pendant leur vie ; et les seconds conservent pendant toute leur existence la forme qu'ils ont en naissant. Les Batraciens dans les premiers jours respirent , comme les poissons , par des branchies, plus tard ils respirent par des poumons. Les branchies disparaissent chez la plupart d'entre eux , chez les reptiles , au contraire, la respiration a toujours lieu au moyen de poumons.

2. La respiration des Batraciens est d'autant plus active que la température est plus élevée : des expériences ont prouvé que ces animaux absorbent par la peau l'oxigène de l'eau ou de l'air dans lequel ils sont plongés ; que cette peau remplit la fonction des poumons ; et, selon de savants naturalistes, elle est plus importante pour la respiration que les poumons eux-mêmes. La peau présente d'autres phénomènes intéressants : elle absorbe l'eau en si grande quantité, qu'on a vu des Grenouilles placées sur du papier mouillé doubler de poids au bout d'une heure et demie. La peau est également le siège d'une transpiration si considérable, qu'on a vu les mêmes animaux, placés dans un endroit bien sec, perdre la moitié de leur poids, et maigrir en quelque sorte à vue d'œil. Enfin, chez quelques uns de ces animaux, la peau produit un fluide qui, sans être un véritable venin, a cependant des propriétés délétères.

§ 3. Œufs et Métamorphoses des Batraciens. Les œufs des Batraciens sont gélatineux, et se gonflent beaucoup dans l'eau. On les trouve quelquefois dans les eaux stagnantes en grandes masses qui ont l'aspect d'une gelée. Le jeune Batracien, quand il sort de l'œuf, n'a point l'aspect qu'il aura plus tard : il possède des branchies et ressemble beaucoup à un poisson, car il est absolument privé de pattes, nage fort bien, et ne quitte point l'eau. A cette époque, il porte le nom de *Têtard* (Головастикъ), à cause de l'exrême grosseur de sa tête. Le Têtard naît avec une bouche cornée et tranchante, qui lui sert à couper les végétaux qui font à peu près sa seule nourriture. Mais, bientôt après, la forme et les mœurs du jeune Batracien changent prodigieusement : on voit d'abord se développer les deux pattes postérieures ; puis les pattes extérieures se montrent ; les branchies disparaissent, et les poumons augmentent de volume. L'animal peut alors sortir de l'eau ; il cesse d'être herbivore et devient carnassier. Les intestins, d'abord sept fois plus longs que le corps, se racourcissent au point de n'avoir plus qu'une fois et demi cette longueur. Enfin, la queue disparaît complètement dans quelques genres ; tandis qu'elle persiste, au contraire, dans quelques autres.

§ 4. Division. La division des Batraciens est fondée sur la disparition ou sur la persistance de la queue ; on les partage en deux sections : les *Batraciens anoures* (Лягушки безхвостыя), ou sans queue, et les *Batraciens urodèles* (Лягушки хвостатыя), ou à queue apparente. Dans la première section, nous trouvons: les *Grenouilles*, les *Rainettes*, les *Crapauds* et les *Pipas*; dans la seconde: les *Salamandres*, les *Tritons*, les *Protées* et les *Sirènes*.

§ 5. BATRACIENS ANOURES. GRENOUILLES. (Лягушки). Les Grenouilles ont la peau lisse, les membres postérieurs très longs et propres au saut, les pieds palmés, les doigts inégaux et pointus, et la bouche garnie de petites dents. Ces animaux vivent sur le bord des étangs, où ils s'élancent avec rapidité, lorsqu'ils sont inquiétés. Les Grenouilles s'enfoncent dans la boue au commencement de l'hiver, et s'y engourdissent; elles y peuvent vivre si complètement gelées, que leurs membres se cassent; et cependant il suffit d'une chaleur douce pour les ranimer. La chair de ces animaux, quoique extrêmement délicate, est un objet de dégoût pour beaucoup de personnes. Il existe un grand nombre d'espèces de Grenouilles. Les plus communes, en Europe, sont:

La *Grenouille verte* (Лягушка воляная), qui habite les eaux stagnantes; et la *Grenouille rousse* (Лягушка травяная,) qui se rencontre dans les bois. Cette dernière porte aussi le nom de *Muette*, parce qu'elle ne coasse point comme la précédente.

§ 6. RAINETTES. (Квакши). Les Rainettes ressemblent beaucoup aux Grenouilles, cependant elles sont plus sveltes; leurs formes sont plus gracieuses; et elles sont ornées de couleurs plus brillantes. Elles s'en distinguent, en outre, par une pelote visqueuse, située à l'extrémité de chaque doigt, qui leur permet de grimper aux arbres, et de se fixer même sur les corps polis.

La *Rainette commune* ou *Rainette verte* (Квакша древесная). est d'un beau vert velouté qui se confond avec la teinte du feuillage des arbres, à la cîme desquels elle habite presque constamment.

§ 7. CRAPAUDS. (Жабы). Les Crapauds ont le corps ventru, les membres postérieurs courts, la peau couverte de verrues, d'où suinte une humeur fétide et irritante. Ces Batraciens vivent beaucoup moins dans l'eau que les Grenouilles, et ne s'en approchent que pour y déposer leurs œufs; cependant ils recherchent les endroits humides et sombres. Leur marche lente et pesante ne leur permet guère de fuir; mais, au moment du danger, ils se gonflent, en infiltrant de l'air sous la peau, de manière à former un coussin élastique qui amortit la force des coups. L'histoire de ces animaux présente plusieurs faits curieux: ils peuvent vivre pendant des années entières dans des murailles, dans des rochers, dans des creux d'arbres , retirés dans des trous qui n'admettent qu'une quantité inappréciable d'air et de nourriture. De nombreux exemples prouvent l'existence de pluies de Crapauds; et ce phénomène, pour n'être complètement expliqué , n'en est pas moins parfaitement certain. Les Crapauds se nourrissent d'insectes , de vers et de limaçons, et rendent ainsi quelques services dans les jardins.

Le *Crapaud commun* (Жаба обыкновенная), est l'espèce la plus connue, et c'est à lui que se rapporte particulièrement ce que nous venons de dire.

§ 8. Pipas. (Пипы). Les Pipas, qui habitent les contrées chaudes de l'Amérique, ont été longtemps considérés comme une espèce de genre crapaud ; mais ils présentent une particularité très remarquable qui les en a fait séparer : la femelle, après avoir pondu ses œufs , les porte sur son dos , dans des espèces de cellules produites par l'inflammation de la peau. C'est là que les jeunes Pipas se développent, et subissent leurs métamorphoses.

§ 9. Batraciens urodèles. Salamandres. (Саламандры). Les Salamandres ressemblent beaucoup aux Lézards par la forme générale de leur corps; cependant il est plus aplati, et leur queue est tout-à-fait ronde. Ces animaux habitent les endroits obscurs, et sécrètent, quand on les irrite, une liqueur âcre , fétide et très dégoutante. On a cru pendant longtemps que les Salamandres peuvent vivre au milieu du feu , sans qu'aucune circonstance de leur vie puisse expliquer cette absurde croyance.

La *Salamandre commune*, ou *Salamandre terrestre*, (Саламандра обыкновенная), est noire avec des taches jaunes, et longue d'environ six pouces. Elle se trouve dans presque toute l'Europe.

§ 10. Tritons. (Тритоны). Les Tritons, ou *Salamandres aquatiques*, ont la queue comprimée, et les pieds palmés. Ces Batraciens ont la vie d'une très grande tenacité, et peuvent rester longtemps privés d'air et de nourriture. C'est le plus souvent sur eux que sont faites les expériences pour amener la reproduction d'un membre. Le naturaliste Bonnet , après avoir arraché l'œil d'un Triton, a vu cet organe se reproduire complètement dans l'espace d'une année. Il existe plusieurs espèces de Tritons, l'espèce la plus commune, le *Triton à crête* (Тритонъ гребенчатый) abonde dans les mares des parties tempérées de l'Europe, et se trouve quelquefois dans le gouvernement de Moscou.

§ 11. Protées (Ilpoten). Les Protées ont le corps long de huit à dix pouces, de forme cylindrique, et deux paires de pattes extrèmement petites et éloignées. Leur caractère le plus intéressant est la présence des poumons à l'intérieur du corps, pendant qu'ils conservent des branchies en dehors. Ces Batraciens, qui habitent les eaux souterraines de la Carniole, paraissent pouvoir vivre, pendant plusieurs années, sans autre nourriture que l'eau.

§ 12. Sirènes. (Сирены). Les Sirènes longues de deux à trois pieds habitent les eaux des marais de la Caroline, aux Etats Unis. Elles se distinguent de tous les animaux de leur classe par une seule paire de pattes situées en avant. Elles conservent plus ou moins leurs branchies. Cette particularité en fait, ainsi que des Protées, de véritables amphibies, puisqu'ils peuvent vivre également dans l'eau et hors de l'eau.

POISSONS.

QUARANTE-SIXIÈME LEÇON.

CLASSE DES POISSONS.

Définition , Caractères généraux. Squelette. Membres. Branchies. Progression. Sens. Fécondité. Instinct. Migration. Patrie des Poissons. Lois de la coloration chez ces animaux.

§ 1. Définition. Caractères généraux. La partie de la Zoologie qui traite des poissons a reçu le nom d'*Ichtyologie*. Les Poissons, (Рыбы), sont des animaux vertébrés , ovipares , qui respirent par des branchies pendant toute la durée de leur vie ; dont le cœur n'a qu'une seule oreillette et un seul ventricule, (*) et qui ont le sang rouge et froid. Il a été reconnu cependant que la température de ces animaux surpasse d'un ou de plusieurs degrés celle de l'eau dans laquelle ils vivent.

(*) Il est intéressant de noter que certains poissons, dont le corps est excessivement long, ont un cœur supplémentaire destiné sans doute, à remédier au ralentissement de la circulation du sang dans des vaisseaux trop étendus. Ceci a lieu, en particulier, chez les anguilles.

§ 2. SQUELETTE. Le Squelette des Poissons présente des modifications extrèmement importantes : tantôt il est solide et osseux ; tantôt il est formé de substances osseuses et cartilagineuses; tantôt, enfin, il est complètement cartilagineux; jamais il ne renferme de substance médulaire. Toutes les parties de ces animaux sont appropriées au milieu dans lequel ils vivent, et à leurs mœurs ordinairement voraces.

Le squelette des Poissons possède, en général, un grand nombre de vertèbres ; le cou ne se détache point du reste du corps ; le crâne qui est très petit, termine lui-même la colonne vertébrale; et le cerveau qu'il renferme n'a que très peu de volume. Les côtes sont très nombreuses, et embrassent, chez la plupart de ces animaux, la plus grande partie du ventre. Le nombre des côtes , leur forme, leurs dimensions, sont très variables : quelquefois leurs extrémités antérieures restent libres; quelquefois au contraire, elles sont unies par une série de petits os, ainsi qu'on peut le remarquer chez les Harengs; il arrive quelquefois, enfin, que ces organes n'existent pas, comme les Raies, les Squales, les Myxines en peuvent fournir des exemples.

§ 3. MEMBRES. Les Membres des Poissons sont peu développés, excepté chez quelques espèces , où ils sont très longs et peuvent même soutenir, pendant quelque temps, l'animal dans les airs. Chez quelques-uns d'entre eux, ces organes manquent tout-à-fait. Les membres des Poissons sont appelés *nageoires ;* celles qui correspondent aux bras de l'homme portent le nom de *nageoires pectorales;* celles qui remplacent les membres postérieurs , *nageoires ventrales.* On donne aussi le nom de nageoires aux autres appendices servant à la natation ; ceux qui sont attachés verticalement sur le dos sont appelés *nageoires dorsales;* ceux de l'extrémité du corps sont les *nageoires caudales ;* et ceux qui sont à la queue , sont désignés sous le nom de *nageoires anales.* Toutes ces nageoires sont soutenues par des petites nervures osseuses ou cartigineuses nommées *rayons.* Ces rayons sont les uns mous , les autres épineux, c'est à dire terminés par une pointe aiguë.

§ 4. BRANCHIES. Les branchies , qui sont le siège de la respiration , se trouvent ordinairement situées de chaque côté de la tête et portées par des espèces de côtes, qu'on nomme *arcs branchiaux.* Ces branchies ont ordinairement la forme de franges , et sont au nombre de quatre ou cinq de chaque côté; mais quelquefois aussi , ce qui est très rare, il n'y en a que trois seulement. Un petit nombre de Poissons ont les branchies en forme de houppes, attachées par paires sur les arcs branchiaux. Ces organes sont tantôt couverts par une plaque osseuse mobile , nommée *opercule;* tantôt , mais bien plus rarement , il n'y a qu'une simple peau percée d'une ou de plusieurs ouvertures.

§ 5. L'eau nécessaire à la respiration est d'abord introduite dans la bouche du Poisson, au moment ou les lèvres s'écartent ; elle passe ensuite à travers les branchies , et ressort par des ouvertures nommées *ouies*, dont le nombre est ordinairement de deux: une de chaque côté. Ce sont ces ouies qui sont protégées par les opercules. Les Poissons séparent ainsi de l'eau une partie de l'air qu'elle contient. Ils n'en dépensent que fort peu, car on a calculé, qu'une Tanche en consomme cinquante mille fois moins qu'un homme. L'air cependant est indispensable à l'existence de ces animaux ; et ils ne tardent pas à périr , quand ils en sont complétement privés; ils viennent même souvent le respirer pur , à la surface de l'eau. Lorsque les Poissons sont loin de ce liquide, ils périssent , en général , assez promptement ; parce que leurs branchies se dessèchent , et que le sang ne peut alors pénétrer dans les filets qui les composent.

§ 6. Progression des Poissons. Quoique les Poissons aient des membres , c'est principalement à l'aide des mouvements de la queue qu'ils s'avancent dans l'eau; les nageoires servent surtout à les diriger. Ce qui favorise singulièrement la natation, c'est l'existence, dans le plus grand nombre des espèces , de la *vessie natatoire,* sorte de poche placée dans le corps , que l'animal peut remplir ou priver d'air à volonté ; ce qui le rendant plus pesant ou plus léger que l'eau, lui permet de rester en équilibre, de s'élever ou de descendre. Il faut convenir cependant que certains Poissons nagent fort bien, quoique privés de vessie natatoire.

§ 7. Sens. Odorat. Vue. Les Sens des poissons sont, en général, peu développés. L'odorat existe, puis qu'on voit ces animaux attirés par certaines odeurs; mais il doit être très faible, car les fosses nazales ne consistent qu'en deux cavités, situées au devant du museau, qui sont terminées en sac, et ne s'ouvrent point dans l'arrière-bouche, comme chez les vertébrés à respiration aérienne.

La vue des Poissons est ordinairement excellente ; ce qui est nécessaire, puisque ces animaux vivent dans un lieu moins éclairé que la superficie de la terre. Les yeux sont très grands, presque dans toutes les espèces, peu mobiles et privés de véritables paupières. Ils sont également dépourvus d'un appareil lacrymal qui leur serait inutile. Les différences que nous avons remarquées dans l'organe de la vision des autres vertébrés, se rencontrent aussi dans la classe des Poissons: ceux qui habitent la haute mer, ont les yeux plus gros que ceux qui fréquentent le rivage, où l'eau est plus transparente; tandis que les Poissons qui se retirent dans la vase ont les yeux très petits, comme les Anguilles, par exemple; chez quelques autres, ils semblent même disparaître tout-à-fait. La position de ces organes n'offre, en général, rien de particulier; cependant, chez les Poissons de la famille des Pleuronectes, ils sont placés tous deux du même côté de la tête.

§ 8. GOUT. OUÏE. TOUCHER. Le Goût est peu délicat, car les Poissons, dans leur extrême voracité, ne choisissent guère leur nourriture et ne font que l'avaler, sans qu'elle reste quelque temps dans la bouche. D'autre part, leur langue est peu mobile, n'est point charnue, et ne reçoit que des nerfs très faibles; de plus elle est souvent hérissée de pointes.

L'ouïe n'est point plus perfectionnée que le sens précédent ; l'oreille est très imparfaite et ne présente jamais ni orifice extérieur, ni pavillon propre à recueillir les ondes sonores; cependant il n'est point douteux que les Poissons entendent, et que chez quelques uns l'ouïe n'ait une grande finesse.

Le toucher doit être aussi extrêmement obtus; en effet, le corps des Poissons est toujours enveloppé d'une substance visqueuse, recouvert d'écailles, et quelquefois même d'un coffre osseux. Ils n'ont jamais de membres épanouis analogues à nos doigts, et propres à saisir les corps; cependant les barbillons longs et mobiles, qui entourent la bouche de quelques uns de ces vertébrés, paraissent assez sensibles, et sont probablement le seul organe du toucher un peu délicat.

§ 9. FÉCONDITÉ. Les Poissons sont soumis à un grand nombre de causes de destruction; les plus remarquables sont: leur extrême voracité qui les porte à se dévorer entre eux; l'appât et l'aliment que leurs œufs présentent à une foule d'animaux; le dessèchement que leur frai éprouve sur le rivage des fleuves, des rivières et des mers, lorsque ces eaux s'abaissent ; d'autre part, un nombre d'œufs incalculables sont brisés par le mouvement des flots contre les rochers. La nature a donc dû, pour maintenir l'équilibre de la création, accorder à ces animaux une fécondité extraordinaire : Le Barbeau, un des moins productifs, donne 8,000 œufs ; le Hareng 36,000 ; le Brochet 50,000 ; la Carpe près de 200,000 ; enfin, l'Esturgeon et la Morue peuvent, d'après Burdach, produire un nombre incroyable d'œufs: l'Esturgeon 7,653,000 et la Morue 9,344,000

§ 10. INSTINCT. L'organisation des Poissons est évidemment plus imparfaite que celle des autres vertébrés : leur cerveau est très peu développé et ne remplit pas la cavité du crâne déjà si étroite chez eux ; aussi leur intelligence est-elle excessivement bornée. Ce sont des animaux stupides, sans instincts remarquables d'aucune espèce, excepté ceux qui poussent un grand nombre de Poissons de familles très diverses, comme les Epinoches, à construire une sorte de nid pour protéger leur famille ; d'autres moins ingénieux, à se tenir toujours dans le voisinage de leurs petits, et à leur donner un abri dans leur immense gueule, lorsque quelque danger les menace ; enfin, celui qui les porte à se suivre entre eux dans leurs étonnantes migrations.

§ 11. MIGRATIONS ET PATRIE. Ces Migrations ont pour cause ordinaire la naissance d'un nombre incalculable de ces animaux dans les mêmes lieux et à la même époque. Ils manquent de nourriture, et ils sont obligés d'aller la chercher en légions immenses, tellement serrées et compactes, qu'elles apparaissent dans la mer comme des bancs de sable ; de là leur vient le nom de bancs de Poissons, qui leur est donné par les pêcheurs. Mais ces Poissons voyageurs ne se réunissent pas en société à la manière des oiseaux: ils ne se rendent réciproquement aucun service ; chacun d'eux ne songe qu'à pourvoir à ses besoins, souvent en combattant les autres ; et, si ces animaux se groupent et semblent suivre un chef, c'est probablement par suite de ce penchant à l'imitation qui accompagne toujours les premières lueurs de l'intelligence. Les migrations des Poissons sont, en général, plus étendues que celles des mammifères ou des oiseaux. On comprend aisément, en effet, que leur patrie soit moins limitée que celle des animaux terrestres, puisque la température des eaux est beaucoup moins variable que celle des terres, et qu'ils peuvent traverser plusieurs

zónes, sans que les conditions ordinaires de leur vie soient modi-
fiées d'une manière sensible. Cela se remarque surtout chez les
Poissons de mer ; car les Poissons d'eau douce habitent des limites géographiques plus restreintes; et rarement la même espèce se
trouve dans les deux continents.

§ 12. COLORATION. Nous devons remarquer que les Poissons
sont soumis aux lois générales de coloration que nous avons
signalées dans les animaux des classes précédentes : tandis que
ceux qui vivent dans les mers froides ont les couleurs sombres
ou blanches ; l'éclat métallique de l'or ou de l'argent brille avec
la plus grande magnificence sur les écailles de ceux qui habitent
au sein des mers les plus chaudes. La nature a été si prodigue
pour les animaux cachés dans le sein des eaux , qu'un grand
nombre de ceux qui se tiennent à des profondeurs telles , qu'ils
doivent être continuellement dans l'obscurité , nous offrent le
magnifique coloris des fleurs, ou les brillantes couleurs des oiseaux
et des insectes.

QUARANTE-SEPTIÈME LEÇON.

Classification des Poissons. Poissons osseux. Ordre des Abdominaux.
  Famille des Cyprinoïdes. Cyprins. Tanches. Brêmes. Ables. Famille
  des Siluroïdes. Famille des Salmonoïdes. Famille des Exocets. Famille
  des Clupéoïdes. Harengs.

§ 13. CLASSIFICATION. La Classification des Poissons est fondée
sur les modifications du squelette, des branchies, des nageoires et
des mâchoires.

Les Poissons se partagent, d'après Cuvier, d'abord en deux grandes
divisions : les *Poissons osseux* qui ont un squelette solide ; les
Poissons cartilagineux dont le squelette est composé d'une substance
qui peut se dissoudre dans l'eau bouillante. Ces deux divisions forment neuf ordres, dont six appartiennent aux Poissons osseux. Mais
nous emploierons pour la classe de ces vertébrés , une classifi-

cation un peu différente, mais plus naturelle, plus facile à saisir, et qui présente le grand avantage d'offrir des dénominations plus intelligibles que celles qui se rencontrent dans la classification de Cuvier, que nous avons suivie jusqu'ici.

Nous partagerons d'abord la classe des Poissons en trois sous-classes :

Les *Poissons osseux*, Рыбы костистыя,
Les *Poissons subosseux*, Рыбы полукостистыя,
Les *Poissons cartilagineux*, Рыбы хрящевыя.

Les Poissons osseux se subdivisent en six ordres, savoir :

1. Les *Abdominaux*,
2. Les *Subthoraciques*,
3. Les *Thoraciques*,
4. Les *Jugulaires*,
5. Les *Dipodes*,
6. Les *Apodes*.

POISSONS OSSEUX.

ORDRE DES ABDOMINAUX.

Les Poissons de cet ordre ont le corps écailleux, et les nageoires ventrales situées très en arrière des pectorales et indépendantes de la ceinture osseuse de l'épaule. Les Abdominaux forment plusieurs familles, dont voici les plus importantes : les *Cyprinoïdes*, les *Siluroïdes*, les *Salmonoïdes*, les *Exocets* et les *Clupéoïdes*.

§ 15 CYPRINOÏDES. (Карповыя). Les Cyprinoïdes n'ont qu'une seule nageoire dorsale, privée de rayons osseux ; leur bouche est petite et mal armée ; ce qui correspond à des mœurs généralement moins carnassières que celles des autres poissons. Ils se nourrissent, en effet, en grande partie de végétaux aquatiques. Presque tous les poissons de la nombreuse famille des Cyprinoïdes habitent les eaux douces; et leur chair fournit une ressource précieuse et agréable aux contrées éloignées de la mer. Parmi les genres que renferment cette famille nous trouvons.

§ 16. CYPRINS PROPREMENT DITS. (Карпіи обыкновенные). Les Cyprins proprement dits, qui ont pour type la *Carpe commune*, (Карпія обыкновенная) originaire du centre de l'Europe, selon le plus grand nombre des naturalistes ; d'autres prétendent, au contraire, qu'elle est venue de l'Asie ; et qu'elle a été introduite dans les eaux de l'Europe par les Romains. Elle habite de préférence les eaux rapides et remplies d'herbes ; mais elle vit également bien dans les bassins et dans les étangs. Les Carpes peuvent vivre très longtemps : Buffon vit de ces animaux qui vivaient depuis cent-cinquante ans. Leur taille est ordinairement de trois pieds ; mais celles qui sont apportées sur le marché sont beaucoup plus petites, car elles sont loin d'avoir acquis toute leur croissance. On cite un de ces poissons qui fut pris dans l'Oder, probablement dans une extrême vieillesse ; il avait neuf pieds de longueur depuis le bout du museau jusqu'à l'extrémité de la queue.

§ 17. A ce genre appartiennent encore : la *Dorade de la Chine* (Карпія золотистая), joli poisson qui fut apporté en Europe par les Hollandais. Il est parfaitement acclimaté dans nos pays tempérés. Sa belle couleur orangée à reflets d'or l'a rendu l'ornement des bassins ; il peut même vivre dans les vases ; mais, dans cet état de captivité, il subit de grandes variations de coloration.

Le *Carassin* (Карась), qui se trouve en grande quantité dans toutes les eaux stagnantes, particulièrement en Russie ; sa chair est assez délicate, mais ses nombreuses arêtes lui font perdre une partie de sa valeur.

§ 18. Tanches. (Линн). Brêmes. (Лещи). Les Tanches, dont la robe est d'un brun jaunâtre à reflets dorés, se trouvent abondamment répandues dans les rivières et les étangs ; elles sont moins grandes et moins estimées que les Carpes.

Les Brêmes dont on trouve deux espèces dans les rivières de l'Europe. La *Brême commune* est un poisson très large à grandes écailles dont la chair est assez estimée.

§ 19. Ables. (Уклейки). Les Ables, qui forment un grand nombre d'espèces peu estimées, connues souvent, à cause de leur couleur, sous le nom de *Poissons blancs*. Une des plus remarquables est *l'Ablette* qui se rencontre presque dans toutes les rivières de l'Europe. Ce poisson a les écailles recouvertes d'une matière nacrée, employée pour confectionner les fausses perles. Dans cette fabrication, la matière nacrée est mêlée à de la colle de poisson. On enduit de ce mélange de petites boules de verre qui doivent être transformées en perles artificielles ; on les fait sécher au feu, puis on les remplit de cire pour leur donner de la pesanteur.

§ 20. Siluroïdes. (Сомовыя). La famille des Siluroïdes se compose de poissons reconnaissables à leur peau dépourvue de véritables écailles , ainsi qu'à une épine libre et forte, placée devant les nageoires dorsales et pectorales , et dont ils se servent comme d'arme défensive.

Le *Silure proprement dit* ou *Glanis* (Сомъ обыкновенный), est le plus grand des poissons d'eau douce ; ce qui lui a fait donner le nom de *Baleine de rivière*. On cite un de ces animaux qui fut pêché dans l'Oder, en 1761, et qui pesait 800 livres. Ce poisson se trouve dans les fleuves de l'Allemagne ; mais il est surtout abondant dans les rivières qui se jettent dans la mer Caspienne. On le découvre caché dans la vase , épiant patiemment les autres poissons dont il fait sa proie ; sa chair est grasse , mais de très bonne qualité. On tire aussi parti de sa vessie natatoire pour en faire une colle assez mauvaise.

§ 21. Le *Silure électrique* (Сомъ электрическій), qui se trouve dans le Nil , le Sénégal et probablement dans plusieurs autres fleuves de l'Afrique , possède un appareil électrique , susceptible de donner des comotions ; aussi les Arabes désignent-ils ce poisson , sous le nom de *Raad* , qui signifie tonnerre. Cet appareil électrique est situé sous la peau, et s'étend depuis la tête jusqu'au de là des nageoires ventrales ; il est formé de petites cellules contenant un liquide albumineux.

§ 22. Salmonoïdes. (Лососовыя). La famille des Salmonoïdes a pour type le *Saumon*, dont l'intérieur de la bouche est armée d'une manière très puissante, aussi sont-ils d'une voracité remarquable. Leur corps, quoique un peu gros, est de forme élégante et annonce une grande force. La plupart des espèces de ce genre passent leur vie successivement dans les rivières et dans la mer. Tous nagent très bien, et semblent préférer les eaux rapides et agitées. Presque tous ont le corps tacheté, et fournissent une chair agréable et délicate.

§ 23. Le *Saumon commun* (Семга настоящая), est la plus grande espèce de ce genre, car il atteint quelquefois six pieds de longueur. Ce poisson se trouve dans tous les parages du Nord, et se répand, au printemps , en troupes immenses dans les rivières. Les Saumons voyagent en files disposées sur deux rangs , à la tête desquels se trouvent les plus gros. Ils font ainsi plusieurs milliers de verstes, en remontant vers la source des fleuves, pour disposer leur frai dans les ruisseaux les plus tranquilles. Les femelles, arrivées à l'endroit favorable, font dans le sable un trou alongé, profond de deux pieds ; elles y arrangent les œufs dans un certain ordre ; puis les recouvrent au moyen de leur queue. La pêche du Saumon donne lieu à une industrie très importante, et se fait de mille manières. On en prend de très beaux dans la Néva ; mais c'est surtout dans les fleuves de la Norwége et de l'Angleterre qu'ils sont les plus répandus. Dans ces contrées, la chair du Saumon, quoique fort délicate, est presque dédaignée à cause de son abondance.

§ 24. Le *Lavaret*, (Сигъ), dont les mâchoires sont moins bien armées que celles des autres Salmonoïdes, est très commun dans le Nord, particulièrement dans le golfe de Finlande et les rivières qui s'y jettent. Sa chair est estimée presque autant que celle du Saumon.

L'*Eperlan*, (Корюшка), qui se trouve en abondance dans la mer Baltique, et qui remonte dans les rivières, ressemble à la Truite, mais son corps n'est point tâcheté. Ce poisson était très estimé des anciens ; il est encore très recherché de nos jours, malgré l'odeur forte et désagréable de sa chair.

Les *Truites* (Форели), plus petites que les Saumons, mais peut-être encore plus délicates, portent des taches sur le corps. Elles se rencontrent jusque dans les plus petits ruisseaux, surtout quand ils sont rapides.

§ 25. Exocets. (Щуковыя). La famille des Exocets comprend les Brochets, et d'autres poissons analogues, reconnaissables à leur museau large, obtus et déprimé, et à leur bouche hérissée de dents aiguës, recourbées en arrière.

Le *Brochet commun* (Щука обыкновенная), se trouve dans les eaux douces de l'Europe et de l'Amérique septentrionale ; c'est un rare exemple de poisson d'eau douce appartenant aux deux continents. Son extrême voracité lui a mérité le surnom de *Requin de rivière*. Il se nourrit d'animaux vivants, de grenouilles, de rats d'eau, de petits canards, attaque tous les poissons qu'il rencontre, et détruit même ceux de son espèce. Souvent il s'empare d'animaux plus gros que lui, n'en dévore d'abord qu'une partie, et attend, comme les Serpents, que la digestion ait eu lieu, pour avaler ce qui reste. Les Brochets ont ordinairement trois ou quatre pieds de longueur, ceux de cinq ne sont point rares; mais ils peuvent atteindre une taille beaucoup plus considérable, car ils vivent très longtemps. On prit, en 1497, près de Manheim, un Brochet de dix-neuf pieds de long, et du poids de trois-cent-cinquante livres. Il portait à la queue un anneau de cuivre avec cette inscription : je suis le poisson qui a été jeté le premier dans cet étang, par les mains de l'Empereur Frédéric II, le 5 Octobre, 1262. Il avait donc au moins deux-cent-soixante-sept ans. La chair du Brochet est fort estimée dans la plus grande partie de l'Europe ; mais elle n'est point recherchée en Russie, à cause de l'extrême abondance de ce poisson dans toutes les rivières.

§ 26. EXOCETS-VOLANTS. (Долгоперы). Les Exocets-volants se reconnaissant à l'excessive longueur de leurs nageoires pectorales, qui leur servent d'ailes pour se soutenir quelque temps dans les airs ; aussi sont-ils désignés souvent sous le nom de *Poissons-volants*. Malgré cette faculté, la vie de ces animaux est toujours menacée, soit dans l'eau par des poissons voraces, soit dans l'air par des oiseaux qui les épient. Les Exocets-volants habitent en grand nombre la zône torride de l'Océan. Leur chair est, dit-on, d'une délicatesse extrême.

§ 27. CLUPÉOÏDES. (Селдевыя). La famille des Clupéoïdes se compose de poissons à corps écailleux, à nageoires privées de défenses, dont la bouche est armée d'un nombre considérable de dents. Elle a pour type le Hareng, qui en forme le genre le plus important.

Le *Hareng commun* (Сельдь настоящiй), apparaît sur nos côtes au printemps, et forme des bandes immenses, signalées aux pêcheurs par des oiseaux de mer qui les escortent pour les dévorer. Ces poissons sont quelquefois si pressés, que les filets se déchirent sous le poids de ceux qu'ils rapportent. On a cru pendant longtemps que les Harengs sortent de l'océan Glacial, et qu'une de leurs colonnes suit les rivages de l'Europe jusque vers l'Espagne; mais ces voyages si célèbres n'ont point lieu ; et ceux qui visisent notre littoral ne font que sortir de la profondeur de l'Océan, où ils se retirent le reste de l'année. La pêche du Hareng occupe des flottes entières ; et il faut compter par centaines de mille le nombre des personnes que cette industrie fait vivre.

§ 28. Les *Sardines* et les *Anchois* (Сардель п Анчоусы), sont des espèces plus petites du même genre. Ces poissons habitent l'océan Atlantique, se trouvent en abondance à l'embouchure des fleuves de la Baltique, et pénètrent en grand nombre dans la Méditerranée. Les Sardines se vendent préparées à l'huile ; les Anchois se mangent crus, après avoir été conservés dans de la saumure. Ils sont les uns et les autres d'un goût très délicat.

QUARANTE-HUITIÈME LEÇON.

Ordre des Subthoraciques. Mulles. Ordre des Thoraciques. Scombres. Maquereaux. Thons. Espadons. Labres. Perches. Dactyloptères. Echénéides.

ORDRE DES SUBTHORACIQUES.

§ 29. Les Subthoraciques ont les plus grands rapports avec les abdominaux , et n'en diffèrent qu'en ce que les nageoires ventrales dépendent plus ou moins de la ceinture osseuse de l'épaule ; aussi Cuvier les avait-il réunis dans un seul ordre. Ils ne forment qu'un petit nombre de genres , dont un seul peut nous intéresser, le genre Mulle.

§ 30. Mulles. (Муллы или барбуны). Les Mulles, dont deux espèces seulement se trouvent en Europe , sont remarquables par leurs belles couleurs rouges ou jaunes et par l'excellence de leur chair. Parmi ces animaux se trouvent :

Le *Rouget*, (Султанская рыба), qui doit son nom à sa couleur qui persiste même après que l'animal a été dépouillé de ses écailles, c'est un poisson long de huit à dix pouces ; il se trouve dans la Méditerranée, et se rencontre aussi dans l'Océan. La chair du Rouget est d'une extrême délicatesse ; les Romains l'estimaient tellement que trois de ces poissons furent, dit-on, vendus sous Tibère 30,000 sesterces , c'est-à-dire 1,461 roubles argent. Ce peuple prenait , dans ses repas somptueux, le plaisir barbare de faire nager ces poissons dans de l'eau chaude placée sur la table ; afin que les convives pussent voir d'un œil charmé, les variations de couleur que ces animaux éprouvent en mourant. Ce fait, rapporté par Pline, et répété par tous les historiens, n'est pas exact, ou le Rouget des Romains n'est pas le nôtre, car celui-ci n'a point la merveilleuse propriété de changer de couleur pendant son agonie; d'ailleurs ces poissons sont trop abondants dans la Méditerranée pour avoir jamais valu un prix aussi élevé que celui dont il est fait mention.

Le *Surmulet*, (Барбунъ полосатый), plus grand que le Rouget, s'en distingue par des raies longitudinales jaunes. Il est plus commun, mais n'est pas moins estimé que le Rouget, et son prix, chez les anciens, était également exorbitant.

ORDRE DES THORACIQUES.

§ 31. Les Poissons de cet ordre ont les nageoires ventrales sous les pectorales. Ils sont nombreux et forment un grand nombre de genres, dont les plus remarquables sont : les *Scombres*, les *Labres*, les *Perches*, les *Dactyloptères* et les *Echénéides*.

§ 32. SCOMBRES. (Макрели). Les Scombres sont reconnaissables à deux petites nageoires surnuméraires, situées au dessus et au dessous de la queue; leur corps est ordinairement recouvert d'écailles très petites. Ces poissons voraces et actifs se trouvent en troupes nombreuses presque dans toutes le mers. Les espèces les plus remarquables sont : les *Maquereaux*, les *Thons* et les *Espadons*.

§ 33. Le *Maquereau commun*, (Макрель обыкновенный), si utile et dont la pêche occupe annuellement plus de douze mille personnes, est un beau poisson long d'environ deux pieds, dont le corps élégant est paré de brillantes couleurs d'or et d'azur ; mais ces couleurs s'altèrent à la mort de l'animal, qui périt aussitôt qu'il est sorti de l'eau. Le Maquereau fréquente toutes les mers de l'Europe. Selon certains observateurs, cet animal passe l'hiver dans la mer Glaciale ; d'autres savants pensent, au contraire, qu'il se retire au fond des mêmes mers, dans lesquelles on le pêche pendant l'été. Les Maquereaux sont courageux et voraces : on parle d'hommes déchirés et dévorés par eux. Leur chair est excellente, quoiqu'elle soit un peu indigeste.

§ 34. Le *Thon* (Тунецъ) ressemble beaucoup au Maquereau par la forme et même par les couleurs de son corps; mais il est beaucoup plus grand , puisqu'il parvient quelquefois jusqu'à dix pieds de longueur. Ce poisson fréquente toutes les mers chaudes ou tempérées du Globe ; il est surtout abondant dans la Méditerranée. Sa pêche est une industrie importante pour la France et pour l'Italie. La chair du Thon est très savoureuse et a été de tout temps fort estimée. On la mange fraîche , dans le midi de l'Europe ; et on l'expédie , soit marinée , soit salée dans les pays lointains.

§ 35. L'*Espadon* (Острорылъ), se distingue des autres Scombres par une longue pointe en forme d'épée qui termine sa mâchoire supérieure. C'est une arme puissante avec laquelle il attaque les plus grands animaux marins , et parvient même quelquefois à vaincre la Baleine, car l'Espadon est doué d'une force et d'une agilité prodigieuse. Cependant ce poisson n'est point réellement carnassier: il mène une vie douce , tranquille , et se nourrit de plantes marines. Il se trouve dans l'Océan, et surtout dans la Méditerranée.

§ 36. Perches. (Окуни). Les Perches ont deux nageoires dorsales , dont la première est épineuse en avant. Les poissons de ce genre, habitent pour la plupart les eaux douces.

La *Perche commune* (Окунь обыкновенный), se trouve dans les lacs et les rivières de presque toute l'Europe et d'une grande partie de l'Asie. C'est un joli poisson, dont le corps est vert doré, avec quelques bandes plus foncées ; il a les nageoires ventrales et anales d'un beau rouge. La délicatesse de sa chair fait de lui un de nos meilleurs poissons de rivière. Il est très vorace , et dévore tout ce qu'il rencontre. La Perche commune n'a guère ordinairement qu'un pied de longueur; mais elle peut parvenir à une taille beaucoup plus considérable.

Le *Sandre*, (Судакъ) autre espèce du même genre , est aussi appelé *Brochet - Perche*, parce qu'il a des caractères de ces deux poissons; il parvient à deux ou trois pieds de longueur. Il est très commun à Moscou, où on l'apporte gelé pendant l'hiver. Sa chair blanche et feuilletée est d'un goût excellent et justement estimée.

§ 37. Labres. (Губастики). Les Labres se distinguent des Scombres par leurs lèvres épaisses et charnues. Leur forme est généralement gracieuse; et les couleurs métalliques les plus vives ornent le corps de la plupart des ces poissons. Ce genre renferme un grand nombre d'espèces, dispersées dans les mers, les lacs et les fleuves ; toutes aiment à vivre dans les lieux où l'eau est tranquille, et dont le fond est recouvert d'une couche de plantes.

§ 38. Dactyloptères. (Летучки). Les Dactyloptères doivent leur nom, qui signifie doigts en ailes , à ce qu'ils ont des nageoires pectorales extrêmement longues , à l'aide desquelles ils peuvent s'élancer hors de l'eau , et se soutenir quelque temps dans l'atmosphère. C'est ordinairement pour échapper à la poursuite de leurs ennemis, que ces poissons s'élèvent dans l'air; mais ils retombent bientôt , et sont souvent saisis au moment , où ils rentrent dans l'eau. Le *Dactyloptère Driabelle* , ou *Hirondelle de mer*, (Морская ласточка) a le corps rouge , les nageoires vert brunâtre parsemées de taches bleu-céleste. Il se trouve dans la Méditerranée et quelquefois dans la mer Noire.

§ 39. Echénéides. (Прилипалы). Les Echénéides ont sur la tête un disque aplati, composé de lames dentées ou épineuses, au moyen desquelles ils peuvent s'attacher fortement aux poissons , aux vaisseaux et aux rochers.

L'espèce la plus célèbre est le *Rémora*. (Держиладья), sur lequel, dans l'antiquité , on racontait tant de fables absurdes. On attribuait à un seul des ces animaux la puissance d'arrêter un vaisseau dans sa course ; et on prétendait qu'un Rémora , avait causé la défaite d'Antoine, à la bataille d'Actium , en rendant sa galère immobile. Ce poisson, long de cinq à six pouces, se rencontre assez souvent dans la Méditerranée.

QUARANTE-NEUVIÈME LEÇON.

Ordre des Jugulaires. Gades. Merlans. Pleuronectes. Plies. Turbots. Soles. Ordre des Dipodes. Anguilles. Ordre des Apodes. Murènes.

ORDRE DES JUGULAIRES.

§ 40. Les Poissons de l'ordre des Jugulaires (Подгрудоперыя). ont le corps écailleux et les nageoires ventrales en avant des

nageoires pectorales; il renferme quatre familles, dont deux seulement sont importantes: celle des *Gades* et celle des *Pleuronectes*;
cette dernière surtout, quoique peu nombreuse, présente dans son
organisation, des caractères si curieux et si distinctifs, que la
plupart des naturalistes en ont fait, avec raison, un ordre particulier. Pour nous, nous laissons, à regret, les Pleuronectes dans
l'ordre des Jugulaires, et seulement pour nous conformer en tout
à la classification de Blainville, que nous avons adoptée pour la
classe des Poissons.

§ 41. *Gades*. (Тресковыя). Les Gades ont le corps régulièrement
conformé, ce qui les distingue nettement des Pleuronectes dont la
forme est anormale. Ils fournissent à l'homme d'inépuisables ressources; et, chaque année, des flottes entières vont les poursuivre
et les atteindre, sans que leur nombre diminue, car leur fécondité
dépasse celle de tous les autres animaux. Nous signalerons dans
cette famille si utile:

§ 42. La *Morue* (Треска) longue de deux à trois pieds, dont
le corps est couvert de taches jaunes et brunes; elle multiplie
prodigieusement dans les mers du Nord; mais elle se trouve surtout en bandes immenses sur le Banc de Terre-Neuve. Le nombre
de ces poissons est si prodigieux dans ces parages, que souvent
la ligne les ramène accrochés par le corps; leur voracité, si
grande, qu'ils se dévorent entre eux et se jettent sur tout ce qu'on
leur présente. La pêche de la Morue se fait ordinairement à l'aide
de lignes amorcées avec des petits poissons ou avec des entrailles
de Morues mêmes. Les peuples qui s'y livrent avec le plus d'activité sont les Américains, les Anglais, et les Français: leurs
pêcheurs réunis forment une flotte montée par plus de quarante
mille hommes. La chair de la Morue est blanche, feuilletée et
d'un goût excellent. Comme on prend ces poissons loin des lieux
où ils sont mangés, on les prépare, on les sale sur l'endroit
même de la pêche; puis on les renferme avec soin dans des barils. On extrait du foie de la Morue une huile employée en médecine; et, dans quelques pays, on donne pendant l'hiver, la tête
et les vertèbres de ce poisson comme nourriture aux bestiaux.

§ 43. L'*Egrefin* (Слоистая Треска) vit dans les mêmes
mers que la Morue, à laquelle il ressemble beaucoup; mais il
s'en distingue par une taille plus petite, le dos brun, le ventre
argenté, une ligne noire sur les côtés et une chair moins délicate.

Le *Dorch* (Доршъ) est une autre espèce de Morue de petite taille, commune dans la Baltique, estimée pour la délicatesse de sa chair, et reconnaissable à la longueur de sa mâchoire supérieure.

Le *Navaga*, (Навага) si commun à Moscou et dans les autres villes de la Russie, où il est apporté gelé pendant l'hiver, est un excellent poisson qui se pêche en grande quantité dans la mer Blanche.

§ 44. MERLANS. (Мерланы). Les Merlans forment une subdivision des Morues, caractérisée par l'absence des barbillons qui se trouvent à la bouche de celles-ci. Ils leur ressemblent d'ailleurs par la forme du corps, par les mœurs et même par le goût de leur chair. Le *Merlan commun* (Мерланъ сѣрый) est long d'un pied; il a le dos gris roussâtre et le ventre argenté; il habite en abondance les mers septentrionales de l'Europe, et donne lieu dans la Manche à une pêche active, car sa chair est excellente. Il se montre surtout après l'apparition du Hareng; à cette époque, il est meilleur et plus gras, parce qu'il a trouvé une proie facile et abondante dans les œufs de ce poisson.

§ 45. PLEURONECTES. (Кособокія). La famille des Pleuronectes se compose de poissons qui diffèrent beaucoup de tous les autres par leur organisation ; les Pleuronectes, en effet, sont les seuls vertébrés qui ne soient pas symétriques, c'est-à dire, composés de deux parties absolument semblables. Ils ont les deux yeux situés du même côté, qui est toujours fortement coloré, tandis que l'autre est pâle. Leur bouche est fendue irrégulièrement et tout-à-fait contournée ; enfin ils sont privés de vessie natatoire. Ce qui est digne de remarque, c'est que l'animal n'a point cette forme extraordinaire au moment de sa naissance; il paraît qu'elle est due au singulier mode de progression des Pleuronectes, lequel consiste à glisser sur un des côtés du corps, de manière qu'un seul est toujours dirigé vers la lumière. L'absence de vessie natatoire fait que ces poissons ne quittent que rarement le fond de l'eau. En général leur chair est fort estimée. Les genres les plus remarquables de cette famille, sont: les *Plies*, les *Turbots*, et les *Soles*.

§ 46. PLIES. (Камбалы). Les Plies ont généralement les yeux à droite et des taches nombreuses sur une peau brune ; elles possèdent une chair fort tendre et fort estimée. Une espèce de Plie, la *Limande* (Лиманда), doit son nom, dérivé du mot lime, à ses écailles dures et dentelées. Le *Flet*, appelé aussi *Flondre*, (Полурыбица), est très abondant dans l'océan Atlantique boréal et surtout dans la mer Baltique. Il remonte très avant dans les fleuves.

L'*Hyppoglosse*, (Палтусъ), est une autre espèce, souvent de taille considérable, qui se rencontre abondamment dans la mer Blanche.

§ 47. Turbots. (Кособоки). Les Turbots ont pour la plupart, les yeux à gauche. Les Romains faisaient le plus grand cas de ces poissons et les avaient surnommés les *Faisans de mer*; de nos jours, leur chair est également très recherchée. Les Turbots ont le corps hérissé de tubercules et parviennent à six ou sept pieds de largeur sur près d'un pied d'épaisseur, mais il est très rare d'en rencontrer de cette taille sur les marchés. Ces poissons se trouvent sur toutes les côtes de l'Europe.

§ 48. Soles. (Кособоки гладкіе) Les Soles, également estimées pour leur chair délicate, ont pour caractère particulier d'avoir la bouche très déformée du côté opposé aux yeux, et de plus, des dents de ce seul côté, tandis qu'il n'y en a point de l'autre. On trouve des Soles dans presque toutes les mers du Globe.

ORDRE DES DIPODES.

§ 49. Dipodes, (Неполноперыя). Les Dipodes sont complétement privés de nageoires ventrales; leur corps est de forme alongée, recouvert d'une peau molle et épaisse, enduite d'une liqueur visqueuse, abondante, qui recouvre les écailles, d'ailleurs très petites, de manière que ces poissons ne paraissent point en avoir, et qu'elles ne deviennent visibles qu'après le desséchement de la peau. A cet ordre appartiennent:

§ 50. Anguilles (Угри). Les Anguilles, dont le corps par sa forme rappelle celui des serpents, quoiqu'il soit plus comprimé latéralement. L'*Anguille commune* (Угорь рѣчной) présente plusieurs variétés; elle est excessivement répandue dans presque toutes les parties du Globe; elle se tient pendant le jour, dans des trous, réunie souvent à un grand nombre d'animaux de son espèce. Ces Dipodes sortent, pendant la nuit, pour chercher les petits poissons, les vers et les grenouilles, dont ils font leur nourriture; il paraît même qu'ils vont dans les champs manger des pois et d'autres légumes. Leur corps, long en général de deux pieds, parvient à une taille quelquefois beaucoup plus considérable. Le nombre prodigieux des Anguilles, dans certains endroits, a fait supposer longtemps qu'elles naissent du limon de la terre. Ces poissons repoussent quelques personnes par leur ressemblance avec les serpents; cependant l'excellence de leur chair, malheureusement indigeste, a triomphé de cette répugnance.

§ 51. Le *Congre commun* (Угорь морской) est une espèce du genre anguille qui vit dans les mers et se montre d'une voracité extrême : on a trouvé des débris humains dans l'estomac de quelques-uns de ces animaux. Les Congres sont beaucoup plus grands que les Anguilles de rivière, puisqu'il n'est pas rare d'en voir de dix pieds de longueur. La chair de ce poisson, quoique blanche et savoureuse, est peu estimée, sans doute à cause de l'abondance de ces animaux sur le bord de la mer.

§ 52. La *Gymnote électrique*, (Гимнотъ электрическій). nommée aussi *Anguille électrique*, habite les grands fleuves, les rivières, les ruisseaux, les étangs même de la côte orientale de l'Amérique du sud. Ce poisson jouit de la faculté de donner de violentes commotions électriques qui s'épuisent par l'exercice. L'organe qui les produit, occupe toute la partie inférieure de la queue, et présente dans sa disposition quelque analogie avec la pile de Volta. Walsch a reconnu le premier, que lorsque les Gymnotes donnent des commotions, il se produit des étincelles électriques. Cette merveilleuse propriété fait de ces poissons des animaux très redoutables: leurs secousses violentes et douloureuses peuvent renverser les hommes, les chevaux; et les petits poissons peuvent être foudroyés à une quinzaine de pieds, car le fluide électrique se propage facilement dans l'eau. La chair des Gymnotes est visqueuse, répugnante, et les Nègres seuls en font usage. On lui attribue d'ailleurs quelques propriétés médicales.

ORDRE DES APODES.

§ 53. Apodes. (Непарноперыя). L'ordre des Apodes se compose de poissons privés de nageoires pectorales, aussi bien que de nageoires ventrales. Il renferme peu d'espèces, et une seule peut nous intéresser :

La *Murène* (Mypeua), qui ressemble beaucoup aux Anguilles. Ce poisson a la bouche garnie de plusieurs rangées de dents, et se montre extrèmement vorace. Il est long d'environ trois pieds. Les Murènes, fort peu recherchées maintenant, jouissaient à Rome d'une grande célébrité, à cause de l'excellence prétendue de leur chair. Les Romains les nourrissaient dans de magnifiques viviers, et se plaisaient quelquefois à les orner de bijoux. L'histoire a conservé avec horreur le nom de Pollion, qui faisait jeter vivants, en pâture à ses Murènes, ses esclaves coupables de quelque faute.

CINQUANTIÈME LEÇON.

Sous-classe des Poissons subosseux. Coffres. Diodons. Tétrodons. Sous-classe des Poissons cartilagineux. Famille des Sturoniens. Famille des Sélaciens. Genre Squale. Genre Raie. Torpilles. Famille des Cyclostomes. Lamproies.

POISSONS SUBOSSEUX.

§ 54. Les Poissons de la sous-classe des Subosseux ont un squelette imparfaitement solidifié, le corps nu, ou protégé par des plaques et des épines de différentes formes; mais jamais ils n'ont d'écailles véritables. Ils sont partagés en quelques genres, dont trois seulement méritent d'être signalés, ce sont : les *Coffres*, les *Diodons* et les *Tétrodons*.

§ 55. Coffres. (Кузовки). Diodons. (Двузубцы). Tétrodons. (Четырезубцы). Les Coffres ont le corps formé de compartiments réguliers soudés ensemble : ils n'ont de libres que les nageoires et la queue, et paraissent être renfermés dans une boite.

Les Diodons ont le corps hérissé de piquants. Ils peuvent se gonfler comme des ballons, et flotter ainsi renversés sur l'eau ; leur nom indique que leur mâchoire n'est armée que de deux dents.

Les Tétrodons dont la bouche a quatre dents, diffèrent très peu des précédents et portent comme eux, le même nom vulgaire de *Boursoufflus*. La chair des uns et des autres est dangereuse, et peut même donner la mort. Une espèce, le *Tétrodon électrique*, jouit de la faculté de donner des commotions. La plupart des Poissons sub-osseux ne se trouvent que dans les mers des pays chauds.

POISSONS CARTILAGINEUX.

§ 56. Les Poissons cartilagineux ont été placés à la fin de leur classe, à cause de l'imperfection de leur squelette, qui ne se compose que d'os assez mous pour se dissoudre complètement dans l'eau bouillante. Ils forment trois familles caractérisées par la forme du corps, la disposition de la bouche, et surtout par celle des branchies. Ce sont: les *Sturoniens*, les *Sélaciens* et les *Cyclosto-mes* ou *Suceurs*.

§ 57. Sturoniens. (Осетровыя). La famille des Sturoniens a pour type l'Esturgeon, et se reconnait à une bouche petite et privée de dents, à une seule large ouverture pour les branchies et à un corps garni de rangées d'écussons osseux. Parmi les différentes espèces de ce genre, si utile et si remarquable, nous trouvons :

§ 58. L'*Esturgeon commun* (Осетръ обыкновенный), long quel-quefois de quinze pieds, qui se trouve dans toutes les mers de l'Europe. Il remonte dans les grands fleuves, aussitôt que la chaleur du printemps se fait sentir, principalement dans le Volga et l'Oural. Malgré sa grandeur et sa force, cet animal est d'un naturel pai-sible et n'attaque que les plus petites espèces. L'Esturgeon vit pendant plusieurs jours hors de l'eau, car il peut fermer complè-tement ses branchies. La chair délicate de ces poissons, leur masse considérable, leur nombre prodigieux, ont donné à leur pêche une grande importance. Leurs œufs, qui se trouvent en quantité innombrable, sont employés à la fabrication du *Caviar ;* leur vessie natatoire, bien lavée, débarrassée du sang qui pourrait la souiller, coupée par bandes, ramollie par un long séjour dans l'eau, puis séchée au soleil et blanchie, constitue la colle de poisson ou *Ichthyocolle* qui sert à faire des gelées, à clarifier les liqueurs, à lustrer les étoffes etc. C'est encore avec cette substance que se prépare le taffetas d'Angleterre, qu'on applique sur les coupures. L'estomac, les intestins, de petits morceaux même de la peau, bouillis doucement pendant longtemps, forment la colle de poisson ordinaire, dont on fait un si grand usage dans les arts. Enfin, on prépare une espèce de cuir de la peau des vieux Esturgeons; et celle des jeunes sert, dit-on, encore en guise de vitres, dans plusieurs parties de la Tartarie.

§ 59. Le *Hausen*, ou *Grand Esturgeon* (Бѣлуга), est d'une taille encore plus considérable que l'Esturgeon commun, et pèse quelquefois jusqu'à cinquante pouds. Pallas rapporte qu'on pêcha, en 1769, un de ces poissons qui avait vingt-cinq pieds dix pouces de longueur. Il contenait 600 livres d'œufs, évalués au nombre de 30,412,860. Des naturalistes distingués pensent que ce géant des fleuves peut parvenir à quarante pieds. Le Hausen procure aux hommes des avantages plus grands encore que l'Esturgeon ordinaire, et s'emploie aux mêmes usages; mais il est moins répandu dans les mers. Il se trouve surtout dans la mer Noire et dans la mer Caspienne, d'où il remonte, à la fin de l'hiver, dans les fleuves encore couverts de glace. Au printemps, son appetit, excité par un long jeûne, est insatiable : veaux marins, poissons, oiseaux aquatiques, il dévore tout ; on le voit même se jeter avec avidité sur les morceaux de bois, ou sur les joncs qui flottent à la surface des eaux.

§ 60. Le *Sévrouga* ou *Esturgeon étoilé* (Севрюга), est long d'environ quatre pieds ; il ne se trouve guère que dans les mers de la Russie, à l'exception de la Baltique, et dans les fleuves qui s'y jettent. La mer Caspienne en fournit annuellement plus d'un million.

Le *Sterlet* (Стерлядь), est le plus petit et le plus délicat des Sturoniens ; il ne se trouve qu'en Russie, et peut-être dans quelques rivières de l'Allemagne. Ceux du Volga sont particulièrement recherchés.

§ 61. Sélaciens. La famille des Sélaciens renferme des poissons, dont les mâchoires sont garnies de dents en peigne ou en carde ; ils ont les branchies fixes, et laissent échapper l'eau, qui parvient à celles-ci, par des ouvertures situées de chaque côté du cou. Nous trouvons dans la famille des Sélaciens deux genres principaux : les *Squales* et les *Raies*.

§ 62. SQUALES. (Акулы). Les Squales, dont le corps se rapproche, par la forme générale, des poissons ordinaires, ont de chaque côté du cou cinq ou six ouvertures pour les branchies ; tous ont la peau rugueuse, revêtue de petites aspérités. Cette peau, lorsqu'elle est desséchée, est employée en guise de lime, ou bien sert à faire des couvertures de boîtes, des fourreaux pour des sabres et des poignards. Tous ces animaux sont redoutables par leur férocité. Les plus remarquables sont :

§ 63. Le *Requin* (Людоѣдъ), qui doit son nom lugubre (requiem) à l'effroi qu'il inspire. Ce monstre, long de vingt-cinq à trente pieds, est très répandu dans toutes les mers. Il nage avec une grande vitesse, et accompagne des navires pendant des voyages entiers, engloutissant tout ce qui tombe à la mer. La bouche de ce poisson est d'une dimension effrayante et garnie de six rangées de dents mobiles ; ses voies digestives sont si grandes ; sa voracité est telle, qu'on a trouvé dans son intérieur des animaux d'une taille considérable, et même des hommes tout entiers.

§ 64. Le *Marteau* (Молотокъ), qui a reçu son nom de la forme de sa tête aplatie, dont les côtés, à l'extrémité desquels sont situés les yeux, s'alongent en forme de T ou de marteau. Cet animal, presque aussi vorace et aussi redouté que le Requin, est long d'une douzaine de pieds, et se trouve dans toutes les mers.

La *Scie* (Пила рыба), qui est non moins remarquable par sa forme que le Marteau : son museau osseux forme une lame armée de chaque côté des dents pointues, à l'aide de laquelle, il combat souvent avec succès les plus grands Cétacés. Ce poisson se trouve en abondance dans toutes les grandes mers ; il parvient à douze ou quinze pieds de longueur, dont sa lame forme à peu près le quart.

Tous ces Sélaciens ont une chair tellement mauvaise que la nécessité peut seule forcer à la manger ; il paraît cependant que quelques parties du Requin, le foie par exemple, sont estimées des marins.

§ 65. RAIES. (Скаты). Les Raies ont le corps aplati horizontalement, et formant une sorte de disque, terminé par une queue grêle ; ce qui les distingue des Squales, dont le corps est arrondi et terminé par une queue dont la grosseur diminue insensiblement. Chez les Raies, la bouche, les narines et les ouvertures des branchies sont à la face ventrale ; la dorsale possède les yeux et les deux petits évents qui donnent de l'eau aux branchies, quand la bouche de l'animal est remplie par sa proie. Ce genre renferme plusieurs espèces, telles que :

La *Raie bouclée*, dont le dos tacheté de noir et de blanc est parsemé de piquants recourbés ; elle parvient quelquefois jusqu'à douze pieds.

Le *Raie blanche* (Скать гладкій), encore plus grande que la précédente, car on en a pêché une du poids de trois-cent-cinquante livres ; son dos est privé d'aiguillons.

Ces espèces de Raies ont la chair d'un goût exquis; mais comme elle est naturellement coriace, on ne la mange que plusieurs jours après la mort de l'animal.

§ 66. TORPILLES. (Гнюсы). Les Torpilles forment une division du genre raie ; mais elles ont le disque de leur corps plus arrondi, la queue plus longue et plus charnue que les espèces précédentes. Ces animaux sont célèbres par la faculté qu'ils possèdent de dégager le fluide électrique, de lancer en quelque sorte la foudre; car les Torpilles peuvent frapper loin d'elles leurs ennemis ou leur proie. Ces poissons se trouvent dans la Méditerranée , et les phénomènes étonnants auxquels ils donnent lieu ont été connus des Grecs et des Romains. L'appareil producteur de l'électricité est formé de deux masses situées derrière la tête et composées de milliers de prismes dont la réunion ressemble aux gâteaux des abeilles. La *Torpille électrique* (Гнюсь электрическій), se plaît dans les fonds vaseux ou sablonneux ; elle parvient quelquefois à la taille de quatre pieds; et a le dos d'un rouge jaunâtre avec cinq taches bleu d'azur entourées d'un cercle noir ; ce poisson habite presque toutes les côtes de l'Europe.

§ 67. CYCLOSTOMES. (Круглоротыя). La famille des Cyclostomes ou *Succeurs* a peu d'importance. Les poissons qui la composent, doivent leur premier nom à la forme de leur bouche qui est en anneau; le second a la propriété de pouvoir se fixer, au moyen de cette bouche , aux corps solides et même sur d'autres animaux. Ce sont les plus imparfaits de tous les animaux vertébrés : ils n'ont point de côtes, leurs vertèbres ne sont point distinctes, et, dans les derniers groupes, il n'y a même point de squelette carti- lagineux ; les organes des sens subissent aussi une dégradation très sensible; nous ne signalerons que:

§ 68. Lamproies. (Миноги). Les Lamproies, qui s'attachent aux autres poissons au moyen de leur bouche ; et qui opèrent la succion avec tant de force, qu'elles parviennent à les percer, et à dévorer ainsi même les plus gros. Une espèce, la *Grande Lamproie*, (Минога морская), est répandue dans toutes les mers, et remonte très souvent jusque dans les fleuves ; elle a trois pieds et demi de longueur, le corps jaunâtre et marqué de brun. C'est un poisson excellent, qui était d'un prix exorbitant au 16-me siècle, et qui est encore fort recherché de nos jours. La *Lamproie fluviatile* (Минога рѣчная), est longue d'un pied et demi au plus; elle est également estimée pour la bonté de sa chair, et se rencontre dans beaucoup de rivières.

CINQUANTE-UNIÈME LEÇON.

Caractères généraux des Articulés. Division. 1-er Sous–Embranchement. Classe des Insectes. Caractères généraux. Peau. Tête. Bouche. Yeux. Antennes. Thorax. Membres. Ailes. Abdomen. Muscles. Système nerveux. Sens. Sécrétions. Oeufs. Nids. Métamorphoses. Division.

DEUXIÈME EMBRANCHEMENT.

§ 1. Caractères généraux des animaux articulés. (Животныя суставчатыя). On désigne les animaux de cet embranchement sous le nom d'animaux articulés, parce que leur corps, généralement de forme alongée, est composé d'anneaux placés à la suite les uns des autres. Ces anneaux, les uns solides, les autres coriaces, forment une espèce de squelette extérieur, donnant des points d'attache aux muscles plus ou moins nombreux. D'autres fois, ils sont produits par des lignes transversales qui coupent la peau de consistance molle, ceignent le corps à des intervalles à peu près égaux, et le divisent par tronçons.

§ 2. Le système nerveux des Articulés présente avec celui des vertébrés de grandes différences : il se compose de deux cordons qui partent d'un cerveau très petit, situé en avant et au dessus de l'œsophage, embrassent cet organe, se continuent sous le ventre, et s'unissent, d'espace en espace, par des nœuds ou ganglions accolés par paire, de manière à former une espèce de chaine qui s'étend d'un bout à l'autre du corps. Chacun de ces ganglions donne naissance à des nerfs qui se ramifient dans toutes les parties de l'animal.

§ 3. Les Articulés ont le sang blanc, à l'exception des Annélides qui ont le sang rouge. Les uns ont un cœur, ou du moins un centre de circulation auquel on donne ce nom ; les autres en sont privés, et la manière dont le sang circule dans le corps varie beaucoup, ainsi que le mode de respiration. Beaucoup d'Articulés ont des membres en nombre variable ; ils marchent, ils sautent, volent ou nagent suivant les espèces ; d'autres n'en ont point, et sont condamnés à ramper. Ils ont les organes des sens moins nombreux, en général, que les vertébrés. Celui de la vue existe ordinairement ; quelquefois aussi celui de l'ouie ; mais quoique les odeurs paraissent agir sur beaucoup d'Articulés, on n'a pu découvrir sur aucun d'eux d'organe distinct pour l'odorat. La bouche est formée de mâchoires toujours latérales, se mouvant de dehors en dedans, et jamais de haut en bas ; mais beaucoup d'Articulés n'ont que des moyens du succion ; enfin, tous ces animaux sont ovipares.

§ 4. DIVISION. Cet embranchement se partage en deux sous-embranchements : le premier comprenant des animaux ayant de véritables organes de locomotion, les *Articulés proprement dits ;* le second, des animaux qui se meuvent au moyen de la dilatation et de la contraction des anneaux dont leur corps est formé, les *Annélés* ou *Vers.*

1-er SOUS-EMBRANCHEMENT.

Les Articulés se subdivisent en cinq classes savoir :

1. Les *Insectes,* 4. Les *Crustacés,*
2. Les *Myriapodes,* 5. Les *Cirrhipèdes.*
3. Les *Arachnides,*

CLASSE DES INSECTES.

§ 5. Caractères généraux. Cette classe, la plus nombreuse du règne animal, se compose de tous les animaux articulés ayant trois paires de pattes, respirant par des trachées, dont les ouvertures, situées de chaque côté du corps, portent le nom de *stigmates*. Ces animaux ne paraissent pas avoir de canaux particuliers pour la circulation du sang, lequel est incolore, et se trouve répandu librement dans tous les interstices que les organes laissent entre eux.

§ 6. Peau. Tête et Bouche. La peau des Insectes est très dure et presque cornée ; leur corps est divisé en trois parties distinctes; la tête, le thorax ou corselet, et l'abdomen ou ventre. La tête porte la bouche, les yeux et deux petites cornes appelées *antennes*.

La Bouche des Insectes varie beaucoup dans sa conformation, suivant que l'animal est destiné à se nourrir de substances solides ou liquides : dans le premier cas on aperçoit des mandibules propres à déchirer ou à broyer les aliments ; dans le second, on trouve un tube soit solide, soit contractile, plus ou moins alongé, ressemblant tantôt à un bec, tantôt à une trompe roulée en spirale.

§ 7. Yeux. Les yeux des Insectes sont de deux sortes : les uns paraissent formés par un assemblage de petites facettes dont chacune représente un petit œil. Ces facettes sont réunies à une seule masse, quelquefois au nombre de plusieurs mille. Ces yeux portent le nom d'*yeux composés*, d'*yeux à facettes*. Les autres appelés *yeux lisses* ou *ocelles* forment seulement de petites lentilles simples ; ils sont presque toujours au nombre de trois disposés en triangle au dessus de la tête. Les uns et les autres ne sont jamais portés par un pédoncule mobile, comme nous le voyons dans la classe des Crustacés.

§ 8. Antennes. Les Antennes sont de petites cornes, au nombre de deux, formées de pièces nommées *articles*. Ces organes varient beaucoup soit dans la longueur, soit dans la forme : tantôt ils imitent l'arrangement des grains d'un chapelet ; tantôt ils ont la forme d'une scie ; quelquefois ils se terminent en massue, ou deviennent, au contraire, de plus en plus fins en avançant vers l'extrémité. L'usage des antennes est loin d'être bien déterminé : le plus grand nombre des naturalistes les considèrent comme des organes du toucher ; d'autres les regardent comme servant à l'ouie; et quelques uns, comme le siège de l'odorat.

§ 9. Thorax. Membres. Abdomen. Le Thorax est la partie moyenne du corps ; il se compose de trois anneaux qui supportent les membres et les ailes. Les membres ou pattes des Insectes sont presque toujours au nombre de six ; il n'y en a jamais moins, bien que quelquefois il n'y en ait que quatre d'apparentes au premier aspect.

Les ailes, considérées dans leur plus simple composition, sont formées de deux membranes minces, appliquées l'une sur l'autre, et réunies par des lignes cornées, qu'on nomme *nervures ;* mais elles présentent, sous le rapport de la consistance, des différences très nombreuses. Transparentes, chez les Diptères et les Névroptères, elles deviennent opaques et couvertes d'une poussière écailleuse, chez les Lépidoptères ; enfin, dans les coléoptères, elles acquièrent une dureté égale à celle de la corne, et ne peuvent plus servir au vol. Cette dernière modification n'a lieu que dans la première paire d'ailes, qui prennent alors le nom d'*élytres*, et forment des boucliers qui recouvrent les secondes ailes, et protègent la partie supérieure du corps, généralement très molle. L'abdomen ou partie postérieure se compose d'un plus grand nombre d'anneaux que le thorax ; ceux-ci ne portent jamais ni ailes, ni pattes ; mais on voit sur leurs côtés les ouvertures des trachées qui servent à la respiration.

§ 10. Muscles. Système nerveux. Ces différents organes sont mis en mouvement par un nombre de muscles bien supérieurs à celui du corps des vertèbres ; car, tandis que chez l'homme il n'en existe que 500 environ, Lyonnet en a compté plus de 4,000 dans la chenille d'un papillon.

Le Système nerveux des Insectes est le Système ganglionnaire de tous les Articulés ; mais il est loin d'être absolument semblable dans toutes les espèces ; et il est curieux de remarquer que les Insectes qui se distinguent par leurs qualités instinctives, les Abeilles par exemple, ont le cerveau proportionnellement plus centralisé que les autres animaux de leur classe.

§ 11. Sens. Les Insectes ont la faculté de percevoir les odeurs, puisqu'on les voit arriver de toutes parts vers les lieux où se trouvent des substances propres à les nourrir, et qui, cachées à la vue, ne peuvent se décéler que par l'odeur qu'elles exhalent. On en voit même quelquefois, qui trompés par l'odeur cadavéreuse de certaines plantes, déposent dans leur corolle, comme sur un morceau de chair, une famille destinée à mourir de faim; mais le siège de l'odorat n'a pu jusqu'ici être fixé d'une manière positive.

Le goût existe bien certainement chez les Insectes, puisqu'ils recherchent certains aliments, tandis qu'ils en rejettent d'autres. Ces animaux possèdent aussi le sens de l'ouie, car ils produisent des sons, qui ont pour but manifeste d'attirer, d'avertir leurs semblables ; mais leurs chants, leurs bourdonnements, leurs murmures, leurs cris quelquefois aigus, ne sont point le résultat d'organes semblables à ceux auxquels nous devons la voix. Ils proviennent du frottement de différentes parties du corps les unes contre les autres ; c'est ainsi que, chez les Sauterelles, ce sont les élytres qui résonnent en se croisant rapidement, ou qui sont frottés vivement par les jambes. Cependant si l'existence de l'ouie est certaine, le siège de cette faculté est fort douteux.

Le Toucher doit être un des sens le moins développés dans les Insectes, à cause des plaques cornées qui recouvrent la majeure partie du corps de ces animaux ; les palpes, les tarses, les antennes paraissent destinés à cette fonction. Les antennes servent non seulement au toucher, mais de nombreuses expériences prouvent que, dans les Abeilles et les Fourmis, elles sont de plus un moyen de communication, une sorte de langage tactile.

§ 12. Sécrétions. Les Insectes offrent des sécrétions très variées: on attribue à la salive de plusieurs d'entre eux, les irritations vives que leur piqure produit sur les animaux et les végétaux, par exemple la piqure des Cousins, des Punaises ; quelquefois cette salive est agglutinante, comme celle des Hirondelles, et sert, comme elle, à la construction d'un nid. Beaucoup d'insectes ont des organes propres à sécréter la soie; enfin, le corps de plusieurs émet des liquides ou des fluides odorants, agréables comme le parfum de la rose et du thym chez quelques uns, excessivement fétides, au contraire, chez quelques autres.

§ 13. Oeufs. Nids. Tous les Insectes sont essentiellement ovipares, quoique quelques uns donnent naissance cependant à des petits vivants ; mais ceux-ci même, en général, ne produisent que des œufs dans certaines saisons. Ces œufs sont ordinairement ronds et blanchâtres ; mais quelques uns prennent des formes un peu différentes et des couleurs plus brillantes. Presque toujours ils sont l'objet d'une vive sollicitude: chez quelques Papillons, la mère se dépouille totalement de ces poils, pour construire un nid destiné à servir d'abri à ces œufs. Le plus grand nombre des Insectes les enveloppe dans une bourse soyeuse , ou les dépose dans une retraite construite souvent avec un art admirable. Ceux qui les abandonnent à l'air libre, les recouvrent d'un vernis qui les protège contre les intempéries de l'air. L'Abeille construit des cellules pour recevoir les œufs, loger les larves, et contenir les provisions nécessaires à la jeune famille , qu'elle élève , avec une merveilleuse prévoyance , jusqu'à son entier développement. Tous ont soin de placer leur progéniture dans les lieux où elle trouvera la nourriture qui lui convient.

§ 14. MÉTAMORPHOSES. La plupart des Insectes , avant d'arriver à l'état parfait, subissent une série de métamorphoses, et passent par trois états bien différents. Dans le premier, ils portent le nom de *larves* ou de *chenilles ;* ils ont le plus souvent alors la forme d'un ver mou, sans ailes, souvent même sans pattes. Après avoir vécu plus ou moins longtemps sous cette forme , après avoir changé plusieurs fois de peau, ils se transforment en *nymphes,* ou *chrysalides.* La larve , avertie par un instinct merveilleux de l'époque où elle doit éprouver cette métamorphose , se renferme dans un *cocon,* qu'elle fabrique avec une espèce de soie, ou se prépare un abri , qu'elle forme avec divers matériaux. Dans l'état de nymphe, l'Insecte est complètement immobile; il présente déjà toutes les parties de l'animal parfait, mais couvertes, emmaillotées dans une espèce de peau assez épaisse qui se moule sur le corps. Enfin , après être restée sous cette forme , pendant un temps qui varie beaucoup selon les espèces , et sur lequel la température a une influence considérable, la nymphe sort de son enveloppe qui se fend vers la région du dos. Les organes extérieurs , les ailes, les élytres , d'abord humides et mous , se durcissent rapidement ; et l'Insecte parfait s'élance dans les airs. C'est alors seulement qu'il montre l'élégance de ses formes , l'éclat de ses couleurs , élégance , éclat passagers , car l'insecte ne vit plus que quelques jours, quelques heures même pour certaines espèces, et semble ne revêtir sa brillante parure que pour mourir bientôt après.

§ 15. Tous les Insectes n'éprouvent point cette série de méta-morphoses. On appelle *Insectes à demi-métamorphoses*, ceux dont la larve ressemble à l'animal parfait, mais est seulement dépour-vue d'ailes; quelques uns même ne subissent aucun changement, et conservent toute leur vie la forme qu'ils ont en naissant.

§ 16. Division. La classe des Insectes se partage en huit ordres principaux, dont les caractères sont tirés du nombre des ailes et de la conformation des pattes, de la bouche et des antennes.

Les sept premiers ordres sont formés des Insectes ailés et à métamorphoses complètes; le huitième et dernier, des Insectes sans ailes, à métamorphoses incomplètes ou nulles. Ce sont pour ces deux groupes:

1. Les *Coléoptères*,
2. Les *Orthoptères*,
3. Les *Hémiptères*,
4. Les *Lépidoptères*,
5. Les *Névroptères*.
6. Les *Hyménoptères*,
7. Les *Diptères*,
8. Les *Aptères*.

CINQUANTE-DEUXIÈME LEÇON.

Ordre des Coléoptères. Caractères généraux. Division. Coléoptères pentamères. Famille des Gracilicornes. Cicindèles. Brachines. Carabes. Dytisques. Famille des Serricornes. Buprestes. Taupins. Lampyres. Famille des Clavicornes. Escarbots. Nécrophores. Dermestes. Hydrophiles. Gyrins. Famille des Lamellicornes. Bousiers. Géotrupes. Scarabées.

ORDRE DES COLÉOPTÈRES.

§ 17. Caractères généraux, (Жесткокрылыя). L'ordre des Coléoptères (en grec, ailes en étui) se compose d'insectes hex-apodes, ayant ordinairement quatre ailes, dont les deux supéri-eures sont cornées et constituent des élytres; les deux inférieures, qui manquent quelquefois, sont membraneuses et se replient trans-versalement sous les premères pendant le repos. La bouche de ces animaux est munie de mâchoires propres à broyer les aliments solides. Ces insectes subissent des métamorphoses complètes. Leurs larves ont le corps composé d'une douzaine d'anneaux environ, et présente ordinairement six pattes écailleuses ; c'est sous cet état que les Coléoptères sont particulièrement nuisibles. Ils se trouvent répandus abondamment sur toute la terre, et se rencontrent sur les plantes, sous les pierres, sur les vieux troncs d'arbres et dans les matières en décomposition.

§ 18. DIVISION. Le nombre des Coléoptères est immense, et la célèbre collection du général Dejean en renfermait plus de cent mille espèces. Les naturalistes, pour les étudier plus aisément, les ont partagés en quatre sections, d'après le nombre des articles des tarses, savoir:

Les *Pentamères* qui ont les tarses garnis de cinq articles à tous les pieds;

Les *Hétéromères* qui ont quatre articles aux pieds de devant, et cinq aux autres pattes;

Les *Tétramères* qui n'ont que quatre articles à chaque tarse;

Les *Trimères* qui n'en possèdent que trois.

§ 19. PREMIÈRE SECTION. INSECTES PENTAMÈRES. FAMILLE DES GRACILICORNES (Пятисуставчатыя). Ces Pentamères forment plusieurs familles, parmi les quels nous signalerons : les *Gracilicornes*, qui ont pour caractère distinctif des antennes grêles et filiformes. Ce sont des insectes extrêmement voraces qui font la chasse, non seulement à des animaux plus forts qu'eux-mêmes, mais encore à ceux de leur propre espèce qu'ils dévorent souvent. On les divise, d'après leur habitation, en *Carnassiers terrestres* et en *Carnassiers aquatiques*. Parmi les premiers, se trouvent :

§ 20. CICINDÈLES (Скакуны). Les Cicindèles, petits insectes aux couleurs métalliques et brillantes diversement tachetés de blanc. Ils se plaisent dans les lieux arides et sablonneux, exposés au soleil ; à l'état parfait, ils se montrent très agiles et courent très vite à la poursuite de leur proie ; à l'état de larves, ils se tiennent ordinairement en embuscade à l'ouverture de leur terrier, qui est un trou cylindrique d'environ un pied de profondeur, et là, ils saisissent leur victime au passage, et l'entrainent avec rapidité, Une des espèces les plus communes, en Europe, est la *Cicindèle champêtre* (Скакунъ полевой) qui se fait remarquer par sa belle couleur verte.

§ 21. Branchines. (Брахины). Les Branchines qui habitent principalement les contrées chaudes, mais dont quelques espèces se rencontrent aussi en Europe. Ils lancent, lorsqu'ils sont inquiétés, une vapeur blanchâtre, accompagnée d'une petite détonation qui peut se répéter plusieurs fois, mais en s'affaiblissant. Cette circonstance leur a valu en français les noms des *Bombardiers* et de *Scarabées canoniers*. (Бомбардиры)

§ 22. Carabes. (Жужелицы). Les Carabes qui se cachent, en général, sous les pierres ou sous l'écorce des arbres. Ils se rencontrent ordinairement dans les contrées froides et tempérées. Ces insectes exhalent une odeur fétide, et rejettent une liqueur puante et noirâtre, de nature vénéneuse, qui semble un moyen de défense. Le *Carabe doré* ou *Jardinière*, (Жужелица золотистая) qui est commun dans les jardins, est d'un beau vert brillant à reflets d'or. Parmi les Carnassiers aquatiques, on remarque:

§ 23. Dystiques. (Водожуки). Les Dystiques, qui, à l'état parfait, passent ordinairement le jour dans l'eau, mais viennent à chaque instant à la surface pour respirer. Ces insectes ont les tarses aplatis en forme de rames très propres à la natation. Ils ont deux moyens pour échapper à leurs ennemis: à l'état de larve, lorsqu'ils sont saisis par quelque animal insectivore, ils font le mort avec tant de perfection, qu'ils dégoûtent souvent leur ravisseur; à l'état parfait, ils répandent une liqueur blanchâtre, extrêmement fétide qui obtient le même résultat.

§ 24. Famille des Serricornes. Buprestes. La famille de Serricornes (Пилоусья) se distingue de la précédente par des antennes dentées, soit en scie, soit en peigne, soit en éventail. C'est à elle qu'appartiennent :

Les Buprestes (Бупресты), qui vivent sur les arbres et les fleurs de forêts, particulièrement des contrées méridionales. Ces insectes rivalisent d'éclat avec les métaux les plus brillants, et les pierres précieuses les plus magnifiques. On admire surtout le *Bupreste géant*, (Бупрест великанъ) indigène de l'Amérique du Sud; il est d'un beau vert doré, et n'a pas moins de deux pouces de longueur.

§ 25 Taupins. (Щелкуны). Les Taupins qui ont les mêmes mœurs que les précédents, mais sont moins richement parés. Ils se laissent choir à terre pour échapper à la main qui veut les saisir ; mais comme il leur arrive souvent de tomber sur le dos et que leurs pattes sont trop courtes pour leur permettre de se retourner, ils savent se lancer en l'air, comme par un ressort, et recommencent leurs sauts jusqu'à ce qu'ils retombent dans une situation favorable. Cette faculté de s'élever très haut leur a valu le surnom de *Scarabées à ressort*. Une espèce de ce genre, le *Taupin lumineux*, (Свѣтящiй щелкунъ), brille d'un éclat assez vif, pour que les sauvages de l'Amérique l'attachent à leur chaussure, afin d'éclairer leurs pas dans l'obscurité.

§ 26. LAMPYRES. (Свѣтляки). Les Lampyres, dont on trouve des espèces dans tous les climats, sont des Coléoptères à corps long, étroit et très mou, qui sont phosphorescents dans l'obscurité. Ce sont des insectes nocturnes, qui ne sortent que la nuit, des herbes où ils se tiennent cachés pendant le jour; le mâle est seul ailé, noirâtre, laid, long seulement de quatre lignes, et, dit-on, extrêmement carnassier. La femelle répand une lumière bleuâtre qui a fait donner à ces insectes les noms de *Vers luisants, Mouches lumineuses.* Ce que nous venons de dire se rapporte spécialement à l'espèce qui se trouve en Russie; mais il existe en Amérique de Lampyres dont les deux sexes sont ailés, et qui, dans les belles nuits d'été, sillonnent les airs de leurs trainées lumineuses.

§ 27. FAMILLE DES CLAVICORNES. Les insectes de la famille des Clavicornes (Булавоусыя) sont caractérisés pár une peau épaisse et solide, des antennes claviformes, solides ou perfoliées, ordinairement courtes, ou tout au plus de longueur médiocre. Ils se nourrissent de chair pendant la première époque de leur vie, et souvent continuent ce régime à leur état complet.

Les uns, auxquels on donne particulièrement le nom de *Clavicornes terrestres*, renferment ceux de ces animaux qui sont munis de membres propres à la marche; les autres ont les membres aplatis et propres à la natation; ils vivent dans les eaux, et portent le nom de *Clavicornes aquatiques.*

Au premier groupe, appartiennent:

§ 28. ESCARBOTS. (Гистеры) Les Escarbots, qui ont le corps court, ordinairement carré, les antennes coudées, à extrémité solide, les élytres plus courtes que l'abdomen et comme tronquées. Ils vivent quelquefois sous les écorces des arbres, mais le plus souvent dans les déjections des animaux. Ils se nourrissent de végétaux et d'animaux en putréfaction, et même d'excréments. Il existe un grand nombre d'Escarbots, la plupart en Europe. L'*Escarbot à quatre taches* se trouve surtout dans les déjections des vaches, et se fait reconnaître à deux taches rouges sur chaque élytre.

§ 29. Nécrophores, (Могиляки). Le nom de Nécrophores, qui signifie fossoyeurs ou enterreurs, a été donné à ces insectes, d'après une de leurs habitudes : ils enfouissent les cadavres des petits animaux, des rats, des grenouilles, afin de fournir de la nourriture à leurs larves naissantes. Ce travail s'exécute avec une telle rapidité, qu'il leur faut moins d'un jour pour enterrer à deux pouces de profondeur un animal de la grosseur d'un rat. Ces insectes, qui présentent dans leur organisation beaucoup de rapports avec les Escarbots, sont presque tous indigènes de l'Europe, quoique quelques espèces habitent le nord de l'Amérique.

§ 30. Dermestes. (Кожеѣды). Les Dermestes sont des Coléoptères destructeurs, qui s'attaquent particulièrement aux collections d'histoire naturelle et aux pelleteries. Ils habitent pour la plupart le centre de l'Europe, et se rendent redoutables dans les offices, où ils dévorent le fromage, les plumes, les poils, le lard, et les autres provisions. Mais il paraît que c'est seulement à l'état de larve qu'ils sont nuisibles, et que parvenus à celui d'insectes parfaits, ils se trouvent souvent dans les fleurs. Ce sont des insectes de taille assez petite, qui ne sortent de leur retraite que pendant la nuit, se laissent choir, comme les Taupins, quand on les touche, et feignent d'être morts pour échapper à leurs ennemis.

§ 31. Dans le second groupe, c'est-à-dire, dans celui des Clavicornes aquatiques, nous ne signalerons que deux genres: les *Hydrophyles* et les *Gyrins*.

Hydrophiles. (Водолюбы) Les Hydrophiles reconnaissables à un corps très convexe en dessus, termine en arrière par une pointe aiguë, et a des tarses aplatis et ailés qui annoncent des mœurs aquatiques. Ce sont des insectes d'assez grande taille, puisque l'*Hydrophile brun*, (Водолюбъ смолянобурый) qui habite nos eaux stagnantes, a un pouce et demi de longueur. A toutes les époques de leur vie, ils vivent dans les eaux douces; ainsi que l'indique leur nom, qui est dérivé du grec et signifie *ami de l'eau*. Leur larves noirâtres et ridées nagent avec aisance, le dos renversé, à la surface de l'eau; l'insecte parfait nage et vole bien, mais marche très mal; aussi se tient-il presque toujours dans l'eau, quoiqu'il soit obligé de venir de temps en temps à la surface pour respirer. Ces Coléoptères présentent un grand nombre d'espèces qui habitent presque toutes en Europe.

§ 32. Gyrins. (Вертячки). Les Gyrins ont les membres antérieurs très longs, les membres postérieurs très courts et en forme de nageoires. Ils ont beaucoup de rapports avec les Hydrophiles: ils vivent comme eux dans l'eau, à la surface de laquelle on les voit tourner avec une inconcevable vélocité ; ce qui leur a fait donner le nom de *Tourniquets*. Ce sont des insectes de dimension moyenne, ou même petite, car l'espèce la plus connue le *Gyrin nageur*, (Поплавокъ) qui vit sur toutes les mares de l'Europe centrale, n'a pas plus de trois lignes de longueur.

§ 33. Famille des Lamellicornes. (Пластинчатоусыя). Les Lamellicornes se font remarquer, parmi les insectes, par leur beauté et la grandeur de leur taille. Les mâles, au moins dans le plus grand nombre d'espèces, ont sur leur corselet, ou à leur tête, des appendices très développés qni forment une armure ou des armes puissantes. Ils ont, en général, le corps trapu et de forme ovoïde, les antennes courtes et terminées par des articles en forme de lames ou de feuillets ; à l'état de larves, ils s'alimentent d'excréments, de fourmis, de débris d'animaux ou de racines de végétaux en putréfaction; à l'état parfait, ils ne mangent plus que des végétaux ou des excréments. Cette famille, assez nombreuse en elle-même, contient plusieurs genres intéressants: les *Bousiers*, les *Géotrupes*, les *Scarabées*, les *Hannetons*, les *Cétoines* et les *Lucanes*.

§ 34. Bousiers. (Навозные жуки). Les Insectes de ce genre sont très nombreux ; on les découvre particulièrement parmi les excréments des animaux ; et leurs mœurs extrêmement remarquables ont depuis longtemps fixé l'attention. Ils travaillent et roulent en boule une certaine quantité d'excréments d'animaux herbivores ; leur donnent, à force de les rouler sur le sable ou sur la terre, une consistance assez ferme, y déposent leurs œufs, et les poussent dans un trou qu'ils ont creusé à l'avance. Au bout d'un certain temps, les larves éclosent dans ces boules, où elles trouvent une nourriture préparée par la prévoyance maternelle. Plusieurs insectes de ce genre furent l'objet d'un respect profond de la part des anciens Egyptiens, et leur histoire est remplie de fables absurdes. Leur effigie fut multipliée de mille manières sur les temples, les obélisques, les tombeaux et jusque sur les pierres gravées. On leur attribuait les plus grandes vertus médicales, surtout à l'espèce qui porte particulièrement le nom de *Scarabée sacré*, quoique ce ne soit point un véritable Scarabée, et qui se trouve en Egypte et dans le midi de l'Europe.

§ 35. Géotrupes. (Землекопы). Les Géotrupes présentent de très grands rapports avec les Bousiers, soit dans les mœurs, soit dans l'organisation : ils vivent comme eux dans les bouses des grands animaux herbivores ; ont, comme eux, le corselet et la tête souvent armée de longues cornes; mais ils s'en distinguent, parce que, chez eux, les élytres recouvrent entièrement l'abdomen, tandis que chez les Bousiers, elles ne parviennent point jusqu'à l'extrémité du corps. Le nom de Géotrupe qui signifie : *je perce la terre*, a été donné à ces animaux, parce qu'ils creusent, sous les fientes des vaches et des chevaux, des trous profonds pour y déposer leurs œufs.

§ 36. Scarabées (Жуки). Les Scarabées forment un grand nombre d'espèces, presque toutes de couleur noire ou brune, vivant comme les Bousiers et les Géotrupes dans les lieux humides, les fumiers et les terres grasses, mais jamais dans les excréments d'animaux. Leur tête et leur corselet sont armés de cornes fort considérables ; mais seulement chez le mâle, car les femelles en sont privées. Ils habitent principalement les contrées chaudes, et l'un d'entre eux, le *Scarabée Hercule* (Жукъ геркулесъ), qui vit aux Antilles, est un des insectes les plus beaux et les plus grands que présente l'ordre si nombreux des Coléoptères.

CINQUANTE-TROISIÈME LEÇON.

Suite des Lamellicornes. Hannetons. Cétoines. Lucanes. Coléoptères Hétéromères. Blaps. Cantharides. Coléoptères Tétramères. Charançons. Calandres. Longicornes. Capricornes. Coléoptères trimères. Coccinelles. Ordre des Orthoptères. Orthoptères marcheurs. Blattes. Mantes. Phyllies.

§ 37. Hannetons. (Майскіе жуки). Les Hannetons sont trop connus pour avoir besoin d'être décrits. Il en existe plusieurs

espèces en Europe. On trouve en Russie : le *Hanneton commun*
(Майскій жукъ обыкновенный), un des animaux les plus nuisibles des contrées tempérées ; ses larves, connues sous les noms
de *Mans*, de *Vers blancs*, se nourrissent de racines des arbres,
auxquels elles font un tort immense. A l'état parfait, les Hannetons ne vivent que de feuillage, et parviennent quelquefois à
dépouiller des forêts entières de leurs jeunes feuilles. Le *Hanneton du Volga* (Майскій жукъ Волжскій) ne se trouve point dans
l'Europe centrale, mais il est assez abondant dans le gouvernement
de Moscou. Il est plus petit que le Hanneton commun, auquel
d'ailleurs il ressemble beaucoup.

§ 38. **CÉTOINES.** (Цетоніи). Les Cétoines sont de beaux insectes
disséminés dans toutes les parties de la terre ; ils ressemblent
beaucoup aux Hannetons, mais ils sont plus richement ornés.
On trouve fréquemment sur les fleurs, en Europe, la *Cétoine dorée*,
(Цетонія золотистая), remarquable par sa belle couleur verte.

§ 39. **LUCANES.** (Луканы). Les Lucanes se font reconnaître
facilement à leurs mandibules excessivement grandes chez les
mâles. Ces appendices ont l'aspect de bois de Cerf ; ce qui a valu
à ces insectes le nom de *Cerfs-volants*, sous lesquels ils sont
vulgairement connus. Les Lucanes sont indigènes de l'Europe ; ils
vivent dans le tronc des vieux arbres, autour desquels on les voit
voler pesamment le soir, ou pendant les nuits d'été éclairées par
la lune. Le *Lucane Cerf-volant* (Луканъ рогачь), est un de nos
plus beaux insectes ; il a du attirer l'attention populaire, et on
lui attribue, sans aucune raison, de grandes propriétés médicales.

§ 40. **DEUXIÈME SECTION. COLÉOPTÈRES HÉTÉROMÈRES. BLAPS.** (Раз-
носуставчатые Скрипуны). Les Blaps sont, avec les Cantharides,
les insectes les plus intéressants de la section des Hétéromères.
Ils habitent principalement l'Europe, et se trouvent dans les lieux
humides, sombres, cachés sous les pierres, pour se soustraire à
la lumière ; ils ne sortent que la nuit, et se traînent lentement sur
le sol. Une couleur noire, un aspect dégoûtant, une odeur fétide,
une humeur âcre, irritante et verdâtre produite par leur corps,
ont fait de ces insectes, un objet de répugnance ; et une espèce
d'entre eux, le *Blaps annonce-mort* (Скрыпунъ зловѣщій), est regardé comme de sinistre présage.

§ 41. **CANTHARIDES.** (Испанскія мухи). Les Cantharides sont
célèbres par leurs propriétés énergiques : introduites à fortes doses

dans les corps des animaux, elles excitent des nausées, des vomissements, des coliques affreuses, et même la mort. Appliquées à l'extérieur sans précaution, elles peuvent être également redoutables ; et amener la gangrène des parties avec lesquelles elles sont en contact. Cependant elles sont précieuses dans beaucoup de maladies; et leur action vésicante les rend indispensables pour les vécicatoires. Ce sont des insectes assez richement parés, répandus abondamment dans l'Europe méridionale, et dont quelques espèces ne sont point rares en Russie. La plus remarquable, la *Cantharide des pharmacies*, est, en Espagne et en Italie, l'objet d'un commerce assez considérable,

§ 42. TROISIÈME SECTION. COLÉOPTÈRES TÉTRAMÈRES. (Четырес-суставчатыя). CHARANÇONS. (Энтимы). Les Charançons sont des insectes, qui vivent en sociétés nombreuses sur les végétaux, et causent beaucoup de dégâts. Extrêmement timides, lorsqu'ils sont surpris, ils rapprochent les antennes et les pattes contre le corps, feignent d'être morts, et rien ne peut les faire sortir de leur immobilité. On en trouve dans l'Ancien-Continent et dans le Nouveau. Presque tous ont les élytres ornés des plus brillantes couleurs : le *Charançon impérial* (Энтимъ царскій), et le *Charançon royal* (Энтимъ королевскій), qui habitent l'Amérique, sont des insectes qui rivalisent d'éclat avec les pierres précieuses. Les Charançons d'Europe sont moins beaux ; cependant le *Charançon vert* (Энтимъ зеленый), est fort joli.

§ 43. CALANDRES. (Каландры). Les Calandres sont des insectes à démarche lente, qui attaquent les bois et les semences, et qui, dans leurs ravages, anéantissent des récoltes entières amassées dans les greniers. Une espèce, la *Calandre palmiste* (Каландра пальмовая), vit sur les Palmiers sagoutiers, dont elle dévore la fécule ; il paraît qu'à la Jamaïque, on la sert confite dans des liqueurs sur les tables les plus riches. La *Calandre du blé* (Каландра хлѣбная), connue vulgairement, mais à tort, sous le nom de Charançon, est en Europe un des plus redoutables fléaux de l'agriculture, quoiqu'elle n'atteigne que deux lignes de longueur. Elle vit dans les tas de blé, et dépose dans chaque grain un œuf qui produit une larve blanche ; celle-ci, à l'aide de ses fortes mandibules, ronge tout l'intérieur, puis devient immobile, et passe bientôt à l'état d'insecte parfait. En quelques mois, d'immenses amas de blé sont détruits, sans que rien à l'extérieur annonce cette destruction. La

Calandre du riz, qui attaque la semence dont elle porte le nom, ressemble beaucoup à la précédente, et n'est guère moins redoutable dans les contrées où cette céréale est cultivée.

§ 44. Longicornes. (Длинноусыя). Les Longicornes forment une famille de Coléoptères facilement reconnaissable à des antennes souvent plus longues que le corps lui-même. Tous ont le port élégant, les couleurs assez belles, et vivent dans le bois qu'ils rongent. Nous signalerons particulièrement parmi les insectes de cette famille : Les Capricornes (Дровосѣки), qui sont un des plus beaux ornements des collections, et qui doivent leur nom à leurs antennes recourbées en arrière. On trouve assez souvent, en Europe, le *Capricorne musqué* (Дровосѣкъ мускусный), qui est d'un beau vert métallique, et qui repand autour de lui une suave odeur de rose.

§ 45. Quatrième section. Coléoptères trimères. (Трисуставчатыя). Coccinelles. (Кокцинелы). Les Coccinelles forment un grand nombre d'espèces, repandues dans toutes les parties du globe, et connues sous les noms vulgaires de *Bêtes-à-Dieu*, *Bêtes-de-la-Vierge*, *Scarabées-tortues*. Ces jolis petits insectes, dont les élytres sont ordinairement rouges et jaunes, sont distingués entre eux, d'après le nombre de points noirs qu'on remarque sur leur dos. La *Coccinelle à sept points* (Божія коровка) est celle qu'on rencontre le plus souvent. C'est un animal assez utile, car malgré sa petitesse, il est fort carnassier, et détruit une grande quantité de Pucerons pour en faire sa nourriture.

§ 46. Forficules. (Клещаки). Les Forficules ou *Perce-oreille* ont le corps très alongé, terminé par deux crochets mobiles, formant une sorte de pince, avec laquelle ils se défendent ou attaquent leurs ennemis. Leurs élytres sont beaucoup plus courtes que le corps; leurs ailes se plissent en long; et leurs métamorphoses sont incomplètes. Ces différents points de leur organisation les rapprochent des Orthoptères, avec lesquels ils ont été quelquefois placés. Ils vivent dans les lieux humides, sous les pierres, les écorces, et se meuvent avec une grande rapidité. Le nom de Perce-oreille a été donné à ces insectes, parce que, suivant la tradition populaire, ils se glissent par l'oreille jusque dans la cervelle. Il est inutile, sans doute, de faire remarquer que cette opinion n'a aucun fondement.

ORDRE DES ORTHOPTÈRES.

§ 47. Les Orthoptères (Прямокрылыя), doivent leur nom, qui signifie : ailes droites, à la disposition de leurs ailes pliées longitudinalement. Ils ont les élytres mous, demi membraneux, et ils n'éprouvent point de métamorphoses complètes : ils ont au moment de leur naissance à peu près les mêmes formes qu'à la fin de leur vie ; ils ne subissent d'autres changements que l'accroissement de leurs élytres et de leurs ailes; il en résulte qu'ils ont à peu près les mêmes mœurs pendant toute la durée de leur existence. Leurs pattes, généralement robustes, sont appropriées à la marche ou au saut, et chez quelques uns, les membres postérieurs deviennent propres à creuser la terre. Nous les partagerons en deux familles: les *Orthoptères marcheurs* et les *Orthoptères sauteurs*.

§ 48. ORTHOPTÈRES MARCHEURS. (Бѣгуны). Dans cette famille, les membres postérieurs sont propres à la marche. Trois genres surtout méritent de fixer l'attention, ce sont: les *Blattes*, les *Mantes* et les *Phyllies*.

BLATTES. (Тараканы). Les Blattes sont répandues dans les deux hémisphères, et leur présence est un véritable fléau dans quelques contrées. Ces insectes, trop connus en Russie, sont extrèmement voraces, et se jettent avec avidité sur tous les comestibles, rongent les étoffes de laine, de fil, le cuir, le bois, se dévorent entre elles, et salissent tout ce qu'elles touchent. L'espèce la plus commune est la *Blatte orientale* ou *Blatte des cuisines* (Тараканъ обыкновенный), qui nous est probablement venue du Levant.

§ 49. MANTES. (Мантисы). Les Mantes sont reconnaissables à un corps étroit et très alongé, qui leur donne une physionomie toute particulière. On regarde, dans plusieurs contrées, ces insectes comme des animaux de funeste présage, et on les appelle quelquefois *Spectres*, *Sorciers*, *Devins*, et leur nom scientifique, Mantes, est la traduction de ce dernier mot. Les Turcs, au contraire, ont, dit-on, ces animaux en vénération ; et les paysans du midi de la France désignent, sous le nom de *Prie-Dieu*, l'espèce la plus commune, *la Mante religieuse*, (Мантисъ богомолъ), parce qu'en mangeant, elle porte sa nourriture à la bouche au moyen de ses pattes antérieures, et que, dans ses mouvements, elle imite alors une personne en prières. Il y a peu de temps encore, les voyageurs égarés consultaient les Mantes qu'ils rencontraient, et les priaient de leur indiquer le chemin avec leurs pattes.

§ 50. Phyllies. (Листоки). Les Phyllies ont le corps large, aplati et les élytres folliacés. Quoique ce genre ne possède point de représentants en Europe, nous croyons devoir cependant le signaler, à cause de l'aspect extraordinaire de ces insectes, dont la structure imite les feuilles des arbres, au point de faire illusion, surtout la *Phyllie feuille* (Сухой листъ), qui est d'un vert jaunâtre, et se trouve assez abondamment dans les Indes orientales.

CINQUANTE-QUATRIÈME LEÇON.

Suite des Orthoptères. Famille des Sauteurs. Courtilières. Grillons. Sauterelles. Criquets. Ordre des Hémiptères. Punaises. Cigales. Fulgores. Pucerons. Cochenilles. Ordre des Lépidoptères. Papillons diurnes. Papillons crépusculaires. Papillons nocturnes. Pyrales. Phalènes. Bombyx. Teignes.

§ 51. Famille des Sauteurs. (Прыгуны). Les Orthoptères de cette famille se font remarquer par l'extrême développement de leurs membres postérieurs tout-à-fait propres au saut. Les mâles, parmi les insectes de cette section, produisent un son bruyant en frottant rapidement avec leurs pattes, soit leurs élytres, soit leurs ailes. Nous signalerons: les *Courtilières*, les *Grillons*, les *Sauterelles* et les *Criquets*.

§ 52. Courtilières. (Грыллотални). Les Courtilières portent aussi le nom de *Taupes-grillons*, parce que leurs pattes antérieures, élargies en forme de pelle comme chez les taupes, leur servent à creuser des galeries dans la terre. Leurs travaux sont funestes à l'agriculture : elles font périr les végétaux placés au dessus d'eux ; non pas que les Courtilières en dévorent les racines, car elles sont éminemment carnassières et détruisent même des insectes nuisibles, mais elles les coupent ; et les services qu'elles rendent ne sont nullement en proportion avec les dégâts considérables qu'elles commettent dans l'Europe centrale : La *Courtilière commune* (Гриллотэлпъ обыкновенный), est un assez vilain insecte long d'environ un pouce et demi.

§ 53. Grillons. (Сверчки). Sauterelles (Кузнечики) et Criquets (Саранчи). Les Orthoptères qui composent ces trois genres offrent entre eux de grandes ressemblances , et sont souvent confondus sous la dénomination générale de *Sauterelles ;* mais ils diffèrent surtout par leurs mœurs. Le *Grillon domestique* (Сверчокъ домашний), vit dans les maisons, et c'est un hôte entouré, dans une partie de l'Europe, d'une sorte de respect religieux. Les *Sauterelles* aiment les lieux secs, exposés au soleil, et la *Sauterelle verte* (Кузнечикъ зеленый), se rencontre souvent dans nos prairies. Les *Criquets*, sont souvent voyageurs ; ils se nourrissent de végétaux à toutes les époques de leur vie, et font souvent d'immenses dégâts. Les *Sauterelles émigrantes* (Саранчи перелетныя), car c'est sous ce nom que les Criquets sont le plus connus, voyagent en bandes innombrables , ravagent sur leur passage les prairies et les forêts, au point de ne pas laisser une feuille ; aussi sont-elles un objet de terreur et un épouvantable fléau pour les malheureuses contrées qu'elles visitent. L'homme emploie pour les détruire toutes les ressources de son intelligence et de sa puissance ; et ses efforts sont trop souvent superflus. Cependant ces insectes redoutables servent eux-mêmes d'aliments aux peuples qu'ils ont réduits à la famine. Il est certain que les Juifs les mangeaient ; et , de nos jours, dans plusieurs contrées de l'Afrique, elles forment une partie considérable de la nourriture. On les sèche et on les sale, afin de les conserver ; il paraît même qu'on les réduit en farine, et qu'on en fait une sorte de pain. Les voyageurs, qui en ont mangé, s'accordent tous à dire que leur chair est excellente et assez semblable à celle de l'écrevisse. La sauterelle émigrante paraît quelquefois dans l'empire de Russie ; elle a près de trois pouces de longueur, le corps brun et les ailes verdâtres.

ORDRE DES HÉMIPTÈRES.

§ 54. L'ordre des Hémiptères (Полужестокрылыя), est composé d'insectes ayant quatre ailes différentes, dont les deux supérieures sont demi cornées. Leur bouche est en forme de suçoir conique, lequel, dans les espèces qui se nourrissent de végétaux, est, en général, grêle et appliqué contre le sternum, entre les pattes ; tandis qu'il est robuste et replié sous la tête, dans celles qui vivent des sucs des animaux. Ce bec est formé de plusieurs pièces assez semblables à celle d'une lorgnette ; il contient quatre soies roides, à pointe acérée, au moyen desquelles, il perce la peau des animaux et l'écorce des plantes. Ces insectes sont agiles à toutes les époques de leur vie ; ils se trouvent ordinairement à la surface des végétaux, sur le corps des animaux ; et un grand nombre habite les eaux douces. Nous devons ajouter que, quoique la plupart des Hémiptères aient quatre ailes, il en existe cependant chez lesquels ces organes ne paraissent jamais. Les genres les plus intéressants pour nous, sont: les *Punaises*, les *Cigales*, les *Fulgores*, les *Pucerons* et les *Cochenilles*.

§ 55. Punaises. (Клопы). Les Punaises ont le corps privé d'ailes et extrêmement plat, quand il n'est pas gorgé de nourriture. La *Punaise des lits* (Клопъ постельный), maintenant commune dans toute l'Europe, suce le sang des animaux, particulièrement celui de l'homme, et repand autour d'elle une odeur infecte quand elle est inquiétée. Cet animal nuisible et dégoûtant a été employé autre fois dans la médecine, quoique les propriétés qu'on lui attribue soient fort douteuses.

§ 56. Cigales. (Цикады). Les Cigales ont la tête plus large que le corselet, le corps assez plat, les ailes inclinées en toit, et ne ressemblent en rien à la forme qu'on leur attribue généralement, qui est celle d'une sauterelle ; elles vivent dans les climats chauds ou tempérés. Les mâles font entendre une sorte de chant devenu célèbre. Ce bruit est dû à deux membranes élastiques, situées de chaque côté de l'abdomen, et sur lesquelles frottent des parties dures. *La Cigale commune* ou *chanteuse* (Цикада песневая), est repandue dans toute l'Europe méridionale; et, depuis la plus haute antiquité, elle a frappé l'attention des peuples, puis qu'on la trouve représentée sur les monuments de l'Egypte, et que les auteurs grecs les plus anciens en font souvent mention.

§ 57. Fulgores. (Фульгоры). Les Fulgores sont remarquables par l'extrême développement de leur tête. Dans plusieurs espèces, elle brille, dit-on, pendant la nuit d'un vif éclat phosphorique ; et c'est cette opinion qui a valu à l'espèce américaine le nom de

Porte-lanterne (Челюосъ свѣтящійся). Il est pourtant bien certain maintenant, malgré les récits merveilleux de beaucoup de voyageurs, qu'elle ne produit aucune lumière.

§ 58. Pucerons. (Травяныя вши). Les Pucerons ont les ailes transparentes ou nulles. Ils vivent sur tous les végétaux dont les sucs leur servent de nourriture. Plusieurs espèces en piquent les feuilles et les branches, et y font naître des excroissances qui renferment des familles entières de Pucerons. Ces insectes vivent presque tous en société, et font souvent périr les végétaux, sur lesquels ils se fixent en nombre incalculable ; aussi malgré leur petitesse, presque microscopique, ils sont souvent fort nuisibles. Il est vrai que, par une salutaire compensation, ils ont une foule d'ennemis, et qu'ils deviennent la proie des petits oiseaux et de beaucoup d'insectes, particulièrement des Coccinelles.

§ 59 Cochenilles. (Кошениль). Les Cochenilles se trouvent dans les deux continents. Ce sont des insectes de petite taille qui présentent de grandes différences dans les deux sexes. Les mâles ont deux ailes transparentes, mais point de bouche visible; les femelles, au contraire, sont privées d'ailes, mais ont une bouche en forme de bec court. A l'état de larves, les Cochenilles sont assez agiles; mais la femelle, parvenue à l'état adulte, se fixe par le bec à la surface des végétaux, reste immobile, et meurt après avoir pondu une quantité considérable d'œufs. Sa peau devient pour ses œufs, une sorte de nid, d'où ne tardent pas à sortir de petites Cochenilles. Ce genre renferme plusieurs espèces:

§ 60. La *Cochenille du Nopal* (Кошениль мексиканскій) qui habite le Méxique et vit sur les Nopals, dont on fait dans le pays de grandes plantations. On obtient plusieurs récoltes de ces insectes précieux, dont le corps est d'un brun rougeâtre: on les fait sécher au four ; et on les vend sous le nom de *graines d'écarlate*. On les emploie dans les arts pour obtenir plusieurs couleurs brillantes, le carmin par exemple. Cette espèce a été introduite en Espagne, aux îles Canaries et dans l'Algérie, où elle a parfaitement réussi. Elle donne lieu à un commerce considérable, et l'Europe en reçoit annuellement pour une somme de plus de quatre millions de roubles argent.

La *Cochenille Kermès* (Кошениль дубовый или Кермесъ), qui se trouve sur une espèce de chêne dans le midi de l'Europe. Elle est aussi employée pour la teinture en rouge; mais elle est moins recherchée que la précédente dont la couleur est plus brillante.

La *Cochenille de Pologne*, (Кошениль польскій) qu'on trouve dans le Nord, donne aussi une teinture, mais elle est peu estimée. Enfin, la *Cochenille porte-laque* (Кошениль гуммилаковый) vit sur plusieurs végétaux de l'Inde. C'est elle qui donne naissance à la gomme - laque, substance d'un beau rouge, employée autrefois dans la médecine, mais qui ne sert plus maintenant qu'à la confection de la cire d'Espagne et de certains vernis. La piqûre que cet insecte fait aux branches laisse couler une sorte de sève résineuse, qui s'amasse sous forme de lames ou de grains, qu'on récolte en arrachant les rameaux sur lesquels ces lames se trouvent.

ORDRE DES LÉPIDOPTÈRES.

§ 61. Les Lépidoptères ou *Papillons*, (Чешуекрылыя), ont quatre ailes membraneuses, veinées, revêtues d'écailles microscopiques colorées et comme farineuses. Ils sont dépourvues de mâchoires; mais ils ont une espèce de trompe plus ou moins longue et roulée en spirale. Leurs antennes sont de forme variable: dans ceux qui volent le jour, elles se terminent en petite massue; et, chez les Papillons nocturnes, elles sont filiformes, sétacées ou pectinées. Leurs larves, qu'on nomme *chenilles*, vivent solitaires ou en société, et se nourrissent de végétaux, et quelquefois aussi de substances animales; elles attaquent les feuilles, les fleurs, les boutons, les fruits, et même rongent les tiges ligneuses. Elles causent ainsi d'immenses dégâts, et dépouillent, en peu de jours, de toute leur verdure, des champs entiers et de vastes forêts. Ces chenilles changent quatre fois de peau avant de se métamorphoser en *nymphes*; celles-ci sont immobiles, ordinairement renfermées dans une coque soyeuse, ou dans des feuilles roulées; quelques unes s'enfouissent dans la terre; d'autres restent suspendues à l'air libre par la queue ou par un fil. L'insecte sort de son enveloppe en la perçant, et parait dans tout son éclat; mais il ne revêt sa brillante parure que pour quelques jours; car il ne tarde pas à périr, après avoir déposé ses œufs. On divise ordinairement les Lépidoptères en trois familles, savoir : les *Papillons diurnes*, les *Papillons crépusculaires* et les *Papillons nocturnes*.

§ 62. **Papillons diurnes.** (Дневныя). Les Papillons diurnes ont les antennes en forme de massue quelquefois recourbées en crochet, le corps généralement peu velu, petit relativement aux ailes et présentant un rétrécissement considérable entre le corselet et l'abdomen, les quatre ailes d'égale consistance et relevées perpendiculairement l'une contre l'autre, dans l'état de repos. Les espèces de cette famille sont très nombreuses, puisqu'on en connait près de trois cents, repandues sur tout le globe, particulièrement dans les régions tropicales. Quelques-uns de ces insectes nous étonnent par leur taille, et nous frappent d'admiration par la richesse et la variété de leurs couleurs. On remarque que les Papillons qui ont des taches rouges à la poitrine, et qui forment la division des *Chevaliers troyens* de Linné, ne paraissent appartenir qu'à l'Inde; que ceux de l'Amérique septentrionale ont une physionomie particulière, et sont, en général, noirs et sans queue; mais ce sont surtout ceux du Brésil et de la Chine, qui à cause de leurs couleurs brillantes et de leurs formes gracieuses, sont recherchés des amateurs. Les Chenilles de quelques Papillons de jour sont nuisibles dans les jardins, telle est particulièrement celle du *Brassicaire* ou *Papillon du choux*. (Капустникъ). Nous pouvons nommer encore parmi les espèces européennes; les *Argus*, les *Vanesses*, les *Sylvains*, les *Parnassiens etc.*

§ 63. **Papillons crépusculaires.** (Сумеречныя). Les Papillons crépusculaires doivent leur nom, à ce que le plus grand nombre des espèces ne sort que le soir. Ils ont les antennes plus ou moins renflées au milieu, souvent pectinées ou dentées, le corps généralement très gros, ne présentant jamais de renflement entre le corselet et l'abdomen, les ailes étroites, en toit horizontal, ou légérement inclinées dans le repos. Le genre le plus remarquable est le genre *Sphinx*, dont l'Europe nourrit un grand nombre d'espèces. Ce sont de beaux Lépidoptères, aux ailes ornées de brillantes couleurs, qu'on voit voltiger avec rapidité au dessus des fleurs. Le *Sphinx tête de mort* (Сфинксъ, Мертвая голова). est un des plus grands Papillons de l'Europe. Il doit son nom à l'espèce de crâne humain, qu'on voit représenté sur son corselet. On le rencontre assez souvent dans les champs de pommes de terre.

§ 64. **Papillons nocturnes** (Ночныя). Les Papillons nocturnes ont les antennes filiformes, c'est-à-dire que la tige diminue de grosseur de la base à la pointe, abstraction faite des poils ou des cils dont elle peut être garnie. Leur corps est tantôt gros, tantôt petit, relativement aux ailes, et sans étranglement; les ailes inférieures sont quelquefois plus minces que les ailes supérieures ; le plus souvent les quatre ailes sont horizontales ou inclinées ; mais on trouve des Papillons , chez lesquels ces organes forment une sorte de fourreau qui enveloppe le corps. Cette famille renferme un grand nombre de genres; nous signalerons seulement:

§ 65. Pyrales. (Пиралилы). Les Pyrales , papillons de petite taille, qu'on voit ordinairement dans les vignes , les charmilles , les haies et les buissons; ils sont souvent ornés de couleurs qui rivalisent d'éclat avec les métaux. L'espèce connue sous le nom de *Pyrale de la vigne* (Пиралида виноградная), est devenue un véritable fléau , dans quelques pays vignobles: sa chenille attaque les feuilles, les bourgeons et toutes les parties tendres de la vigne, et détruit tout espoir de récolte.

Phalènes (Фалены). Les Phalènes ont le corps généralement grêle , mais les ailes grandes. C'est surtout par leurs chenilles qu'ils se distinguent des autres Lépidoptères: au lieu d'avoir seize pattes, comme toutes les autres, elles n'en ont que dix, dont six antérieures et les quatre autres à l'extrémité postérieure. Elles marchent, en soulevant le milieu du corps, et en rapprochant les pattes de derrière de celles de devant. Cette façon de marcher leur a fait donner le nom *d'arpenteuses* , car elles semblent en effet mesurer le terrain. Les Phalènes passent le jour cachés dans les végétaux des forêts et des jardins, et ne volent ordinairement qu'après le coucher du soleil.

§ 66. Bombyx, (Шелкопряды) Les Bombyx sont, sous plusieurs rapports, le genre le plus remarquable de l'ordre des Lépidoptères. Leurs chenilles se nourrissent de feuilles, et s'enveloppent dans un cocon de soie, pour subir leurs métamorphoses. C'est à ce genre qu'appartiennent :

Le *Grand Paon* , (Павлинъ большой) celui de tous les Papillons de l'Europe dont les ailes ont le plus d'étendue ; elles sont grises avec une grande tache œillée. Sa métamorphose très lente n'est complète qu'au bout de trois ans.

Le *Bombyx processionnaire*, (Шелкопрядъ походный), célèbre par la singularité des habitudes et des mœurs de ses chenilles. Elles vivent en société ordinairement sur le chêne; elles se filent une toile profonde en forme de sac, n'ayant qu'une ouverture très petite ; elles en sortent tous les soirs, marchant à la suite les unes des autres, deux à deux, puis trois à trois, et quatre à quatre, formant ainsi par leur disposition des triangles réguliers, qui semblent dirigés par l'insecte qui se trouve à la pointe antérieure. Ces chenilles sont recouvertes de poils qui entrent facilement dans la peau quand on les touche, et causent une vive irritation.

§ 67. Le *Bombyx du murier*, (Шелкопрядъ настоящій), le plus utile de tous les insectes ; c'est un Papillon grisâtre, avec trois raies transversales et une tache sur les ailes supérieures. Sa chenille, connue sous le nom de *Ver-à-soie*, sécrète cette matière précieuse pour en former une coque, à l'abri de laquelle elle se transforme en chrysalide. Ce cocon est de forme ovoïde, blanc, jaune ou verdâtre, composé d'un seul fil, long d'environ mille pieds. Ce fil est quatre ou cinq fois plus fin qu'un cheveu, et cependant présente une tenacité remarquable. Le Bombyx du murier, ainsi nommé parce qu'il se nourrit surtout des feuilles du Murier blanc, est originaire de la Chine. C'est dans cet empire que fut découvert, à une époque très reculée, l'art d'élever cet insecte, de préparer et de tisser la soie. L'usage des vêtements et des étoffes de soie ne se répandit que très lentement: Les Romains, il est vrai, les connaissaient ; mais ces tissus étaient alors d'un prix si élevé, que l'empereur Aurelien refusa d'en acheter pour l'impératrice, en disant: que les Dieux me préservent d'acheter des étoffes qui se paient au poids de l'or. Il paraît que le ver-à-soie et le Murier furent apportés à Constantinople, au milieu du VI siècle, sous le règne de Justinien, par deux moines grecs, qni enseignèrent à leurs compatriotes les procédés d'éducation et de culture qu'ils avaient appris dans leurs voyages. De la Grèce, la culture de la soie passa en Italie, à l'époque des croisades; ce ne fut que plusieurs siècles après, qu'elle fut introduite en France, dont elle devait être une des plus grandes richesses.

§ 68. TEIGNES. (Моли). Les Teignes n'ont point besoin d'être décrites; elles sont malheureusement très répandues. car leurs chenilles sont fort nuisibles: elles rongent les étoffes et les fourrures, et de leurs débris se forment une sorte de vêtement qu'elles transportent partout avec elles, ou des galeries et des fourreaux dans lesquels elles se retirent.

CINQUANTE-CINQUIÈME LEÇON.

Ordre des Névroptères. Libellules. Fourmilions. Termites. Éphémères. Ordre des Hyménoptères. Abeilles. Mélipones. Bourdons. Guêpes. Sphex. Cynips. Fourmis.

ORDRE DES NÉVROPTÈRES.

§ 69. Les Névroptères (Свѣтчатокрылыя) doivent leur nom à ce qu'ils ont les quatre ailes réticulées. A l'état parfait, leur corps est assez alongé, et leur peau est peu résistante. Ils se tiennent près des eaux, dans lesquelles ils ont vécu à l'état de larves et de nymphes, au moins dans le plus grand nombre des espèces ; car quelques-uns se creusent un trou dans les sables, ou résident au milieu des végétaux. La bouche des Névroptères est fortement constituée et pourvue de mandibules propres à la mastication ; plusieurs cependant, d'une existence très courte à l'état parfait, peuvent être considérés comme privés de cet organe. On remarque, chez ces insectes, outre les yeux à réseau qui sont très gros, deux ou trois yeux lisses. Les genres de cet ordre les plus dignes d'attention sont: les *Libellules*, les *Fourmilions*, les *Termites* et les *Ephémères*.

§ 70. LIBELLULES. (Стрекозы). Les Libellules, plus vulgairement connues sous le nom de *Demoiselles*, ont le corps très alongé, les yeux grands et rapprochés, et la tête globuleuse. Ces insectes, à l'état parfait, se font admirer par la vivacité de leurs couleurs, leurs formes gracieuses et élégantes, et leur vol rapide et soutenu; mais ils sont loin d'avoir les mœurs innocentes qu'on leur attribue souvent ; ils sont au contraire très carnassiers, et semblent en quelque sorte des oiseaux de proie. On voit souvent voltiger autour des mares la *Libellule demoiselle*, (Стрекоза обыкновенная), dont l'abdomen est d'un beau bleu chez le mâle et jaune chez la femelle. Ce genre présente un grand nombre d'espèces.

§ 71. Fourmilions. (Мирмелеоны). Les Fourmilions , assez semblables aux Libellules par les formes générales de leur corps, sont moins richement parés; mais ils ont des mœurs très curieuses. Leur nom rappelle le grand carnage qu'ils font des fourmis pour se nourrir , lorsqu'ils sont à l'état de larves. Comme elles sont mal organisées pour la course , et qu'elles ne pourraient atteindre leur proie , elles lui tendent un piège très ingénieux : elles creusent , dans un sol sec et sablonneux , un trou en forme d'entonnoir. Quand par de longs et pénibles travaux, le Fourmilion a donné à ce piège la perfection désirable, il se blottit au fond, et attend avec patience qu'une fourmi étourdie vienne rouler dans l'abîme ouvert sous ses pas. Il la suce alors, et lance au loin son cadavre, en le plaçant sur son front, et en alongeant brusquement son corps. On a remarqué souvent que le Fourmilion , quand la chûte de la fourmi n'est pas assez rapide, lance contre elle , au moyen de sa tête, une pluie de sable qui la force à tomber au fond du précipice. Les Fourmilions habitent, en général , les contrées chaudes ; mais l'espèce la plus connue , le *Fourmilion formicaire* (Мирмелеонъ муравьиный), se rencontre souvent dans les parties tempérées de l'Europe.

§ 72. Termites. (Термиты). Les Termites, hors deux espèces, sont tous étrangers à l'Europe, et habitent les contrées tropicales. Ils ont depuis long-temps attiré l'attention des voyageurs par leurs travaux merveilleux et les immenses dégâts qu'ils commettent. On les désigne généralement sous le nom de *Fourmis blanches* , car leurs formes et leurs habitudes laborieuses les rapprochent de ces insectes; cependant ils s'en éloignent sous plusieurs rapports: il suffit de remarquer que les Termites ailés ont quatre ailes, et qu'il n'en existe que deux chez les fourmis. Ils vivent , comme ces dernières, en sociétés divisées en castes: la caste royale, composée d'insectes parfaits qui fournissent des souverains à l'état ; la caste ouvrière , qui fournit par ses travaux à la subsistance des deux autres; et la caste guerrière, chargée de la défense de la patrie et de la direction des expéditions hors de la fourmilière. Ces fourmilières sont merveilleuses: elles se composent de galeries creusées dans la terre, à dix ou douze pieds de profondeur , ou de nids de forme pyramidale hauts de plus de dix pieds, si vastes, que plusieurs hommes y peuvent trouver un abri; si solides, que les bœufs sauvages peuvent gravir jusqu'à leur sommet sans les enfoncer ; et si bien construits , qu'ils ne peuvent être pénétrés, par les pluies torrentielles des contrées tropicales. L'admiration augmente , si l'on songe que, comparativement à la petitesse de l'insecte qui élève ses constructions, il faudrait que nos demeures, pour qu'elles égalassent celles des Termites , fussent quatre ou cinq fois plus élevées que la plus haute des pyramides d'Egypte. Malheureusement leurs travaux de destruction ne sont pas moins grandioses: à l'aide de chemins souterrains, ils envahissent parfois les habitations, pénètrent dans les boiseries, les rongent, sans que rien au dehors annonce leur présence , attaquent de la même manière les meubles, qui paraissent intacts , et tombent en poussière quand on veut s'en servir ; une maison elle-même est bien vite détruite. L'espèce dont nous venons de décrire les mœurs , est le *Termite belliqueux* qui habite en Afrique. Celles qu'on rencontre en Europe, sont: le *Termite jaune* qui nuit aux oliviers; et le *Termite noir* , qui a pénétré depuis plusieurs années dans l'arsenal de Rochefort, en France, où il commet de grands ravages, sans qu'il ait été possible de le détruire.

§ 73. Ephémères. (Эфемеры). Les Ephémères doivent leur nom à la courte durée de leur existence : à l'état parfait, ils ne survivent pas un jour entier ; pour quelques-uns cette période n'est que de quelques heures ; et ceux de ces insectes qui naissent le soir ne jouissent jamais de la lumière du soleil; mais à l'état de larve et de nymphe , elles vivent dans l'eau pendant deux ou trois ans. L'*Ephémère commun* (Эфемера обыкновенная) est brun , et abonde dans les marais et sur le bord des fleuves des contrées tempérées de l'Europe.

ORDRE DES HYMÉNOPTÈRES.

§ 74. Les Hyménoptères (Жильнокрылыя), ont quatre ailes membraneuses , transparentes , veinées mais non réticulées, des mâchoires très alongées, formant une sorte de trompe , l'abdomen ordinairement terminé, chez les femelles, par un aiguillon ou une tarière. Leurs métamorphoses sont complètes. A l'état de larves , ces insectes se nourrissent, tantôt de substances végétales ou animales, qu'ils trouvent dans des amas faits près d'eux par la prévoyance maternelle ; tantôt ils sont élevés dans des nids construits avec un art admirable; et le soin de leur alimentation journalière est confié à des individus exclusivement chargés des travaux de leur société. Parvenus à l'état parfait, ils vivent sur les fleurs dont ils pompent le nectar. Tous les Hyménoptères ne possèdent point quatre ailes; et dans les espèces qui vivent en société, elles manquent souvent chez les insectes ouvriers. Cet ordre assez nombreux renferme, parmi les genres les plus intéressants : les *Abeilles*, les *Mélipones*, les *Bourdons*, les *Guêpes*, les *Sphex*, les *Cynips* et les *Fourmis*.

§ 75. ABEILLES. (Пчелы). Ces insectes si utiles nous sont bien connus, puisque l'homme en a fait la précieuse conquête; et que, depuis une haute antiquité, ils sont rendus domestiques. Nous nous bornerons aux points les plus intéressants de leur histoire.

L'*Abeille domestique* (Пчела обыкновенная), paraît être originaire de l'Orient. Elle vit en sociétés fort nombreuses dans des habitations préparées par l'homme. Ces habitations appelées *ruches*, varient de forme selon le pays ; elles doivent être dans une atmosphère salubre, et situées dans des lieux riches en fleurs. Chaque société se compose de trois sortes d'abeilles : une femelle appelée *Reine*, beaucoup plus grosse que les autres, reconnaissable à un abdomen très alongé, armé d'un aiguillon; c'est la mère de famille, objet de soins et de respects de la part de tous ; des *Faux Bourdons*, privés d'aiguillons, habitants oisifs qui forment environ la vingtième partie de la population de la ruche ; des *Abeilles ouvrières*, armées d'aiguillons comme la Reine, mais beaucoup plus petites, peuple laborieux à qui sont dus tous les travaux de la société. Ces travaux consistent à recueillir, à l'aide de leur trompe, le suc dont elles composent leur miel, à rassembler au moyen de leurs pattes antérieures, admirablement appropriées à cet usage, le pollen des étamines qui, élaboré dans leur estomac, dégorgé ensuite et pétri, devient la cire dont elles construisent leurs cellules. Ces cellules d'une forme admirable, sont destinées, les unes à devenir des magasins où s'entassent des provisions de miel préparées pour l'hiver ; les autres sont des chambres habitées par des larves jusqu'au jour de leur métamorphose. Au commencement de l'été, la ruche devient insuffisante pour contenir la population agrandie ; une émigration devenue nécessaire va fonder, sous la direction d'une nouvelle Reine, une colonie qui ne tarde pas à se fixer sur un arbre du voisinage, et que le laboureur intelligent s'empresse de recueillir. Les Abeilles, en effet, donnent des produits importants , et n'exigent , de la part de leur possesseur , presque aucun soin et aucune dépense.

§ 76. Mélipones. (Пчелы Американскія). Les Mélipones, origi-naires du Nouveau-Monde, sont des Abeilles privées d'aiguillons qui fournissent aussi du miel et de la cire. Elles placent leur habitation dans les arbres creux , et vivent sauvages dans les forêts. Cependant les habitants du Méxique les ont réduites en domesticité ; et elles leur offrent des avantages plus grands encore que ceux que nous retirons de nos Abeilles.

§ 77. Bourdons. (Шмели). Les Bourdons se reconnaissent à de longs poils formant des bandes de diverses couleurs. Ils vivent en petites sociétés composées de trois sortes d'individus. Ils se retirent dans la terre, et habitent des cavités tapissées de mousse et enduites de cire. Quoique les Bourdons ouvriers recueillent du miel pour nourrir leurs larves, ils ne sont pour l'homme d'aucune utilité.

§ 78. Guêpes. (Осы). Les Guêpes sont des insectes répandus dans les deux hémisphères, vivant également en sociétés composées de mâles, de femelles et d'ouvrières. Les femelles y sont nombreu-ses, et se livrent aussi au travail ; elles font des sortes de nids de papier ou de carton, formé de parcelles de vieux bois, qu'elles broient avec leurs mandibules et qu'elles agglutinent au moyen d'un liquide dont leur bouche est remplie. Ces guêpiers sont tantôt nuds, tantôt enveloppés de plusieurs feuilles de carton ; tantôt ils sont suspendus, tantôt cachés sous la terre ; mais ils ne renferment jamais qu'un nombre assez peu considérable de cellules. Les Guêpes se nour-rissent de fruits ou d'insectes qu'elles tuent avec un dard dont elles sont armées. Leur piqûre est beaucoup plus dangereuse que celle des abeilles. On prétend même , qu'en assaillant en grand nombre les hommes et les grands animaux, elles ont pu leur don-ner la mort. Les espèces les plus remarquables sont, en Europe:

La *Guêpe commune*, (Оса обыкновенная), tachée de noir et de jaune , qui habite sous terre ; la *Guêpe moyenne*, un peu plus grande, qui suspend son nid aux arbres des forêts ; la *Guêpe frelon*, longue de près d'un pouce , qui fixe sa demeure, soit dans les greniers, soit dans les arbres creux.

§ 79. Sphex. (Сфексы). Les Sphex ne forment point de sociétés. Ce sont des insectes très agiles, qui creusent dans la terre un trou assez profond pour un seul œuf à la fois. Ils ont la prévoyance de placer près de lui des araignées, des chenilles ou des mouches qui, paralysées par le venin dont le Sphex les a frappées, ne peuvent plus fuir, quoique vivantes, et deviennent la proie de la larve qui ne tarde pas à éclore. On trouve souvent en Europe le *Sphex des sables*, qui vit dans les endroits secs et faciles à creuser.

§ 80. Cʏɴɪᴘꜱ. (Цинипсы). Les Cynips sont de petits insectes dont l'abdomen est armé d'une tarière, à l'aide de laquelle ils font une piqûre dans l'épiderme des végétaux pour y placer leurs œufs. Pendant cette opération, ils déposent dans la blessure un liquide irritant qui attire la sève en abondance, et produit ces excroissances qu'on remarque souvent à la surface des plantes. C'est à la piqûre d'un de ces animaux, le *Cynips de la galle à teinture*, (Цинипсъ чернильный), qu'est due la tumeur appelée *noix de galle*, qui, mêlée avec du sulfate de fer, sert à faire de l'encre et une belle couleur noire. La noix de galle se trouve sur toutes les espèces de chêne vert, qui abonde dans le Levant.

§ 81. Fᴏᴜʀᴍɪꜱ. (Муравли). Les Fourmis sont des insectes vivant en sociétés nombreuses, comme les abeilles ; leurs mœurs sont également remplies d'intérêt; quoique ces animaux loin de nous être utiles, puissent quelquefois devenir un fléau. On y remarque aussi trois espèces d'individus : des ouvrières qui n'ont jamais d'ailes ; des femelles qui les perdent après quelque temps ; et des mâles qui les conservent pendant toute leur vie. Les ouvrières forment presque en totalité la population. Leurs habitations, ou fourmilières, sont commodes, sûres et pratiquées avec non moins d'art que celles des termites et des abeilles. Ce sont, ou des galeries souterraines parfaitement protégées contre l'invasion des eaux, ou des monticules disposés de manière à ménager dans leur intérieur une chaleur douce, pendant qu'ils arrêtent celle trop ardente du soleil. Elles sont composées de parcelles de bois, de sable, de terre solidement unies entre elles. Elles présentent une sorte de place publique, au milieu d'appartements spacieux et de nombreux étages superposés. Ces étages sont portés par de véritables colonnes et traversés par des galeries larges et commodes. Une fourmilière est une ville peuplée de maçons, de charpentiers, de menuisiers et de soldats ; car les Fourmis sont souvent en guerre avec leurs voisins. Elle a ses oisifs, comme la société humaine, puisque les

femelles , entourées de soins et de respect , passent leur vie dans
un repos complet. C'est vers le soir, quand le temps est chaud et
calme, que les Fourmis se livrent particulièrement à leurs travaux
et à leurs ébats ; et si le vent vient à changer, elles s'empressent
de rentrer dans leur asyle. Ces insectes paraissent apporter dans leurs
actions, non seulement un instinct très développé, mais une véritable intelligence. Si quelque Fourmi est blessée , celles qui la
rencontrent s'empressent de lui porter secours ; si , au contraire ,
une Fourmi étrangère pénètre dans leur demeure, elle est aussitôt
chassée par les habitants. Mais c'est surtout dans leurs expéditions
guerrières que les Fourmis montrent un jugement, un discernement
digne d'admiration. Voici ce que rapporte Huber qui a si bien
observé les habitudes de ces animaux : « Le 17 Juin 1804 , en
« me promenant aux environs de Genève , entre quatre et cinq
« heures de l'après-midi , je vis à mes pieds une légion de grosses
« Fourmis rousses et roussâtres qui traversaient le chemin ; elles
« marchaient en corps avec rapidité ; leur troupe occupait une
« espace de huit à dix pieds de longueur sur trois ou quatre pouces
« de large. En peu de minutes , elles eurent entièrement évacué
« le chemin ; elles pénétrèrent au travers d'une haie fort épaisse,
« et se rendirent dans une prairie où je les suivis. Elles serpen-
« taient sur le gazon sans s'égarer ; et la colonne restait toujours
« continue , malgré les obstacles qu'elles avaient à surmonter.
« Bientôt elles arrivèrent près d'un nid de Fourmis noir-cendrées,
« dont le dôme s'élevait dans l'herbe , à vingt pas de la haie.
« Quelques Fourmis de cette espèce se trouvaient à la portée de
« leur habitation ; dès qu'elles découvrirent l'armée qui s'appro-
« chait, elles s'élancèrent sur celles qui se trouvaient à la tête de
« la cohorte. L'alarme se repandit au même instant dans l'intérieur
« du nid; et leurs compagnes sortirent en foule de tous les souter-
« rains. Les Roussâtres, dont le gros de l'armée n'était qu'à deux
« pas, se hâtèrent d'arriver au pied de la fourmilière. Toute la troupe
« s'y précipita à la fois, et culbuta les noir-cendrées, qui après
« un combat très court, mais très vif, se retirèrent au fond de leur
« habitation. Les Roussâtres gravirent les flancs du monticule, s'at-
« troupèrent sur le sommet, et s'introduisirent en grand nombre dans
« les premières avenues. D'autres groupes de ces insectes travail-
« lèrent avec leurs dents, à se pratiquer une ouverture dans la
« partie latérale de la fourmilière. Cette entreprise leur réussit,

« et le reste de l'armée pénétra par la brèche dans la cité assiégée.
« Elle n'y fit pas un long séjour ; trois ou quatre minutes après,
« les Roussâtres ressortirent à la hâte par les mêmes issues, tenant
« chacune à leur bouche une larve ou nymphe de la fourmilière
« envahie. Leur troupe se distinguait aisément dans le gazon , par
« l'aspect qu'offrait cette multitude de coques et de nymphes blan-
« ches portées par autant de Fourmis roussâtres. Celles-ci traversè-
« rent une seconde fois la haie et le chemin dans le même endroit,
« où j'eus le regret de ne pouvoir les suivre. »

Le récit de cette invasion est rempli d'intérêt ; l'explication qui
en est donnée par M-r Blanchard n'est pas moins curieuse : selon
ce naturaliste, les Roussâtres sont incapables de soigner leurs larves,
d'aller chercher leur subsistance quotidienne ; elles ne sont pas
aptes à construire des nids ; elles laisseraient infailliblement périr
leurs jeunes insectes , si elles étaient abandonnées à leur propre
instinct ; mais la nature les en a dédommagées en leur donnant
du courage et des habitudes guerrières. Ce n'est que pour se
procurer des esclaves qu'elles vont attaquer les Fourmis noir-
cendrées , qui savent construire des nids , prendre soin de leur
famille et pourvoir à tous les besoins des larves. Il n'est pas
étonnant de voir les Fourmis rousses s'en prendre toujours aux
larves et aux nymphes plutôt qu'aux Fourmis adultes ; car ces
dernières retourneraient bientôt à leur ancienne habitation ; tandis
qu'en emportant des nymphes, les insectes parfaits qui en naissent,
croyant se trouver dans leur propre demeure , vivent dans cette
fourmilière, prenant soin également de leurs larves et de celles des
Fourmis rousses. En effet , on rencontre dans la même habitation
les Rousses et les Noir-cendrées vivant dans une parfaite intelligence.

Le genre fourmi est composé d'espèces assez nombreuses répandues dans le monde entier ; mais chaque région du globe est
habitée par plusieurs Fourmis différentes. Les pays chauds néan-
moins en fournissent plus que les contrées froides. Parmi les
espèces européennes, nous signalerons seulement : la *Fourmi rousse*
(Муравей рыжий), qui vit en sociétés nombreuses dans les vieux
arbres ; la *Fourmi noire* (Муравей черный), qui fait son nid
dans la terre , souvent sous les pierres dans les jardins ; et la
Fourmi ronge-bois ou *Fourmi Hercule* (Муравей древесный большой), qui vit dans le tronc des arbres.

CINQUANTE-SIXIÈME LEÇON.

Ordre des Diptères. Cousins. Taons. Tipules. Mouches. Oestres. Ordre des Aptères. Puces. Poux. Ricins. Classe des Myriapodes. Iules. Scolopendres. Classe des Arachnides. Famille des Aranéides. Araignées. Mygales. Argyronètes. Faucheurs. Acarides. Sarcoptes. Scorpionides.

ORDRE DES DIPTÈRES.

§ 82. Les Diptères (Двукрылыя), n'ont que deux ailes membraneuses, transparentes, veinées longitudinalement, ayant en dessous deux petites écailles arrondies, qu'on regarde comme deux ailes imparfaites, et qu'on appelle *ailerons*. On voit de plus, aussi en dessous, deux appendices ou filets terminés par un renflement, que les naturalistes désignent sous le nom de *balanciers*, organes regardés comme les régulateurs du vol. Les mouvements des ailes des Diptères sont si rapides, qu'on estime que le Cousin les fait battre cinq ou six cents fois dans une seconde ; leur bouche, sans mâchoires ou mandibules, forme une trompe servant de fourreau à une sorte de suçoir, tantôt solide et corné, muni de soies raides et acérées qui percent comme une lancette les tissus des animaux dont ils absorbent les fluides ; tantôt semblable à une trompe charnue qui agit comme une ventouse. On conçoit d'après l'organisation de cette bouche, que ces insectes vivent du sang des animaux, des chairs en putréfaction, ou des sucs des plantes.

Tous les Diptères éprouvent des métamorphoses complètes ; les uns filent une sorte de coque ; les autres changent plusieurs fois de peau pour passer à l'état de nymphe. Il en est qui se trouvent dans l'eau, à la première époque de leur vie ; les autres, au milieu des cadavres qu'ils dévorent, et nous débarassent ainsi de substances qui, par leur rapide décomposition, altéreraient la pureté de l'air. Nous signalerons dans cet ordre : les *Cousins*, les *Tipules*, les *Mouches*, les *Taons* et les *Oestres*.

§ 83. Cousins. (Комары). Les Cousins deviennent, par leur nombre prodigieux, un fléau dans les pays chauds. Ils sont, pour la plupart, armés d'un aiguillon denté, qui laisse distiller, dans la peau qu'il perce, un fluide irritant qui cause une vive douleur. Les Cousins habitent dans le voisinage des eaux, et voltigent surtout le soir. La femelle pond deux ou trois cents œufs, qu'elle colle sur une feuille aquatique surnageant comme une légère nacelle à la surface des eaux stagnantes. C'est là que les Cousins vivent dans les deux premiers états de leur vie. On trouve en Amérique, une espèce de ce genre, désignée par les voyageurs sous le nom de *Maringouin*, plus insupportable encore que les Cousins de nos climats.

§ 84. Taons. (Слѣпни). Les Taons, dont les larves habitent la terre, apparaissent pendant l'été dans les bois et les prairies. Ils attaquent principalement les mammifères; et sont si communs, en Afrique, qu'ils recouvrent en entier le corps des bœufs et des chevaux, dont ils percent la peau pour en sucer le sang.

§ 85. Mouches. (Мухи). Les Mouches se reconnaissent à une trompe charnue, qui leur sert à pomper leurs aliments. Les espèces de ce genre sont si nombreuses, qu'un observateur, dans le cours d'un été, en recueillit, dit-on, trois-cents dans un seul jardin. Elles vivent, à l'état de larves, dans le fumier, les chairs pourries et les excréments des animaux. Il paraît même certain, que les Mouches déposent leurs œufs jusque sur les hommes endormis, que ces insectes s'y développent, et que, par leurs ravages, ils ont pu causer la mort. Nous citerons : la *Mouche à viande* (Муха рвотная), dont l'abdomen est bleu avec des raies noires ; elle abonde dans les boucheries; la *Mouche dorée* (Муха золотистая), dont le corps est vert métallique ; elle dépose particulièrement ses œufs sur les cadavres ; la *Mouche domestique*, (Муха комнатная), si commune dans les appartements qu'elle salit de ses excréments.

86. Oestres. (Оводы). Les Oestres ont la physionomie des Mouches, mais leurs poils sont colorés par zónes comme ceux des Bourdons. Ils insinuent ordinairement, à l'aide d'une tarière, leurs œufs sous la peau des mammifères ; et les larves, qui en naissent, produisent des plaies profondes et si douloureuses qu'elles peuvent donner la mort à l'animal qui en est atteint. Ce sont surtout les chevaux, les vaches et les rennes qui souffrent des

attaques de ces insectes ; aussi leur causent-ils une terreur si grande, que le bourdonnement d'un seul Oestre suffit pour mettre en fuite un troupeau entier. Quelques espèces de ce genre, l'*Oestre du cheval* (Оводъ лошадиной), par exemple, se développent dans l'intérieur des animaux. Dans ce cas, la femelle a l'instinct de déposer ses œufs sur les épaules ou les jambes du cheval ; et celui-ci, en se léchant, les introduit dans la bouche, puis dans l'estomac; et ils y restent jusqu'à l'époque de leur métamorphose.

§ 87. Tipules (Типулы). Les Tipules ressemblent beaucoup aux cousins ; mais quoique souvent très nombreux, ils ne sont point incommodes comme eux. On les trouve pendant tout l'été dans les prairies, où ils tourbillonnent, en formant des colonnes qui partent du sol, et s'élèvent souvent assez haut dans l'air. On prétend que, dans les pays producteurs de la truffe, l'abondance des Tipules dans certains lieux indique l'existence de ce précieux tubercule.

ORDRE DES APTÈRES.

§ 88. Les Aptères (Безкрылыя) sont des insectes privés d'ailes, ayant la bouche en forme de suçoir. La plupart ne subissent point de métamorphoses, et vivent en parasites sur d'autres animaux. Nous signalerons seulement: les *Puces*, les *Poux* et les *Ricins*.

Puces. (Блохи). Les Puces, à l'état de larve, ont l'aspect de petits vers sans pieds, doués d'une grande agilité. Elles se filent une coque, où elles restent une quinzaine de jours en nymphes. On remarque leur force prodigieuse eu égard à leur petite taille, et leur agilité due à l'extrême développement de leurs membres postérieurs, qui les lancent comme un ressort. Tout le monde connait la *Puce commune*, (Блоха обыкновенная). La *Puce des sables*, ou *Chique*, ou *Puce pénétrante*, (Блоха песковая), que l'on trouve dans l'Amérique méridionale, doit être particulièrement mentionnée: malgré son extrême petitesse, cet insecte est vraiment redoutable: il dépose ses œufs sous les chairs de l'homme, principalement dans le talon, ou sous les ongles des orteils. Il se forme dans cet endroit une tumeur, qui devient bientôt, par le développement des larves, un ulcère très dangereux. Le seul remède efficace est de retirer, au moyen d'une épingle, tous les œufs jusqu'au dernier.

§ 89. Poux. (Вши). Les Poux vivent en parasites sur l'homme et sur les animaux à sang chaud. Les mammifères en sont surtout attaqués. Leur multiplication, dans certains cas, devient effrayante, et donne lieu à une affreuse maladie qui attaque surtout les personnes sales et misérables.

Ricins. (Пухоѣды). Les Ricins sont des animaux dont il existe des espèces assez différentes, vivant presque tous sur les oiseaux dont ils sucent probablement le sang.

CLASSE DES MYRIAPODES.

§ 90. La Classe des Myriapodes, (Многоногіи) peu nombreuse en elle-même, ne contient qu'un petit nombre d'animaux dignes de notre intérêt. Ils sont repandus dans les deux continents, et vivent ordinairement dans la terre et sous les pierres. Ils présentent d'assez grands rapports avec les insectes ; cependant ils ne subissent point de métamorphoses ; mais leur aspect change considérablement avec l'âge, car le nombre des anneaux dont leur corps est composé augmente successivement, ainsi que celui de leurs pattes, qui, d'abord de six, s'élève quelquefois à la fin de leur vie à une centaine ; de là le nom de Myriapodes qui signifie: *mille pieds*. Les yeux varient beaucoup dans cette petite classe ; et il parait certain qu'ils sont plus nombreux à la fin de la vie de l'animal qu'à l'époque de sa naissance. Nous ne citerons que les *Iules* et les *Scolopendres*.

Iules, (Юлы). Les Iules ont le corps arrondi, très long, et ayant au moins quarante paires de pattes. On croit qu'ils se nourrissent d'insectes et de fruits. Ceux d'Europe sont toujours de petite taille ; mais ceux des climats chauds sont plus grands ; et le *Iule géant*, (Юлъ великанъ) qui vit en Amérique, a plus d'un demi pied de longueur.

Scolopendres. (Сколопендры) Les Scolopendres ont les mœurs et beaucoup de la physionomie des Iules; mais ils ont les pattes plus longues et plus fortes, ce qui les rend plus agiles ; et leur bouche peut repandre un fluide vénimeux. La *Scolopendre mordante*, (Сколопендра угрызающая), qui habite les pays chauds, est très redoutée en Amérique ; il est vrai qu'elle est de grande taille, et le naturaliste Lebas en a trouvé une du poids de huit livres. Les espèces européennes sont petites au contraire, et ne présentent aucun danger.

CLASSE DES ARACHNIDES.

§ 92. Les Arachnides (Пауковыя), sont des animaux articulés, dont le corps est composé de deux parties principales, presque toujours séparées par un étranglement très marqué. La partie antérieure est formée de la tête et du thorax; la partie postérieure compose l'abdomen, généralement, mou et globuleux, percé d'un certain nombre de stigmates par lesquels s'opère la respiration. Ils ont huit pattes, ordinairement longues et fortes, terminées par deux crochets. Leurs yeux, placés sur le sommet de la tête, sont toujours simples, et paraissent sous la forme de six à huit points brillants. La bouche varie chez les Arachnides, d'après la nature de leurs aliments : celles qui déchirent leur proie ont plusieurs paires de mâchoires ; celles qui sucent le sang ont une sorte de trompe, armée de petites lames qui agissent comme des lancettes. Les familles les plus remarquables de cette classe, sont: les *Araneides*, les *Acarides* et les *Scorpionides*.

FAMILLE DES ARANÉIDES.

Cette Famille, la plus importante de toutes la classe par le nombre des animaux qu'elle renferme, présente parmi ces genres les plus intéressants. Les *Araignées*, les *Mygales*, les *Argironètes* et les *Faucheurs*.

§ 93. ARAIGNÉES (Пауки). Les Araignées, forment une grande famille, dont les mandibules sécrètent un venin, assez puissant dans nos espèces européennes, pour tuer un insecte dans quelques minutes, et, dans celles de l'Amérique, pour donner la mort à des petits oiseaux, et, dit-on, à l'homme lui-même. Elles ont à l'abdomen quatre ou six protubérances criblées de trous, qui donnent passage à des fils soyeux qu'elles réunissent avec leurs pattes, pour composer un fil unique. Ce fil d'une si merveilleuse finesse, est donc lui-même un assemblage de plusieurs milliers de fils. Les Araignées l'emploient tantôt à tapisser leur habitation, tantôt à construire une toile qui sert de piège où viennent se prendre leurs victimes. C'est à ce genre qu'appar-tiennent :

§ 94. La *Tarantule*, (Тарантулъ), d'un brun jaunâtre qui est la plus grande Araignée de l'Europe; son nom lui vient de ce qu'elle est particulièrement commune dans les environs de Tarente; mais on la rencontre aussi fréquemment dans le midi de la Russie. On a cru longtemps, par un préjugé absurde, que sa mórsure donnait lieu à une sorte de maladie de langueur, appelée *Tarentisme*, qui ne pouvait se guérir qu'à l'aide de la musique et de la danse. Cette morsure ne produit, en réalité, qu'une légère inflammation et un peu de fièvre. L'*Epëïre Diadème* (Крестовикъ обыкновенный), fort commune dans les jardins, reconnaissable à une triple croix blanche sur un fond brun jaunâtre. L'*Araignée domestique*, (Паукъ домашнiй), brun grisâtre avec des taches d'un jaune sale, qui s'établit partout dans nos habitations.

§ 95. Mygales. (Мигалы). Les Mygales se distinguent des Araignées par les yeux concentrés sur le devant de la tête, tandis qu'ils sont écartés chez ces dernières. Elles appartiennent presque toutes aux climats les plus chauds; et elles se font remarquer par leurs prodigieuses dimensions qui leur permettent d'attaquer des petits reptiles et des oiseaux, comme les colibris. La *Mygale aviculaire* (Мигалъ птицеловъ), peut occuper avec ses pattes un espace de sept à huit pouces.

§ 96. Argyronètes. (Пауки водяные). Les Argyronètes ou *Araignées aquatiques* vivent dans les marais. Elles se construisent au fond des eaux dormantes une toile imperméable en forme de cloche, sous laquelle, par une industrie merveilleuse, elles introduisent l'air nécessaire à leur respiration; ainsi pourvues de moyens de vivre, elles se placent en embuscade sous cette cloche, pour y attendre leur proie, y élèvent leurs petits, et s'y renferment pour y passer l'hiver.

On peut encore joindre aux Araignées, les Faucheurs, (Фаланга косецъ), qui s'en distinguent cependant par l'union des thorax et l'abdomen. Ces Arachnides se reconnaissent à leurs membres fort grêles, excessivement longs, et qui se séparent facilement du reste du corps. On les voit souvent courir dans les prairies, avec une merveilleuse agilité, à la poursuite des petits insectes qui composent leur nourriture.

FAMILLE DES ACARIDES.

§ 97. La Famille des Acarides (Акариды) se compose de très petits animaux à corps mou, vivant les uns sur les végétaux, comme le *Lepte* (Лепты), qui se trouve dans les graminées; les autres dans le corps des animaux , comme l'*Ixiode ricin* (Иксодъ собачій), qui attaque les chiens ; ou bien se développant dans nos provisions, comme l'*Acarus domestique*, (Акаръ мучной) que le microscope nous fait découvrir dans le fromage ; ou enfin, ne se rencontrant que sur les animaux attaqués de certaines maladies. Parmi ces derniers les plus remarquables sont les Sarcoptes (Сарконты), d'une grosseur si peu considérable que l'œil peut à peine les découvrir. Une des espèces de ce genre, le *Sarcopte de l'Homme* (Саркоптъ человѣческій) se trouve sur les personnes atteintes de la gâle, et paraît être la cause de cette maladie.

FAMILLE DES SCORPIONIDES.

§ 98. Scorpions. (Скорпіоны). Cette famille a pour type et pour genre principal, les Scorpions, bien différents des araignées, car ils ont le corps très alongé, terminé par une queue noueuse , offrant six anneaux et armée d'un aiguillon recourbé, aigu, ayant deux ouvertures pour laisser passer un venin, dont les dangereux effets ont été beaucoup exagérés. Leurs membres antérieurs offrent une grande ressemblance avec ceux de l'écrevisse. Les Scorpions vivent sous les pierres dans les climats chauds, où ils sont quelquefois très abondants. Les deux espèces les plus intéressantes sont : le *Scorpion d'Europe* (Скорпіонъ европейскій) qui est brun ; et le Scorpion *d'Afrique* (Скорпіонъ африканскій) qui est noir et beaucoup plus grand que le précédent.

CINQUANTE-SEPTIÈME LEÇON.

Caractères généraux des Crustacés. Division. Cancroïdes. Maïas. Etrilles. Crabes. Thelphuses. Ocypodes. Pinnothères. Gécarcins. Astacoïdes. Ecrévisses. Langoustes. Palémons. Pagures. Crustacés à corps mou. Classe des Cirrhipèdes. Lépadiens. Balanides.

CLASSE DES CRUSTACÉS.

§ 99. Caractères généraux. (Скорлуповатыя). Les Crustacés sont des animaux invertébrés, mais articulés, dont le corps, ordinairement recouvert d'une carapace, est divisé en *tête* et *Thorax*, le plus souvent unis ensemble. Ils respirent au moyen de branchies composées de feuillets ou de filaments en forme de houppe. Ces branchies permettent la respiration tant qu'elles ne sont point desséchées ; ce qui fait qu'on rencontre des Crustacés souvent à de grandes distances des eaux. Leur peau est formée d'un test calcaire qui tombe chaque année, afin de faciliter l'accroissement. Cet test, brun verdâtre dans le plus grand nombre des espèces, devient généralement rouge après la cuisson, ainsi qu'on peut l'observer dans les Ecrévisses. Leurs membres, attachés au thorax, sont au nombre de dix, ou même de quatorze, et servent à la préhension, à la marche ou à la natation. Dans le premier cas, ils sont terminés par des pinces ; dans le second, ils sont arrondis et alongés ; dans le dernier, enfin, ils sont aplatis en forme de rames. Beaucoup de Crustacés, se meuvent de côté, ou en arrière, avec la même facilité qu'en avant. Leurs yeux sont généralement à facettes, et portés sur un pédoncule mobile. Leur sang, qui est blanc, circule dans des canaux; et il est mis en mouvement par un cœur formé d'une seule cavité. Une particularité remarquable chez beaucoup de ces animaux, c'est la faculté de reproduire leurs membres qui se détachent facilement aux articulations. Les Crustacés sont terrestres, marins ou habitants des eaux douces. On les partage souvent en deux divisions, établies sur la présence ou l'absence de la carapace, savoir: Les *Crustacés à carapace* et les *Crustacés à corps mou*.

§ 100. 1-re Division. La Division des Crustacés à carapace est la plus nombreuse; elle renferme les *Décapodes*, qui ont cinq paires de pattes, dont la première se distingue ordinairement par une pince très forte. Ce sont les plus grands des Crustacés, et leur voracité les rend redoutables pour une foule d'autres animaux. Ils se partagent en deux grandes familles : les *Cancroïdes*, et les *Astacoïdes*.

§ 101. Cancroïdes. (Короткохвостыя). Les Cancroïdes ou *Crabes* ont le corps très court, la queue sans nageoire, recourbée sous le thorax pendant le repos, et si fortement appliquée contre le reste du corps qu'elle est à peine apparente. Beaucoup de Crabes renferment dans leur carapace une chair justement estimée, et donnent lieu, dans beaucoup de pays, à une pêche active, qui se fait sur le rivage à la marée basse. Leur taille varie, selon les espèces, depuis quelques lignes jusqu'à un pied. Cette famille se subdivise en plusieurs sous-genres, dont les plus remarquables sont: les *Maïas*, les *Etrilles*, les *Crabes proprement dits*, les *Thelphuses*, les *Ocypodes*, les *Pinnothères* et les *Gécarcins*.

§ 102. Maïas. (Маія). Les Maïas ou *Araignées de mer* ont les pinces très faibles, les jambes longues et grêles, et présentent la physionomie des araignées véritables; elles habitent l'Océan et la Méditerranée.

Etrilles (Портуны). Les Etrilles ont les membres postérieurs disposés en rames ; ce qui les rend meilleurs nageurs que les autres Crabes. C'est à ce genre qu'appartiennent: le *Crabe commun* (Крабъ обыкновенный) et l'*Etrille* (Портунъ) qui abondent dans la Manche.

Crabes (Крабы) Les Crabes proprement dits sont reconnaissables à une carapace plus large que longue, à bords festonnés. Ils nagent mal, se tiennent au milieu des rochers, et ne sortent que la nuit. Leur chair est très estimée, surtout celle du *Crabe Tourteau*, qui a près d'un pied de largeur.

Thelphuses (Телфузы). Les Thelphuses ont la carapace de forme presque carrée, les tarses dentés ou épineux; elles habitent les rivières des contrées chaudes. La *Thelphuse fluviatile* constitue, dit-on, un des aliments les plus fréquents des religieux du mont *Athos*, dans les ruisseaux duquel elle abonde.

§ 103. Ocypodes. (Оциподы). Les Ocypodes ont la carapace presque carrée comme les Thelphuses, mais sont remarquables par une vitesse telle, qu'on leur a donné le surnom de *Cavaliers*. Ils vivent dans des terriers qu'ils se creusent dans les endroits secs et sablonneux des bords de la mer et des rivières. On les rencontre fréquemment en Asie, en Afrique et en Amérique.

Pinnothères. (Пиннотеры). Les Pinnothères présentent les plus petites espèces de la famille des Cancroïdes; ils habitent en parasites dans les coquilles bivalves, surtout dans les moules et les jambonneaux. Les anciens regardaient ces Crabes comme des amis qui avertissent ces mollusques des dangers qui peuvent se présenter. La vérité est qu'ils paraissent être des hôtes fort incommodes, car les animaux qui en sont attaqués sont toujours très maigres.

§ 104. Gécarcins. (Крабы земные). Les Gécarcins, dont la carapace est cordiforme, se rencontrent en Asie et en Amérique. Leurs mœurs sont tout-à-fait différentes de celles des autres Crabes; ils vivent loin de la mer, dans les forêts humides, et se cachent dans les fentes des rochers, ou dans des terriers qu'ils se creusent. Cependant ils ne respirent que par des branchies; mais elles ont une disposition particulière qui leur conserve l'humidité nécessaire. A l'époque de la ponte, ils se dirigent vers la mer en bandes nombreuses, marchant toujours en ligne droite. Après avoir déposé leurs œufs, ils regagnent leur asile; mais lentement, affaiblis et moins nombreux, car beaucoup périssent dans le voyage. Leur chair est excellente; mais on prétend qu'elle est quelquefois dangereuse.

§ 105. Astacoïdes. (Долгохвостыя). Les Astacoïdes ont le corps alongé; l'abdomen au moins aussi long et aussi large que le thorax, sous lequel il n'est jamais appliqué, offrant à son extrémité des lames natatoires disposées en éventail. Ils nagent bien, en frappant l'eau avec leur queue, qu'ils recourbent sous le corps de manière que leur progression s'opère à reculons. Cette famille est moins nombreuse que la précédente; ses genres les plus remarquables sont: les *Ecrévisses*, les *Langoustes*, les *Palémons* et les *Pagures*.

§ 106. Ecrévisses. (Раки). Les Ecrévisses sont trop répandues en Russie pour n'être point connues de tout le monde, au moins l'*Ecrévisse commune*. (Ракъ рѣчной). Elle abonde dans les rivières, les lacs et les ruisseaux de l'Europe et de l'Asie; cependant une chose fort remarquable, c'est qu'elles manquent dans toutes les rivières de la Sibérie, à ce qu'on prétend. Elle vit sous les pierres et dans des trous , et se nourrit de matières animales. A l'époque où les Ecrévisses changent de test , on trouve dans leur estomac de petites masses calcaires, auxquelles on attribuait autrefois des propriétés merveilleuses en médecine.

L'*Ecrévisse de mer* ou *Homard* (Ракъ морской), est beaucoup plus grande que la précédente. Sa chair délicieuse est très recherchée pour la table des riches.

§ 107. LANGOUSTES. (Палинуры). Les Langoustes se distinguent des Ecrévisses, dont elles ont tout-à-fait la physionomie, par l'absence des grosses pinces qu'on remarque dans celles-ci. Ce sont des animaux marins qui parviennent quelquefois à plusieurs pieds de longueur. La *Langouste commune* abonde dans la Méditerranée ; son test vert rougeâtre est hérissé de fortes épines ; et sa chair n'est pas moins estimée que celle du homard.

§ 108. PALÉMONS. (Палемоны). Les Palémons se distinguent des deux genres précédents, par un rostre fortement denté et une taille généralement beaucoup moins forte. Ils vivent en troupes sur les rivages de la mer.

Le *Palémon porte-scie* ou *Salicoque* (Палемонъ пилоносный) se pêche en grande quantité , dans toutes les flaques d'eau, à la marée basse ; et, quoique fort bon , se vend à vil prix sur les côtes de l'Océan.

§ 109. PAGURES. (Пагуры). Les Pagures ont l'abdomen nu ; ce qui leur impose un genre de vie tout particulier : ils plongent leur ventre désarmé dans une coquille univalve qu'ils traînent partout , et qu'ils ne quittent que lorsqu'elle est devenue trop étroite pour eux; cette singularité leur a valu le nom d'*Ermites*. On en trouve dans toutes les mers; quelques-uns même vivent sur la terre , assez loin du rivage. L'espèce la plus commune sur les côtes de l'Europe est le *Pagure Bernard*, (Пагуръ Бернардовъ), qui n'a guère qu'un pouce de longueur.

Nous signalerons de plus , parmi les Crustacés à carapace, le *Cloporte* (Мокрица), qui vit partout dans les lieux obscurs et humides, mais loin des eaux , quoiqu'il respire par des branchies. Ce petit Crustacé si connu appartient à l'ordre des *Tétradécapodes*, puisqu'il à quatorze pattes.

§ 110. 2-me DIVISION DES CRUSTACÉS. Les CRUSTACÉS à CORPS MOU sont peu nombreux et peu intéressants pour nous. Leur corps est protégé, ou par une sorte de large bouclier dorsal, ou par des coquilles bivalves. Le nombre de leurs pieds est très variable, et s'élève quelquefois à une centaine. Tous sont infiniment petits, et la plupart même microscopiques. Ils vivent dans les eaux douces ou salées, soit libres, soit en parasites sur le corps des poissons. Un des plus remarquables, parmi ces petits Crustacés, est la *Puce aquatique* (Водяная блоха) qui doit son nom à sa petitesse et à la faculté de sauter. Elle fourmille quelquefois dans les mares au point de les colorer en rouge de sang.

CLASSE DES CIRRHIPÈDES.

§ 111. CIRRHIPÈDES. (Усоногия). Les Cirrhipèdes sont des animaux invertébrés, mais articulés, vivant dans les eaux de la mer, et subissant une sorte de métamorphose. En effet, durant la première période de leur développement, ils sont libres, nagent à leur gré, portent des yeux et des antennes ; mais ils ne tardent pas à se fixer aux corps sous-marins pour ne jamais les quitter. Ils changent complètement de forme : leurs yeux, leurs antennes, leur tête même disparait ; leur corps se recouvre d'un test calcaire, formé de pièces analogues aux valves des coquilles, tantôt soudées ensemble, tantôt un peu mobiles. Ils possèdent des espèces de membres cornés, ciliés, alongés, articulés, que l'animal peut faire rentrer sous son enveloppe. Ces organes ont l'aspect de *cirrhes*, de là le nom de *Cirrhipèdes*. Ces articulés peuvent se partager en deux groupes : les *Lépadiens* et les *Balanides*.

§ 112. LÉPADIENS. (Лепады). Les Lépadiens ont une sorte de coquille à cinq valves, portée par un pied charnu assez alongé. Ils se fixent aux corps flottants, aux rochers, et attirent à leur bouche, au moyen de leurs cirrhes, les petits animaux qui font leur nourriture. C'est au groupe des Lépadiens qu'appartient l'*Anatifère*, (Лепада утиная) dont le nom, tiré du latin, rappelle une fable longtemps accréditée : jusqu'à la fin du 17-me siècle, on crut que ces animaux se transformaient en une espèce de canard. Voici ce que dit *Gérard Herbal*, le passage est assez curieux pour mériter d'être cité :

« Nous déclarerons ce que nos yeux ont vu, ce que nos mains
« ont touché. Il y a, dans le Lancashire, un endroit où se trouvent
« de vieux navires brisés ou naufragés et des troncs de vieux

« arbres pourris, qui y ont été aussi jetés par la mer. On remarque
« sur ces bois une certaine écume qui se change en coquilles,
« dont la forme est celle des moules ; mais elles sont plus aiguës
« et de couleur blanchâtre; l'intérieur contient quelque chose de
« semblable à une frange de soie finement tissée et blanche. Une
« des extrémités est attachée à l'intérieur de la coquille, comme
« le sont les animaux des huitres et des moules ; l'autre extrémité
« se transforme bientôt en une masse rugueuse, qui prend avec
« le temps la forme d'un oiseau, qui est plus gros que le canard
« et moins gros que l'oie. Il a les pattes et le bec noirs, et le
« plumage noir et blanc, tacheté de la même manière que notre
« pie. Le peuple du Lancashire ne le distingue pas par d'autre
« nom, que celui de tree-goose (*tree* arbre, *goose* oie). Ils est si
« commun dans cet endroit, que l'on peut s'en procurer un des
« plus gros pour trois pences. Si l'on doute de ce que je dis, que
« l'on vienne à moi, et je satisferai les plus incrédules par le
« témoignage de bons témoins ». Ce qu'il y a de vrai dans cette
fable, ajoute M-r Chenu, à qui nous empruntons cette citation,
c'est qu'effectivement les Anatifes adhèrent en grand nombre aux
vieux bois submergés, et que les canards sauvages, qui sont aussi
très communs dans les mers du Nord, en font en partie leur nourriture. On a donc pu voir ces animaux plongés dans la mer et
comme attachés à ces groupes d'Anatifes, dont ils cherchaient à
détacher quelques parties, et s'en éloigner dès qu'ils avaient pu
s'en rassasier.

§ 113. Balanides. (Баланы). On donne souvent à ces animaux
le nom de *Glands de mer*, à cause de la ressemblance un peu forcée
qu'on leur trouve avec le fruit du chêne. En effet, leur coquille,
quoique de forme assez irrégulière, est ordinairement conique.
Ils vivent solidement fixés sur tous les corps marins et particulièrement sur les animaux vivants. L'espèce la plus remarquable est la
Balane-tulipe (Морской тюльпанъ), qui habite les mers de l'Europe;
elle a plus d'un pouce de hauteur, et doit son second nom à la
disposition de ses couleurs rose et pourpre.

CINQUANTE-HUITIÈME LEÇON.

Deuxième sous-embranchement. Annélés ou Vers. Classe des Annélides. Annélides errants. Annélides tubicoles. Annélides suceurs. Sangsues. Annélides terricoles. Vers de terre. Naïs. Dragonneaux. Classe des Helminthes. Distomes. Ténias. Botriocéphales. Oxyures. Filaires. Ascarides. Echinocoques.

2-ÈME SOUS-EMBRANCHEMENT.

§ 114. Les Annélés ou Vers, (Кольчатыя), sont des animaux dont le corps est alongé, et formé d'une série d'anneaux plus ou moins nombreux ; ils n'ont point de membres articulés, mais quelques uns changent de place, au moyen de faisceaux de poils et de mouvements successifs. On peut les diviser en deux classes principales : les *Annélides* et les *Helminthes*.

CLASSE DES ANNÉLIDES.

§ 115. ANNÉLIDES. Les Annélides sont, parmi les invertébrés, les seuls animaux à sang rouge, ou du moins légèrement coloré. Ils sont généralement vermiformes ; leur peau est fort mince, et n'est jamais renforcée de parties solides ou cartilagineuses. Leurs mouvements sont très lents, en quelque sorte nuls, chez les espèces, assez nombreuses, qui vivent dans un tube. Presque tous ces animaux habitent les eaux, surtout celles de la mer ; dans ce cas, ils respirent par des branchies dont la forme varie beaucoup ; ceux, en petit nombre, qui se rencontrent à la superficie du sol, n'ont point d'organes respiratoires apparents.

Les ANNÉLIDES, se partagent en quatre ordres : les *Errants*, les *Tubicoles*, les *Suceurs* et les *Terricoles*.

§ 116. ANNÉLIDES ERRANTS. (Кольчатыя кочующія). Les Annélides errants ont la tête presque toujours distincte et munie d'antennes et souvent d'yeux; leur bouche est armée d'une trompe et quelquefois de mâchoires cornées. Leurs branchies, ordinairement dorsales, se présentent souvent sous la forme de touffes arborisées. Ils vivent dans le sable, sous les pierres, et quelquefois enduisent leur trou d'une matière qui en fait un fourreau qu'ils abandonnent à volonté ; car ils marchent et nagent bien. Nous signalerons : les Arénicoles (Аренпколы), qui habitent un tube membraneux. Une espèce de ce genre, l'*Arénicole des pêcheurs*, (Аренпкола рыбачья), abonde dans les sables de l'Océan. Son corps , d'un rouge foncé. sert d'appât ; et les femmes des pêcheurs sont souvent occupées à le recueillir. Les Aphrodites (Афродиты), qui habitent aussi la mer; ils ont le corps large et aplati , et le dos recouvert d'une sorte d'étoupe rude qui a fait donner à l'espèce commune le nom d'*Aphrodite hérissée*, (Афродитъ иглистый). Enfin, les Néréides, (Нереиды), également marines , qui vivent dans les excavations des rochers, se creusent des conduits dans la vase, et se nourrissent de chair; car elles sont assez grandes, et ont deux mâchoires denticulées.

§ 117. Annélides tubicoles. (Кольчатыя трубчанки). Les Annélides tubicoles , n'ont point d'yeux ni d'antennes ; et leur bouche n'a point de mâchoires. L'extrémité antérieure de leur corps est garnie d'appendices servant, les uns de branchies , les autres d'organes de préhension ou de locomotion. Ils se construisent des tubes membraneux ou calcaires, le plus souvent fixés à des corps étrangers; et leurs seuls mouvements consistent, à sortir en partie de leur tube pour chercher leur nourriture , et à y rentrer rapidement , quand ils sont inquiétés. Ils sont remarquables par la vivacité des couleurs de leurs panaches. A cet ordre appartiennent :

Les Serpules, (Серпулы), qui habitent les tubes calcaires contournés sur eux-mêmes, qu'on rencontre souvent sur les coquilles des huîtres et des autres mollusques. Les Amphitrites (Амфитриты), qui construisent avec des corps agglutinés un tube peu solide , toujours droit et enduit de vase. Les Térébelles (Тере-беллы), dont le tube est membraneux et grossièrement revêtu de sable ou de fragments de coquilles. Tous ces animaux vivent sur les rivages de la mer, dans les endroits sablonneux.

§ 118. Annélides suceurs. (Кольчатыя сосущія). Les Annélides suceurs n'ont point de faisceaux de branchies. Ils ont le corps

alongé, plat en dessous ; leurs extrémités antérieures et postérieures sont garnies d'une ventouse qui permet à ces animaux d'adhérer
fortement aux corps sur lesquels ils s'appliquent. Avec leur
bouche armée de trois dents tranchantes , ils peuvent entamer la
peau des autres animaux et leur sucer le sang : ce qui leur a
fait donner le nom de *Sangsues*. (Піявки). La plupart vivent dans
les eaux douces , et s'ils attaquent de préférence les animaux
vertébrés , les mollusques ne sont pas non plus à l'abri de leurs
atteintes. Les Sangsues présentent un assez grand nombre d'espèces,
parmi lesquelles nous remarquerons :

§ 119. La *Sangsue noire* ou *Sangsue des chevaux* (Піявка кон-
ская), elle est extrêmement vorace et sort souvent de l'eau, pour
aller à la chasse des petits vers dont elle fait sa pâture ordinaire;
mais elle attaque aussi les mammifères; et sa morsure peut donner
lieu à des inflammations assez graves; la *Sangsue du Nil* (Піявка
Нильская) de couleur rouge brun ; la *Sangsue officinale* (Піявка
врачебная), dont l'emploi est devenu tellement fréquent de nos
jours, qu'il n'est personne qui ne connaisse cet utile animal. Elle
est noirâtre , avec des maculatures vertes sur le dos , ainsi que
deux lignes de couleur orangée. La Sangsue produit une sorte de
cocon de matière spongieuse , qu'elle place dans les trous du
rivage. Ce cocon, un peu moins gros que celui d'un Ver à soie,
contient les œufs ; et, au bout de quelque temps, il laisse apercevoir les jeunes Sangsues; d'abord blanches, elles se colorent, puis
sortent de leur cocon pour satisfaire à leur appetit. La Sangsue
a considérablement diminué en Europe , où elle était autrefois
très commune.

§ 120. Annélides terricoles. (Кольчатыя щетиноносныя).
Les Annélides terricoles n'ont point de branchies , et paraissent
respirer par toute la surface de la peau ; leur corps est alongé,
cylindrique , contractile, sans tête, sans yeux et sans antennes. Ils
vivent dans la terre humide ou dans la vase. Nous signalerons :
les *Lombrics* et les *Naïs*.

Les Lombrics (Землянки), ne possèdent que le sens du toucher;
mais ils l'ont extrêmement délicat ; leurs anneaux , sont garnis de
poils qui aident à leur marche, laquelle s'opère d'ailleurs par des
contractions successives. Ces animaux, connus sous le nom de *Vers
de terre* (Дождевый червь), habitent dans le sol, mangent la terre,

dont ils extraient les sucs végétaux et animaux, et la rendent sous la forme de fils terreux.

Les Naïs (Блюики), ont le corps long et grêle, portant six soies à chaque articulation, qui est peu tranchée ; elles vivent dans des trous qu'elles forment dans la vase. Ces animaux, dont il existe plusieurs espèces, jouissent de la propriété de reproduire une partie de leur corps, lorsqu'elle a été coupée.

§ 121. Dragonneaux. (Волосатики). Nous ajouterons, à la suite de ces quatre ordres, les Dragonneaux qui sont bien véritablement des Annélides, quoiqu'il soit difficile de préciser la place qui leur convient parmi ces animaux. Le *Dragonneau aquatique* (Волосатикъ волянои), ressemble, par son corps arrondi, grêle et mince, a un gros crin brun. Il séjourne particulièrement dans les eaux stagnantes à fonds bourbeux. Il n'est point rare en Russie. Sa vitalité est telle qu'après avoir été gelé, ou avoir été placé dans de l'eau chaude, il peut revenir à la vie, s'il se trouve dans des conditions convenables. On prétend, peut-être avec raison, qu'il s'insinue sous la peau des nageurs, et qu'il donne lieu, dans ce cas, à des accidents assez graves.

CLASSE DES HELMINTHES.

§ 122. La Classe des Helminthes, ou *Vers intestinaux*, (Внутренностныя), comprend des Vers, dont le corps, ordinairement articulé, varie beaucoup de volume et de forme. Leur nom, tiré du grec, vient de ce que les individus de cette classe habitent le corps des autres animaux: ils se logent dans les intestins, l'estomac, le foie, les muscles et même les yeux et le cerveau. Il est difficile d'expliquer comment ils pénètrent dans la profondeur des organes, comment ils s'y développent, et trouvent le moyen d'y respirer. Il existe beaucoup d'animaux de cette division qui attaquent l'homme, et sont ainsi la cause d'une partie de nos maladies; quoique leur présence soit, en général, moins funeste qu'on ne serait naturellement porté à le croire. Les Helminthes les plus remarquables sont: les *Distomes*, les *Ténias*, les *Botriocéphales*, les *Oxyures*, les *Filaires* et les *Ascarides*.

§ 123. Distomes. (Дистомы). Les Distomes ont l'aspect d'une sangsue, et forment un genre nombreux, dont les plus grandes espèces ont à peine un pouce. Une d'elles, le *Distome* ou *Douve*

du foie (Дистома печеночная), se trouve chez beaucoup d'animaux, et quelquefois, mais rarement, chez l'homme lui-même.

§ 124. Ténias. (Цѣпепп). Le Ténias dont le corps très aplati
et très alongé est semblable à un ruban, composé d'articles bien
distincts. On y voit une tête formant une trompe, quatre ventouses et deux cercles de crochets. On croyait anciennement qu'il
n'en peut exister qu'un seul à la fois chez la même personne; et
on avait donné à ces animaux le nom de *Vers-solitaires*. Cette
erreur a contribué à faire regarder ces animaux comme beaucoup
plus grands qu'ils ne sont en réalité ; parce qu'on attribuait à
un seul les différentes parties du corps de plusieurs. Il est bien
certain qu'il existe des Ténias longs de vingt-cinq à trente pieds;
mais il est faux, qu'il y en ait de cent, de trois-cents et même
de huit-cents pieds, comme on l'a prétendu.

§ 125. Botriocéphales. (Лентецы). Les Botriocéphales ressemblent tellement aux Ténias, qu'ils sont presque toujours confondus avec eux ; ils n'en diffèrent, en effet, que par l'absence
de trompe. Ils paraissent attaquer particulièrement les poissons ; il
en existe cependant une espèce propre à l'homme ; sa longueur
est de dix à quinze pieds et quelquefois de beaucoup plus.

Oxyures. (Оксіуры). Les Oxyures ont le corps cylindriforme,
plus épais en avant et terminé par une queue aigue ; ils habitent
les intestins. L'*Oxyure de l'homme* (Оксіуръ дѣтскій), est très commun chez les enfants.

§ 126. Filaires. (Филаріи). Les Filaires ont le corps de la
forme et de la grosseur d'un fil. Ils se rencontrent sur presque
toutes les espèces d'animaux. Le *Filaire de Médine* ou *Ver de
Médine* (Полкожная Глиста), est commun dans les pays chauds et
fatal aux hommes; il acquiert jusqu'à dix pieds de longueur, et se
développe ordinairement sous la peau des jambes. Sa présence
n'occasionne d'abord aucun symptôme grave ; mais, au bout de
quelque temps, la personne affectée éprouve des douleurs intolé-
rables. Il se forme des tumeurs à la peau; et l'on voit sortir une
partie de l'animal; si on ne parvient pas à l'extraire en entier de
la plaie, il peut causer la mort du malade.

§ 127. Ascarides. (Аскариды). Les Ascarides ressemblent beaucoup aux Vers-de-terre ; ils forment un genre très nombreux.
Une de ses espèces, le *Lombric des intestins* (Глиста круглая), vit

dans l'homme, et surtout dans les enfants, en quantité si considérable qu'il n'est pas étonnant qu'il les fasse périr.

Echinocoques. (Волянки). Les Echinocoques, ou *Hydatides*, ont le corps en forme de vessie, avec une tête armée de crochets et de suçoirs. Ils vivent dans les muscles des mammifères ; et sont quelquefois si nombreux chez l'homme, qu'on en a extrait chez quelques malades des quantités incroyables.

CINQUANTE-NEUVIÈME LEÇON.

Généralités sur les Mollusques. Organes de la locomotion et des sens. Division. Classe des Céphalopodes. Poulpes. Argonautes. Seiches. Calmars. Bélemnites. Ammonites. Classe des Gastéropodes. Limaces. Hélices. Turbots. Rochers. Pourpres. Porcelaines.

3-me EMBRANCHEMENT.

§ 1. Généralités sur les Mollusques. (Мягкотълия). Les Mollusques sont des animaux dont le corps est mou, absolument privé de squelette, articulé et enveloppé dans une peau contractile de forme variable, appelée *manteau.* Cette peau est souvent recouverte par une coquille ; mais elle ne s'endurcit jamais elle-même, de manière à former, comme chez les insectes, une enveloppe solide. Le sang des Mollusques est blanc, bleuâtre ou verdâtre ; la circulation est complète et s'opère, selon les espèces, au moyen d'un ou de plusieurs cœurs. La respiration des Mollusques est tantôt pulmonaire, tantôt branchiale, selon que ces animaux sont destinés à vivre à l'air, ou à respirer sous l'eau. Les Mollusques les plus élevés de la série ont la bouche garnie de dents cornées, analogues aux mandibules d'un perroquet ; dans les derniers, au contraire, on ne rencontre jamais des dents: la bouche est ordinairement environnée de deux lèvres simples ou frangées.

§ 2. Organes de la locomotion et des sens. Les organes de la locomotion et des sens varient beaucoup dans les différentes classes de cet embranchement : chez les Céphalapodes, les mouvements ont lieu au moyen de huit ou dix bras tentaculaires, situés au tour de la tête ; les Gastéropodes rampent, ou plutôt glissent sur un pied situé sous le ventre; et ceux qui nagent loin des rivages, ont de plus des nageoires membraneuses ; chez les Acéphales la locomotion est toujours très imparfaite ; elle a lieu au moyen d'un pied de forme variable. Un grand nombre de ces animaux restent fixés au même endroit, pendant toute la durée de leur vie.

L'Odorat n'existe point probablement chez les Mollusques , excepté peut-être chez les Céphalopodes , auxquels la plupart des naturalistes attribuent ce sens , mais sans s'accorder sur le siège de cette sensation . La vue n'existe point chez les Acéphales ; les Gastéropodes ont, pour la plupart, deux yeux situés vers la base des tentacules. Enfin , ce sens doit être perfectionné chez les Céphalopodes , car leurs yeux ont un énorme développement. Il ne peut y avoir de doute sur l'existence du goût: les Céphalopodes ont une bouche capable de percevoir les saveurs ; mais ce sens doit être très obtus chez les Acéphales. L'ouie n'existe que chez les Mollusques de la première classe.

§ 3. Coquille. (Раковина) Un des caractères les plus remarquables des Mollusques , est, comme nous l'avons déjà dit, d'être plus ou moins protégés par une coquille. La structure de ces coquilles est tantôt feuilletée , tantôt fibreuse, tantôt vitreuse, ou presque compacte; elle est le plus souvent de nature calcaire, et quelquefois de substance cornée. La coquille est sécrétée par le corps de l'animal lui-même. La surface intérieure est souvent revêtue d'une couche nacrée ; l'extérieure offre toujours une coloration plus ou moins vive, souvent d'une beauté admirable , surtout dans les espèces des latitudes brûlantes. Cette surface, dans beaucoup de coquilles, est recouverte d'une espèce d'épiderme sec, qu'on appelle *drap marin*. Tous les Mollusques n'ont point de coquille ; et ces coquilles n'ont point toutes le même nombre de valves ou de parties; de là résultent quelques denominations qu'il est nécessaire de connaître. On appelle *Mollusques nus* , ceux qui n'ont point d'enveloppe solide ; et *Mollusques testacés* , ceux qui possèdent une coquille. On dit que la coquille est *univalve*, quand elle est formée d'une seule pièce; *bivalve*, quand elle est composée de deux; et *multivalve*, quand le nombre en est plus considérable.

Division. On partage l'embranchement des Mollusques, en trois classes principales, savoir: les *Céphalopodes*, les *Gastéropodes* et les *Acéphales*.

CLASSE DES CÉPHALOPODES.

§ 4. Céphalopodes. (Головоногія). Les Céphalopodes ont une tête bien distincte du reste du corps, pourvue de tous les organes des sens, couronnée par des prolongements charnus, ou *tentacules*, qui servent à la préhension ou à la marche. Ils n'ont ni membres ni articulations ; et leur corps est recouvert d'une peau molle et contractile. Ce sont les animaux de leur classe dont l'organisation est la plus parfaite; tous vivent dans la mer, et respirent par des branchies. Ces Mollusques sont voraces, doués de beaucoup d'agilité et armés de puissants moyens de destruction; aussi font-ils un tort réel à l'homme, en dévorant une grande quantité de crustacés dans les lieux où ils habitent ensemble. Ils ont eux-mêmes un moyen de défense particulier: ils produisent une liqueur d'un noir très foncé, avec laquelle ils obscurcissent l'eau autour d'eux, lorsqu'ils veulent se cacher. La chair de ces Mollusques, quoique peu estimée, se mange, et n'est point mauvaise. Nous remarquerons dans cette classe: les *Poulpes*, les *Argonautes*, les *Seiches* et les *Calmars*.

§ 5. Poulpes. (Осьминоги Пульпы). Les Poulpes ont huit bras presque égaux, le corps en forme de bourse, couvert d'une peau rugueuse, sans appendices membraneux, la bouche placée au centre de la couronne des bras. Ceux-ci sont munis d'une double rangée de ventouses. Ces animaux vivent particulièrement de poissons et de crustacés, qu'ils enlacent dans leurs longs bras. L'histoire de ces animaux est remplie de fables absurdes, que la raison ne peut admettre, et que cependant on répète encore de nos jours ; ils se trouvent des écrivains assez crédules pour admettre l'existence du *Kraken*, espèce de Poulpe des mers du Nord, d'une taille si gigantesque que les marins pourraient le prendre pour une île. A la famille des Poulpes appartient le *Poulpe musqué* (Пульпъ мускусный), qui n'a qu'un seul rang de ventouses, et répand même après sa mort une forte odeur de musc.

§ 6. Argonautes (Кораблики). Les Argonautes, qui habitent les mers des régions chaudes, mais qu'on trouve quelquefois dans le voisinage des côtes de France, vivent dans une coquille mince, fragile et transparente, qui paraît ne point leur appartenir.

L'histoire de ces animaux a donné lieu à des descriptions merveilleuses, accueillies avec trop de confiance par les anciens naturalistes. Les bras palmés qu'on prétendait servir de voile à l'Argonaute, ne servent qu'à envelopper, à retenir, et à protéger la coquille de chaque côté. L'animal rampe sur le disque formé par la réunion de ses bras, et ses mouvements s'exécutent avec assez de vivacité, pour qu'il puisse parcourir un grand espace en peu de temps. Il peut, il est vrai, s'élever du fond à la surface de la mer, comme on le remarque souvent; mais c'est par un moyen qui est commun à d'autres Céphalopodes; lorsqu'il est inquiété, il rentre complètement dans sa frêle coquille, qui perdant aussitôt l'équilibre, se renverse sur le côté, et s'enfonce dans la mer.

§ 7. Seiches. (Каракатицы). Les Seiches ont dix bras, dont deux sont plus longs; ce qui les distingue des Poulpes avec lesquels ils offrent beaucoup de rapports. Leur corps charnu est renfermé dans un sac, bordé de chaque côté, dans toute sa longueur, d'une aile étroite. Il contient un os libre, calcaire, spongieux, ovale, aplati, connu dans le commerce sous le nom d'*os de Seiche*, de *biscuit de mer*, et employé dans les arts pour polir l'ivoire, et, dans les pharmacies pour confectionner des poudres dentifrices. Les Seiches sont des animaux carnassiers, très voraces. Elles nagent rapidement, et repandent à volonté une encre brune et odorante qui devient pour eux un moyen de défense. Cette encre est connue et employée sous le nom de *Sépia*; elle ne paraît pas, quoiqu'on l'ait prétendu, entrer pour rien dans la composition de la célèbre encre de Chine. Ces mollusques sont très communs, et se trouvent dans toutes les mers.

§ 8. Calmars. (Кальмары). Les Calmars ont, comme les Seiches, dix bras, dont deux sont plus gros que les autres; mais ils n'ont point du tout la même physionomie: leur forme est beaucoup plus alongée, leur corps est lisse, presque cylindrique, et terminé par des nageoires. L'os des Calmars diffère également beaucoup de celui des Seiches: il est mince, corné, très alongé et transparent comme le verre; sa forme rappelle celle d'une plume à écrire, dont on aurait coupé les barbes dans une partie de la longueur. Les Calmars sont connus, sous le nom d'*Encornets* sur le bord de la mer, où ils abondent quelquefois, et où leurs troupes agiles sont dans un mouvement continuel. Ils produisent de l'encre comme les Seiches; mais elle est tellement caustique qu'elle brûle au vif la peau qu'elle touche.

§ 9. BÉLEMNITES. AMMONITES. C'est à la classe des Céphalopodes qu'appartiennent: les *Bélemnites*, animaux fossiles, dont les restes, connus vulgairement sous le nom de *doigts du Diable*, sont si abondants dans quelques localités de la Russie ; ce qui nous en reste est la partie dure de l'extrémité d'un osselet interne, destiné à soutenir les chairs et à résister aux corps que l'animal pouvait rencontrer en nageant. Ils avaient quelque ressemblance avec les Calmars et vivaient en grandes troupes sur les bords de la mer; comme on peut en juger par les bancs considérables que forment leurs débris. Les *Ammonites* qui datent des premiers âges de la vie sur la terre, et dont les nombreuses espèces, maintenant toutes détruites, ont répandu autour de nous les restes de leur coquille en prodigieuse quantité. Les Ammonites, connus vulgairement sous le nom de *cornes d'Ammon* à cause de leur ressemblance avec les cornes d'un bélier, sont des coquilles élégantes, enroulées sur un même plan, et divisées par des cloisons. Le nombre des espèces de cette famille est très considérable ; il en est qui offrent des dimensions moyennes et même petites, tandis que d'autres ont plus d'un pied et demi de diamètre.

CLASSE DES GASTÉROPODES.

§ 10. Les Gastéropodes (Чревоногія) ont une tête généralement bien distincte, garnie d'appendices mobiles servant au tact ; ils n'ont aucune trace de membres, et rampent sur un disque charnu, formé par le ventre. Cette classe est extrêmement nombreuse; elle renferme des Mollusques terrestres, un grand nombre vivant sur les rivages, et plusieurs dans les eaux de la haute mer. Quelques-uns respirent l'air en nature ; mais la plupart sont pourvus de branchies. Quoiqu'il existe des Gastéropodes nus, presque tous cependant portent des coquilles dans lesquelles ils peuvent se retirer. Nous signalerons dans cet ordre nombreux les *Limaces*, les *Hélices*, les *Turbots*, les *Pourpres*, et les *Porcelaines*.

§ 11. LIMACES. (Слизенн). Les Limaces sont des Mollusques terrestres très communs sous toutes les latitudes tempérées ; elles n'ont point de coquille ; leur corps nu, charnu, alongé, arrondi en dessus et aplati en dessous pour former le pied, est couvert d'une peau plus ou moins coriace ; leur tête est bien distincte et munie de quatre tentacules. Ces animaux s'alongent et se trainent avec lenteur; ils produisent à la moindre contraction une humeur glutineuse, qui sert à les faire adhérer aux corps sur lesquels ils rampent. Les Limaces se plaisent dans les lieux humides et sombres, dans les bois, les prés, et les jardins; elles mangent les fruits, les légumes et les jeunes pousses, et font ainsi de grands ravages dans les plantations.

§ 12. Hélices. (Улитки) Les Hélices ou *Escargots* ne sont pas moins communs que les limaces dans les jardins de l'Europe centrale et méridionale. Ils sont tous terrestres, et recherchent les lieux frais et humides. Ils ont une coquille spirale ou globuleuse; et, quoiqu'ils varient beaucoup de forme, ils ont toujours un air de famille qui ne permet pas de les méconnaître. Ils se nourrissent de substances végétales, comme les limaces, et ne sont pas moins nuisibles. La chair des Hélices, quoique très dégoûtante, était fort estimée des Romains, qui recherchaient ces animaux et les engraissaient ; de nos jours même, quelques personnes la mangent encore. On l'emploie aussi à faire une pommade pour adoucir la peau, et à quelques préparations médicales contre les affections de poitrine. Les Hélices d'Europe n'ont rien de remarquable ; mais on en rencontre sur tous les points du globe, et quelques uns sont ornés des plus belles couleurs.

§ 13. Turbots. (Трубы). Les Turbots ne s'éloignent pas beaucoup des escargots ; mais leur coquille, nacrée à l'intérieur, est beaucoup plus épaisse ; et l'animal possède au pied un opercule calcaire, avec lequel il peut fermer l'ouverture de sa coquille, quand il s'y est retiré en entier. Ces Gastéropodes vivent dans toutes les mers, sur les rochers battus par la vague; on les mange, ils sont même assez bons, quoique généralement peu estimés. Les grandes espèces fournissent une fort belle nacre employée pour les ouvrages de tabletterie.

§ 14. Rochers. (Мурексы). Les Rochers forment un des genres les plus nombreux dans les collections; en effet, ils sont fort remarquables par les couleurs et la variété de leurs coquilles. Ces coquilles sont ovales à spire plus ou moins alongée, et leur ouverture est souvent terminée par un canal tubuliforme, couvert d'épines ; elles-mêmes sont quelquefois herrissées de tubercules , d'épines et de pointes très saillantes. On les trouve dans toutes les mers.

§ 15. Pourpres, (Багрецы). Les Pourpres sont de jolies coquilles , la plupart exotiques , de forme singulière , épaisses et épineuses comme les rochers , mais dont l'ouverture ne s'alonge jamais autant que chez ceux-ci. On en connait une centaine d'espèces , parmi lesquelles , l'une d'elles, commune dans la Méditerranée, contient une matière colorante qui paraît avoir fourni aux anciens la célèbre couleur écarlate, connue sous le nom de *pourpre de Tyr*. Cette liqueur de la pourpre est verte ou blanche , quand elle sort de l'animal , et ne devient rouge qu'après avoir subi l'influence de l'air et de la chaleur.

§ 16. Porcelaines. (Ципреи). Les Gastéropodes de ce genre doivent leur nom à la texture de la coquille , dont la surface extérieure est lisse et brillante comme la porcelaine. Les Porcelaines font l'ornement des collections par leurs couleurs vives, brillantes et très variées. On en trouve dans toutes les mers ; et, si quelques-unes sont très communes, d'autres sont très rares et d'un prix très élevé. Presque tous les peuples des côtes de l'Afrique en font des bracelets, des colliers ou des ornements qu'ils mettent à leur coiffure ; dans quelques parties de l'Afrique , de l'Inde et de la Malaisie , on se sert , comme monnaie courante , d'une petite porcelaine connue sous le nom de *Cauris*, (Ципреи монета). On trouve les Porcelaines enfoncées dans le sable des rivages, car ce sont des animaux qui fuient le jour.

§ 17. Nous nous contenterons de nommer encore parmi les Gastéropodes marins : les Harpes , (Арфы) belles et élégantes coquilles , plus ou moins bombées , ornées à l'extérieur de côtes longitudinales qui rappellent les cordes de l'instrument dont elles portent le nom ; les Casques , (Каски), coquilles souvent fort belles et fort grosses qu'on trouve particulièrement dans la mer des Indes, et dont la forme a quelque analogie avec la coiffure militaire; les Haliotides , (Морския ушки) que la beauté des reflets irrisés de leur face intérieure fait rechercher pour l'ornement des cabinets ; ils sont connus vulgairement sous le nom d'*Oreilles de mer*, nom qu'ils méritent par une sorte de ressemblance avec le pavillon de l'oreille humaine.

§ 18. Gasteropodes d'eau douce. Parmi les Gastéropodes qui vivent dans les eaux douces de la Russie, nous trouvons fréquemment: les Planorbes, (Планорбы), dont la coquille est enroulée sur elle-même horizontalement; les Physes (Физы) à coquille ovale, oblongue, lisse et fragile; les Limnées (Лимнеи) également fragiles, mais plus alongées et plus grosses que les physes; les Paludines (Палудины), qui semblent tenir le milieu entre les coquilles précédentes: elles ont, en effet, l'ouverture assez semblable à celles des Limnées, et la spire, quoique plus courte, ressemble à celle des Physes. Tous ces Gastéropodes se nourrissent de plantes aquatiques, et s'élèvent à la surface des étangs pour respirer; ils abondent dans les eaux stagnantes; et leur coquille vert noiré n'offre rien de remarquable.

SOIXANTIÈME LEÇON.

Classe des Acéphales. Solens. Huîtres. Peignes. Jambonneaux. Avicules. Moules. Tridacnes. Bucardes. Tarets. Bivalves d'eau douce. Quatrième Embranchement. Rayonnés ou Zoophytes. Echinodermes. Holothuries. Oursins. Astéries. Acalèphes. Polypes nus. Polypes pierreux. Infusoires

CLASSE DES ACEPHALES.

§ 19. Les Acéphales (Раковистыя) sont ainsi nommés parce qu'il n'ont point de tête distincte du reste du corps; ils sont privés d'appareils de sens, et ordinairement protégés par une coquille composée de deux valves. On trouve dans cette classe quelques Mollusques nus, un petit nombre de multivalves, mais presque tous sont bivalves. Tous les Acéphales sont aquatiques; on en trouve dans les eaux douces et salées; mais les Acéphales, aux quels on donne quelquefois le nom de *Tuniciers*, ne se rencontrent que dans la mer. Ceux qui demeurent attachés aux rochers, y sont fixés par un faisceau de fibres appelé *byssus*, produit par l'animal lui-même. Les autres, quoique jouissant de la faculté de se mouvoir , n'ont qu'une marche très imparfaite. Nous ne nous occuperons point des Acéphales tuniciers peu nombreux et très peu intéressants. Nous signalerons parmi les animaux les plus importants de la classe des Acéphales à coquille: les *Solens* , les *Huîtres*, les *Peignes*, les *Jambonneaux*, les *Avicules*, les *Moules*, les *Tridacnes*, les *Bucardes* et les *Tarets*.

§ 20. Solens. (Черенки). Les Solens sont des Mollusques à deux valves, dont la coquille ouverte aux deux extrémités figure assez bien un manche de couteau ; aussi est-ce le nom vulgaire qu'on leur donne. Ils vivent dans des trous qu'ils creusent dans les sables des rivages de la mer ou à l'embouchure des fleuves. On les recherche pour les manger; et leur chair, quoique coriace, n'est point mauvaise. Cette famille se compose de coquilles vivement teintes de rose , de bleu , de violet , mais recouvertes d'un épiderme épais qui cache souvent ces belles couleurs.

§ 21. Huîtres. (Устрицы). Les Huîtres ont une coquille bivalve grossièrement feuilletée. Ces Mollusques , qui se trouvent dans toutes les mers, vivent ordinairement attachés les uns aux autres, de manière à former des bancs immenses. L'*Huître commune*, (Устрица съѣдная), est le plus précieux des Mollusques, car sa chair savoureuse est recherchée dans tous les pays, et donne lieu à un immense commerce. Les Huîtres sont rarement vendues telles qu'on les pêche : afin de les rendre plus délicates, on les engraisse dans des endroits particuliers où la mer peut pénétrer. On les mange ordinairement fraîches, car elles peuvent être transportées sans mourir à une grande distance de la mer.

§ 22. Peignes. (Гребни). Les Peignes , dont il existe de nombreuses espèces , ont une coquille bivalve , également bombée des deux côtés , et marquée de saillies longitudinales qui imitent les dents d'un peigne. Ces Mollusques sont abondants dans l'océan Atlantique, et leur chair est assez agréable, quoique peu recherchée parce qu'elle est dure.

§ 23. Jambonneaux. (Пинны). Les Jambonneaux qui doivent leur nom à la forme de leur coquille, disposée comme un éventail entr'ouvert et ressemblant un peu à un jambon. Ces Mollusques , qui vivent dans les mers des contrées chaudes, s'attachent au sable au moyen d'un byssus très considérable, formé de longs fils d'une magnifique soie verte. Cette soie est quelquefois employée à la fabrication d'étoffes remarquables par leur fraîcheur.

§ 24. AVICULES. (Авикулы). Les Avicules se reconnaissent à leur coquille extrêmement nacrée et qui offre, lorsqu'elle est ouverte, quelque ressemblance avec un oiseau qui étend les ailes; c'est même de là que vient leur nom tiré du mot latin *avis*, oiseau. L'espèce la plus remarquable de ce genre est l'*Avicule margaritifère* (Авикула жемчужная), qui fournit à peu près toutes les perles vendues dans le commerce.

Les perles sont formées par une matière nacrée qui se dépose à la suite d'une maladie dans l'intérieur de la coquille, et prend une forme arrondie. L'usage des perles remonte à l'époque la plus reculée, et s'est perpétué sans interruption jusqu'à nos jours. Leur prix, toujours très élévé, dépend surtout de la pureté de la matière, de la forme, et du volume de la perle. La pêche des Avicules margaritifères a lieu dans le golfe Persique, à Ceylan surtout, et sur quelques côtes de l'Amérique; elle se fait au moyen de plongeurs qui vont chercher ces Mollusques à une grande profondeur dans la mer. Les Avicules sont transportées dans des enclos, où on leur laisse le temps nécessaire pour qu'elles se corrompent; on les jette ensuite pendant quelques heures dans un grand bassin rempli d'eau; on les lave, et on en sépare les perles. Celles-ci se partagent en trois qualités : les perles rondes et d'une certaine grosseur, qui portent particulièrement le nom de *perles fines;* les perles irrégulières, dites *perles baroques;* et les toutes petites perles, qui sont connues sous la désignation de *semences de perles.*

§ 25. MOULES. (Ракушки). Les Moules ont une coquille de forme presque triangulaire, arrondie d'un côté, en pointe de l'autre, formée de deux valves semblables et bombées. Il existe un grand nombre d'espèces de ce genre, parmi lesquelles nous signalerons : la *Moule comestible* (Ракушка съѣдная), qui abonde sur les rochers de la Manche et de l'Océan auxquels elle se fixe au moyen d'un byssus. Quoique bien moins recherchée que l'huître, elle n'est pas moins utile, puisqu'elle sert à l'alimentation d'un grand nombre de personnes. La chair de ce Mollusque est d'un goût agréable ; mais elle est indigeste, et peut même, quoique bien rarement, donner lieu à de graves accidents.

§ 26. TRIDACNES. (Тридакны). Les Tridacnes sont des coquilles bivalves, triangulaires, à larges côtes relevées d'écailles saillantes; c'est à ce genre qu'appartient la coquille appelée *Bénitier* (Тридакиа исполинская), célèbre par son énorme grandeur. Elle doit son nom à l'usage auquel elle est consacrée dans quelques églises. Tous les voyageurs ont admiré les deux valves de ce Mollusque qui se trouvent dans l'Eglise de St. Sulpice à Paris, et qui furent données à Francois 1-er par la république de Venise; cependant il en existe de beaucoup plus considérables: on en a trouvé de cinq pieds de longueur, et dont le test seul pesait plus de cinq cents livres. Les Bénitiers sont abondants dans la mer des Moluques ; leur chair, quoique dure, est assez bonne et si abondante qu'elle peut suffire à un grand nombre de personnes.

§ 27. BUCARDES. (Кардіи). Les Bucardes sont des coquilles bivalves en forme de cœur, connues vulgairement sous ce nom. Il en existe une cinquantaine d'espèces repandues dans toutes les mers, et dont un grand nombre servent d'aliments aux pauvres, particulièrement la *Bucarde coque* ou *Bucarde comestible* (Кардія съѣдная), qu'on trouve en immense quantité sur le rivage de l'océan Atlantique, enfoncée sous le sable à quelques pouces de profondeur.

§ 28. TARETS. (Древоточцы). Enfin, nous terminerons les Mollusques marins, en parlant des Tarets qui ont cinq coquilles, dont une fort alongée renferme l'animal ; les autres beaucoup plus petites lui servent pour percer les bois. Les Tarets opèrent de prodigieux dégâts dans les constructions navales : peu de temps leur suffit pour détruire un navire ; et l'histoire nous a conservé le souvenir des dangers terribles qu'ils firent courir à la Hollande, en détruisant une grande partie de ses digues, en 1731.

§ 29. BIVALVES D'EAU DOUCE. (Анадонты). Parmi les Mollusques d'eau douce, on trouve fréquemment en Russie : les ANADONTES, dont la coquille ovale, ordinairement mince, a quelquefois plus de sept pouces de longueur. Ces Mollusques habitent les eaux stagnantes. Les MULETTES ou *Unios* (Уніо), qui ressemblent beaucoup aux Anadontes, mais qui sont la moitié plus petites, et sont plus épaisses ; elles préfèrent les eaux courantes des rivières. On trouve quelquefois dans leur intérieur des perles assez belles ; et les peintres se servent de leurs valves pour y mettre leurs couleurs. Les CYCLADES (Цикладды), petites coquilles presque rondes, qui abondent dans les étangs.

4-me EMBRANCHEMENT.

§ 1. Rayonnés ou Zoophytes. Généralités. (Животныя лучистыя). Le dernier embranchement du règne animal se compose d'êtres vivants de structure excessivement simple, dont les facultés sont si bornées, que chez la plupart, la vie est presque complètement végétative. Ils doivent leur premier nom à la forme généralement rayonnée de leur corps ; c'est-à-dire que les organes extérieurs sont placés, en manière de rayons, autour d'un point central qui est la bouche. Le second nom leur vient de ce que plusieurs de ces animaux vivent toujours fixés au fond des eaux, et ressemblent au premier aspect à des fleurs. Ils n'ont point d'organes particuliers pour les sens, excepté quelquefois des tentacules servant au toucher. Quelques-uns ont des vaisseaux sanguins ; d'autres en manquent. Le sang n'est jamais rouge, mais il est jaunâtre ou bleuâtre. La respiration paraît avoir lieu par toute la surface du corps. La sensibilité doit être très faible, puisque le système nerveux ne se compose que de quelques vestiges de nerfs. On peut partager les Zoophytes en quatre groupes principaux : les *Echinodermes*, les *Acalèphes*, les *Polypes* et les *Infusoires*.

§ 2. Echinodermes. (Иглокожія). Les Echinodermes ont une peau épaisse, coriace ou calcaire ; leur nom indique que cette peau est recouverte d'éminences épineuses ; mais cette particularité n'est pas absolument générale, et on est obligé de ranger parmi les Echinodermes des animaux dont la peau est lisse ; ce qui constitue dans ce groupe trois types différents : les *Holothuries*, les *Oursins* et les *Astéries*.

Les Holothuries (Голотурии), ont le corps dépourvu de piquants, mou, muni de suçoirs en forme de tentacules. On en trouve dans presque toutes les mers ; et elles sont assez souvent rejetées par les flots sur le rivage. La Méditerranée en renferme beaucoup, et les habitants de Naples en mangent fréquemment ; les Chinois, qui les pêchent dans leurs mers, les regardent comme un mets exquis, et en font un objet de commerce considérable. Les Holothuries forment un genre nombreux, présentant des formes très variées ; cependant elles ont toujours le corps ordinairement cylindrique ; et se ressemblent assez entre elles pour qu'on ne puisse pas les méconnaître.

Les Oursins, (Морскіе ежи), ont le corps plus ou moins rond, revêtu de plaques calcaires, hérissées de piquants et criblées de petits trous. Ces piquants, qui sont mobiles leur, servent à se mouvoir très lentement au fond de la mer. Les épines qui recouvrent les Oursins, leur ont fait donner le nom de *Châtaignes* ou de *Hérissons de mer*. Ce sont des animaux voraces dont la bouche, située à la partie inférieure du corps, est armée de dents pointues. L'espèce la plus commune, l'*Oursin comestible*, (Эхинъ снѣдный), est grosse comme une belle pomme, et se vend dans les marchés des ports du midi de l'Europe.

Les Astéries (Звѣздчатки), sont vulgairement connues sous le nom d'*Etoiles de mer*, à cause de la forme de leur corps aplati et divisé en cinq rayons; leur peau n'a point de test calcaire, mais elle est très coriace et tuberculeuse. Ce sont des animaux extrèmement voraces qui se nourrissent particulièrement de Mollusques. Leur taille varie depuis une ligne jusqu'à plus d'un pied de diamètre. Elles abondent dans toutes les mers, surtout sous les latitudes chaudes. L'*Astérie rougeâtre* ou *Astérie commune* (Звѣздчатка алая), se rencontre par milliers sur les rivages de l'Océan.

§ 3. Acalèphes. (Акалефы). Les Acalèphes sont des animaux rayonnés à corps mou et même gélatineux, se reduisant facilement en eau, recouvert d'un épiderme extrêmement mince. La plupart d'entre eux sont phosphorescents pendant la nuit ; et l'on a lieu de croire, qu'au moins dans certaines circonstances, c'est à des Acaléphes de petite dimension qu'est dûe la phosphorescence de la mer. A cette classe se rapportent les Méduses, (Медузы), qui sont transparentes et diversement colorées. Leurs corps est de forme arrondie et garni à la circonférence de filaments souvent fort longs. On prétend que le contact de ces animaux produit sur la peau une irritation semblable à celle qu'on éprouve en touchant des orties. Cette irritation aurait pour cause une liqueur visqueuse et brûlante, sécrétée par l'animal ; mais ce fait n'est pas universellement admis.

§ 4. Polypes. (Полвпы). Les Polypes sont des animaux dont la disposition rappelle plus ou moins celle de la corolle des plantes. Plusieurs d'entre eux vivent libres et isolés, mais le plus grand nombre est en agglomérations , soit sur un axe pierreux, soit sur des masses calcaires de volume et de formes variées qu'on appelle *Polypiers*. Ces Polypiers se développent surtout dans les climats chauds, et produisent souvent des récifs dangereux pour les navigateurs. On a prétendu longtemps , que ces Polypiers ou *Madrépores* s'accroissent avec une rapidité surprenante; et qu'ils peuvent donner naissance à des nouvelles îles ; mais cette opinion, quoique vivement soutenue par quelques auteurs , ne paraît point fondée. Les Polypes qui les forment ne vivent qu'à une assez faible profondeur ; et les îles madréporiques ne peuvent être considérées comme étant en entier le résultat du travail de ces animaux ; ils ont seulement formé un encroûtement pierreux, qui a élevé au dessus des eaux des îles sous-marines. Nous diviserons les Polypes en deux groupes : les *Polypes nus* et les *Polypes pierreux*.

§ 5. Polypes nus. (Мясистые). Les Polypes nus ou *Hydres* paraissent vivre exclusivement dans les eaux douces, surtout dans les eaux stagnantes. Ces petits animaux sont dignes de beaucoup d'intérêt : ils ont le corps oblong , des cirrhes tentaculaires très longues, à l'aide desquelles ils se meuvent et saisissent leur proie, souvent plus grosse qu'eux ; ils sont très voraces, et peuvent se dilater très considérablement. L'*Hydre verte* (Гидра зеленая), longue de trois ou quatre lignes, a été l'objet d'observations curieuses. Son corps , assez semblable à un doigt de gant coupé , peut être retourné , de manière que la peau extérieure forme la cavité digestive , sans que l'animal paraisse s'en apercevoir ; bien plus , lorsqu'on le coupe par parties , chacun de ces morceaux s'anime d'une vie propre, et se transforme en un Polype complet.

§ 6. Polypes pierreux. (Коралловые). Les Polypes pierreux renferment ceux de ces animaux qui sécrètent les masses calcaires dont nous avons déjà parlé. Ces masses , qui forment l'habitation de ces Zoophytes, sont composées de cellules très petites ; elles sont de configuration très variable , souvent arborescente. C'est à cette famille qu'appartiennent : le *Tubipore à musique*, (Тубипоръ свирѣльникъ), dont les cellules alongées présentent dans leur disposition la forme des tubes d'un jeu d'orgues, et se font remarquer par leur belle couleur pourpre ; le *Corail proprement dit* (Кораллъ красный), qui est également rouge ; mais ne présente point de tubes ; il est au contraire entièrement plein , et s'élève sous la forme d'un petit arbrisseau recouvert d'une écorce charnue. Ce

Polypier habite la mer Rouge et la mer Méditerranée, souvent à une grande profondeur. On le pêche principalement sur les côtes de la Sicile et sur celles de l'Afrique. On en fabrique toute sorte de bijoux, recherchés particulièrement par les Orientaux. La nature du Corail a été longtemps inconnue ; il a été successivement rangé parmi les minéraux, puis parmi les végétaux, et ce n'est qu'à une époque assez récente, que son animalité a été complètement prouvée.

§ 7. Infusoires. (Наливочныя). Les Infusoires ou *Microzoaires* sont des Zoophytes infiniment petits, qu'on ne parvient à voir qu'au moyen du microscope. Leur organisation est extrèmement variée ; et il doit exister entre eux de grandes différences. Ils se trouvent dans tous les liquides qui contiennent des substances animales ou végétales en décomposition. Leur nombre doit être immense : on en découvre chaque jour de nouvelles espèces. Nous nous contenterons de signaler : les Euglènes (Зрачники), qui sont vertes, et colorent souvent les eaux stagnantes. Les Protées (Многообразныя), remarquables par l'extrême variabilité de leurs formes et la simplicité de leur organisation. Les Volvoces (Шаровнки), qui se groupent entre eux, et forment ainsi des globules visibles à l'œil nu et composés de plusieurs individus. Enfin, les Vibrions (Дрожалки), que quelques naturalistes séparent des Infusoires, sont les plus grands animaux de cette classe; le *Vibrion du vinaigre* fourmille dans ce liquide, et peut quelquefois s'apercevoir sans microscope.

FIN.

TABLE MÉTHODIQUE

DES

MATIÈRES.